工程制图基础及 AutoCAD

主　编　陈卫华　张兰英
副主编　康永平　陈文科

北京理工大学出版社
BEIJING INSTITUTE OF TECHNOLOGY PRESS

内 容 简 介

本书是编者根据教育部高等学校工程图学课程教学指导分委员会关于工程图学课程的教学要求，结合近年来"工程制图"课程体系教学改革的要求，遵照工程制图最新国家标准，为高等院校近机械类、非机械类专业学习"工程制图"课程而编写的教学用书。本书除绪论和附录外，共10章：第1章为制图的基本知识与技能；第2章为投影基础；第3章为立体及立体表面的交线；第4章为组合体视图；第5章为轴测图；第6章为零件的表达方法；第7章为标准件和常用件；第8章为零件图；第9章为装配图；第10章为计算机绘图。

本书配有大量的三维立体图，重视空间构形教育，适用面广。本书还有配套的《工程制图基础及 AutoCAD 习题集》，供读者练习使用。

本书可作为高等院校近机械类和非机械类各专业的"工程制图"课程的教材，也可供其他相近专业的师生和工程技术人员使用或参考，部分章节可根据不同专业的需要选用。

图书在版编目（CIP）数据

工程制图基础及 AutoCAD／陈卫华，张兰英主编. --

北京：北京理工大学出版社，2024.5

　　ISBN 978-7-5763-3998-7

　　Ⅰ．①工… Ⅱ．①陈… ②张… Ⅲ．①工程制图-

AutoCAD 软件 Ⅳ．①TB237

中国国家版本馆 CIP 数据核字（2024）第 098749 号

责任编辑：陆世立	文案编辑：李 硕
责任校对：刘亚男	责任印制：李志强

出版发行 ／北京理工大学出版社有限责任公司

社　　址 ／北京市丰台区四合庄路 6 号

邮　　编 ／100070

电　　话 ／（010）68914026（教材售后服务热线）

　　　　　（010）63726648（课件资源服务热线）

网　　址 ／http://www.bitpress.com.cn

版 印 次 ／2024 年 5 月第 1 版第 1 次印刷

印　　刷 ／涿州市新华印刷有限公司

开　　本 ／787 mm×1092 mm　1/16

印　　张 ／21.25

字　　数 ／498 千字

定　　价 ／85.00 元

　　编者根据教育部高等学校工程图学课程教学指导分委员会于 2015 年修订的《普通高等院校工程图学课程教学基本要求》，以及最新发布的《技术制图》和《机械制图》等国家标准，结合兰州理工大学工程图学省级教学团队在教学改革和课程建设方面长期积累的丰富经验编写此书。本书编者长期致力于"工程制图"课程教学改革和课程建设，不断创新教学内容和手段，根据新工科的人才培养目标，培养高质量的复合型工科人才。本书适应近机械类和非机械类等专业"工程制图"课程的教学要求，主要特色如下。

　　(1)本书既注重基本理论和基本技能的讲解，又强调理论联系实际，强化实践训练和提升。在引导学生掌握基础理论的同时，还将理论与实践有机结合，不断提升工程素养。

　　(2)本书内容共 10 章，每一章既相对独立，又彼此联系。本书旨在帮助学生循序渐进地掌握机械制图的基本知识，全书的思路和目标明确，重点培养学生分析问题和解决问题的能力，所选的典型例题难度由浅入深，并设计了综合应用，以满足新的人才培养目标对图学教育的新要求。

　　(3)本书为立体化教材，编者制作了配套电子课件和 3D 模型库，供教师和学生参考使用。通过扫描书中二维码，读者可方便地查看对应图形的三维模型。

　　(4)本书针对机械制图的核心内容，突出重点，抓住难点，同时编入实用的 AutoCAD 设计基础知识，为学生进一步学习后续课程，以及开展机械工程相关领域的研究和实践打好基础。

　　本书由兰州理工大学"工程制图"课程负责人和骨干教师编写，陈卫华、张兰英任主编。参加编写工作的教师有陈卫华(绪论、第 1 章、第 6 章、第 7 章)，张兰英(第 2 章、第 3 章、第 8 章)，康永平(第 4 章、第 5 章、第 9 章)，陈文科(第 10 章、附录)。陈卫华、康永平主编的《工程制图基础及 AutoCAD 习题集》与本书配套使用。本书及配套习题集适合高等院校近机械类和非机械类专业使用，部分章节可根据不同专业的需要作为选学内容。

　　本书融合了兰州理工大学"工程制图"教学团队长期积累的教学成果和资源，在此向多年来在课程建设中做出贡献的老师致以诚挚的谢意！本书在编写过程中得到了学校和教研室的大力支持，同时也对所有关心和帮助本书出版的人员表示衷心的感谢！

　　由于编者水平有限，书中难免存在疏漏和不足之处，恳请广大读者批评指正。

编　者

2024 年 3 月

目 录

绪　论

图样和文字一样，是人类用来表达、构思、分析和交流思想的基本工具。图样在工程技术上得到了广泛的应用，机器、仪表、设备的设计和制造都是以图样为依据的。图样就是能够准确表达物体的形状、尺寸及技术要求的图形。工程图样是工程技术中一种重要的技术资料，是进行技术交流不可缺少的工具，是工程界的"技术语言"。每个工程技术人员都必须能够阅读和绘制工程图样。在机械工程中，常见的图样是零件图和装配图。

1. 本课程的性质和内容

本课程是一门研究用投影法绘制和阅读工程图样，以及解决空间几何问题的理论和方法的技术基础课，包括制图基础、画法几何、机械制图和计算机绘图 4 部分。

(1)制图基础部分：介绍制图的基础知识和基本规定，培养学生绘制和阅读投影图的能力。

(2)画法几何部分：介绍用投影法图示空间物体和图解空间几何问题的基本理论和方法。

(3)机械制图部分：培养学生绘制和阅读机械图样的基本能力及查阅有关国家标准的能力。

(4)计算机绘图部分：介绍计算机绘图的基本知识，培养学生使用计算机绘制图样的基本能力。

学生通过对这四部分内容的学习，将为工程图样的阅读和绘制打下坚实的基础，在经过进一步的专业知识的学习和实践后，应努力成为具有现代意识的工程技术人才。

2. 本课程的学习目的和任务

本课程的学习目的和任务如下。

(1)学习投影法(主要是正投影法)的基本理论，为阅读和绘制工程图样打下良好的理论基础。

(2)培养阅读和绘制机械零件图和部件装配图的基本能力。

(3)培养空间想象、分析和造型的能力。

(4)培养使用计算机绘制工程图样的能力。

(5)培养认真、细致、严谨和科学的工作作风。

3. 本课程的学习方法

本课程的学习方法如下。

(1)本课程是一门实践性较强的课程，因此在学习时必须认真、独立、及时地完成作业。

(2)本课程是一门研究三维形体的形状与二维平面图形之间的关系的课程，也就是"由物画图，由图想物"的课程。在学习时要把投影分析与空间想象紧密地结合起来，要重视空间想象能力的培养。

（3）理解和掌握基本概念、基本原理和基本作图方法。

（4）要注意培养自学的能力。学生在自学时，要循序渐进，抓住重点，先把基本概念、基本理论和基本知识掌握好，再深入理解有关理论内容并扩展知识面。

（5）图样是加工、制造的依据，在生产中起着重要的作用。绘图时，每条线、每个字都要绘制清楚，图纸上即使是细小的差错也会给生产带来影响和损失。因此，学生在学习过程中要养成认真负责的态度和严谨细致的作风。

第1章
制图的基本知识与技能

知识目标 ▶▶ ▶

熟悉国家标准《技术制图》和《机械制图》的基本内容；掌握几何作图方法、平面图形的尺寸分析和画法；掌握绘图工具的使用方法及绘图的步骤。

能力目标 ▶▶ ▶

熟练运用国家标准《技术制图》和《机械制图》的基本内容和规则；灵活运用平面图形的绘图方法；具备绘制简单机械图样的能力。

工程图样是工程技术界表达设计思想、进行技术交流的重要媒介，是产品在市场调研、方案确定、设计制造、检测安装和使用维修等过程中重要的技术资料。绘制工程图样，必须严格遵守相关的制图标准。世界各国均制定了本国的制图国家标准。例如，美国国家标准的缩写为 ANSI，英国的为 BSI，德国的为 DIN，日本的为 JIS。我国制定的制图标准是中华人民共和国国家标准，简称"国标"，其代号为"GB"。本章重点介绍国家标准《技术制图》与《机械制图》中的基本规定和要求，同时介绍尺规绘图工具和使用方法、几何作图方法、平面图形分析与绘图方法、其他绘图方法等基本内容。

1.1　国家标准《技术制图》和《机械制图》简介 ▶▶▶

国家标准《技术制图》对图样做了统一的技术规定，这些规定是绘制和阅读工程图样的准则和依据，是指导各行业制图的基本规定。国家标准《机械制图》在不违背国家标准《技术制图》中基本规定的前提下，对机械图样做出了一些必需的、技术性的具体补充。下面以GB/T 14689—2008《技术制图　图纸幅面和格式》为例，说明国标编号的构成："GB"表示国家标准代号，"T"表示是"推荐性标准"（无"T"时表示是"强制性标准"），"14689"为标准编号，"2008"表示国家标准的批准年号。本节简要介绍国家标准《技术制图》中图纸的幅面和格式、标题栏、比例、字体、图线、尺寸注法等内容。

1.1.1 图纸的幅面和格式（GB/T 14689—2008）

1. 图纸幅面

图纸幅面简称图幅，图纸的宽度和长度代号分别为大写字母"B"和"L"，通常用细实线画出，称为图纸边界或裁纸线。图纸的幅面代号由字母"A"和幅面号组成，图纸的基本幅面代号有 A0、A1、A2、A3、A4 五种。绘制工程图样时，应优先采用表 1-1 中规定的基本幅面。实际绘图时，允许采用加长幅面，其长边尺寸为基本幅面的短边尺寸的整数倍，具体可查阅相关标准。本书若无特别说明，图表中的单位均为 mm。

表 1-1　图纸的基本幅面

幅面代号	A0	A1	A2	A3	A4
$B×L$	841×1 189	594×841	420×594	297×420	210×297
e	20			10	
c	10			5	
a	25				

2. 图框格式

图框是指图纸上绘图区域的边线框，即绘图的范围，用粗实线画出，其格式分为留装订边和不留装订边两种，同一零件的图样必须采用同一种格式。

图 1-1 所示为留装订边的图框格式，基本图幅的图框尺寸用 a、c 表示；图 1-2 所示为不留装订边的图框格式，基本图幅的图框尺寸用 e 表示。a、c、e 的具体数值如表 1-1 所示。

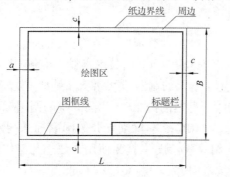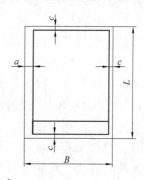

图 1-1　留装订边的图框格式

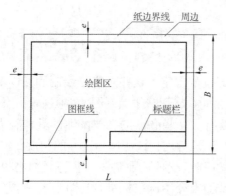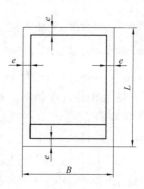

图 1-2　不留装订边的图框格式

1.1.2 标题栏(GB/T 10609.1—2008)

相关国家标准规定，每张工程图样上都要有标题栏。标题栏用来填写图样上的信息，是图样必不可少的组成部分。标题栏的基本要求、内容、尺寸和格式在 GB/T 10609.1—2008《技术制图 标题栏》中有详细规定，具体如图 1-3 所示。国家标准规定的标题栏内容较多、较复杂，在以教学为目的的制图作业中，可以采用如图 1-4 所示的简化标题栏。

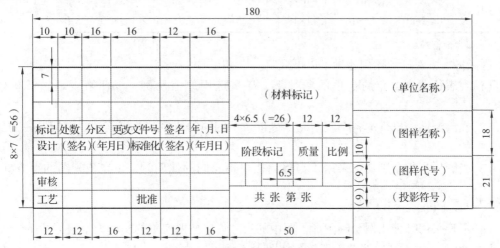

图1-3 国家标准推荐的标题栏

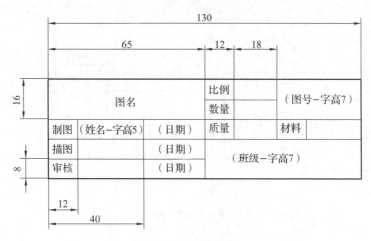

图1-4 简化标题栏

标题栏应位于图纸右下角，如图 1-1 和图 1-2 所示，标题栏的底边与下图框线重合，标题栏的右边与右图框线重合。

1.1.3 比例(GB/T 14690—1993)

比例是指图样中图形与其实物相应要素的线性尺寸之比。比例分为原值比例(比值为1)、放大比例(比值大于1)和缩小比例(比值小于1)三种。

绘制图样时，应根据实际需要，按表 1-2 中规定的系列选取适当的比例。

表 1-2　图样的比例

种类	优先选用比例			允许选用比例				
原值比例	1：1							
放大比例	5：1	2：1		4：1	2.5：1			
	$5×10^n$：1	$2×10^n$：1	$1×10^n$：1	$4×10^n$：1	$2.5×10^n$：1			
缩小比例	1：2	1：5	1：10	1：1.5	1：2.5	1：3	1：4	1：6
	$1：2×10^n$	$1：5×10^n$	$1：1×10^n$	$1：1.5×10^n$	$1：2.5×10^n$	$1：3×10^n$	$1：4×10^n$	$1：6×10^n$

注：n 为正整数。

国家标准中对绘图比例还做了以下规定。

(1)在表达清晰、布局合理的条件下，尽量选用原值比例，以便直观地了解机件的形貌。

(2)在绘制同一机件的各个视图时，尽量采用相同的比例，并将其标注在标题栏的比例栏内。

(3)当图样中的个别视图采用了与标题栏中不相同的比例时，可在该视图的上方标注，如 $2：1$，$\dfrac{A}{1：1\,000}$，$\dfrac{B—B}{5：1}$ 等。

(4)不管采用哪种比例绘制图形，图中的尺寸均应按照实物的实际大小进行标注。

同一图形采用不同比例的绘图效果如图 1-5 所示。

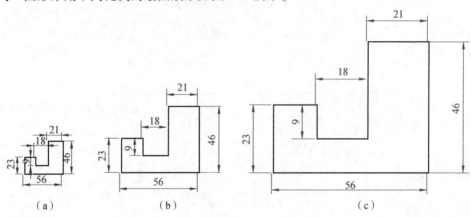

图 1-5　同一图形采用不同比例的绘图效果
(a)1：2；(b)1：1；(c)2：1

1.1.4　字体(GB/T 14691—1993)

图样中，除了要用图形表达物体的形状、结构，还要用文字、数字和符号等来表达物体的大小和技术要求等内容。国家标准对工程图样和工程文件中的文字、数字和符号的书写形式都做了统一规定。

1. 基本要求

(1)图样中的字体书写必须做到字体工整、笔画清楚、间隔均匀、排列整齐。

(2)字体的号数，即字体的高度(用 h 表示，单位为 mm)，其公称尺寸系列为 1.8、2.5、

3.5、5、7、10、14、20 号字。若要书写更大号的字，其字体高度应按$\sqrt{2}$的比率递增。

2. 汉字

国家标准规定，汉字应写成长仿宋体，并采用国家正式公布推行的简体字。汉字只能写成直体，其高度不应小于 3.5 mm，字宽一般为$h/\sqrt{2}$。

书写长仿宋体字要做到横平竖直、注意起落、结构均匀、填满方格。长仿宋体汉字的书写示例如图 1-6 所示。

10号字

字体工整　笔画清楚　排列整齐　间隔均匀

7号字

横平竖直　结构均匀　注意起落　填满方格

5号字

剖视图可按剖切范围的大小和剖切平面的不同分类

3.5号字

机械图样是设计和制造机械过程中的重要资料

图 1-6　长仿宋体汉字的书写示例

3. 数字和字母

数字和字母可以写成斜体或直体。斜体字字头向右倾斜，与水平基准线成 75°。数字和字母分为 A 型和 B 型，A 型字体笔画宽度 d 为字高 h 的 1/14，B 型字体笔画宽度为字高的 1/10。在同一图样上，只允许采用同一类型的字体。

数字、字母的 A 型斜体字的书写形式和综合应用示例如图 1-7 所示。字体的综合应用有以下规定：用作指数、分数、极限偏差、注脚等的数字和字母，一般采用小一号的字体；图样中的数学符号、物理量符号、计算单位符号及其他符号、代号，应符合国家相关规定。

$$0123456789$$

$$I\ II\ III\ IV\ V\ VI\ VII\ VIII\ IX\ X$$

（a）

图 1-7　数字、字母的 A 型斜体字的书写形式和综合应用示例

（a）数字示例

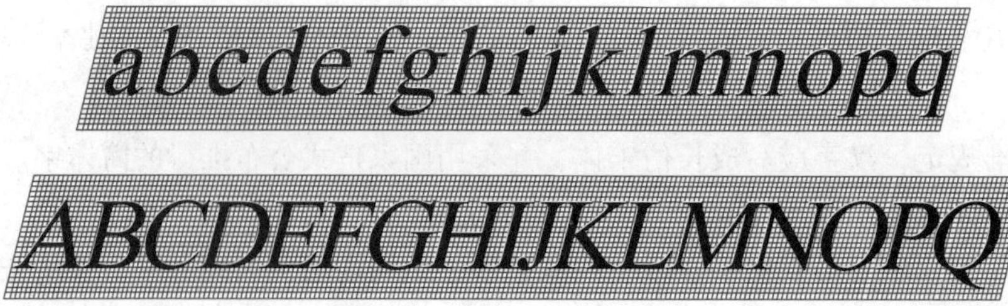

$$abcdefghijklmnopq$$

$$ABCDEFGHIJKLMNOPQ$$

(b)

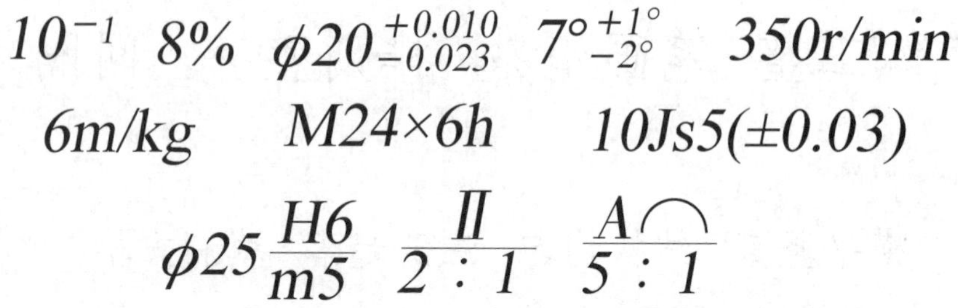

$$10^{-1} \quad 8\% \quad \phi 20^{+0.010}_{-0.023} \quad 7°^{+1°}_{-2°} \quad 350r/min$$

$$6m/kg \quad M24 \times 6h \quad 10Js5(\pm 0.03)$$

$$\phi 25\frac{H6}{m5} \quad \frac{II}{2:1} \quad \frac{A\frown}{5:1}$$

(c)

图1-7 数字、字母的A型斜体字的书写形式和综合应用示例(续)

(b)拉丁字母示例;(c)综合应用示例

1.1.5 图线(GB/T 17450—1998,GB/T 4457.4—2002)

图线是指起点和终点之间以任意方式连接的一种几何图形,形状可以是直线或曲线、连续线或不连续线。图线是组成图形的基本要素,由点、长度不同的线段和间隔等要素构成。

1. 基本线型

国家标准《技术制图》中规定了15种基本线型,并规定可根据需要将基本线型画成不同的粗细,由其变形、组合而派生出更多的线型。线型由线宽和线素长度等构成,表1-3给出了机械制图中常用的基本线型。

表1-3 机械制图中常用的基本线型

序号	名称	线型	线宽	主要用途及线素长度	
1	细实线	———————	$0.5d$	尺寸线及尺寸界线、剖面线、指引线和基准线、过渡线、重合断面的轮廓线、短中心线等	
2	粗实线	———————	d	可见轮廓线、可见棱边线和相贯线等	
3	细虚线	- - - - - - -	$0.5d$	不可见轮廓线、不可见棱边线	画长 $12d$ 短间隔长 $3d$
4	粗虚线	- - - - - - -	d	允许表面处理的表示线	
5	细点画线	—·—·—·—	$0.5d$	轴线、对称中心线等	画长 $24d$ 短间隔长 $3d$ 点长 $0.5d$
6	粗点画线	—·—·—·—	d	限定范围表示线	
7	细双点画线	—··—··—	$0.5d$	相邻辅助零件的轮廓线、轨迹线、中断线等	

续表

序号	名称	线型	线宽	主要用途及线素长度
8	波浪线	～～～	0.5d	断裂处边界线、局部剖切时的分界线。在一张图
9	双折线	──╱──╱──	0.5d	样上一般采用一种线型，即采用波浪线或双折线

2. 图线的宽度

按 GB/T 4457.4—2002《机械制图 图样画法 图线》的规定，在机械图样中采用粗、细两种线宽，它们之间的比值为 2∶1。图线的宽度 d 应该根据图形的大小和复杂程度，在下列推荐系列中选择：0.13、0.18、0.25、0.35、0.5、0.7、1、1.4、2。该系数公比为 $1∶\sqrt{2}$，单位为 mm，粗线宽度优先采用 0.5、0.7。

在同一张图样中，相同线型的宽度应保持一致。

3. 图线的应用

机械制图中常见图线的应用如图 1-8 所示。

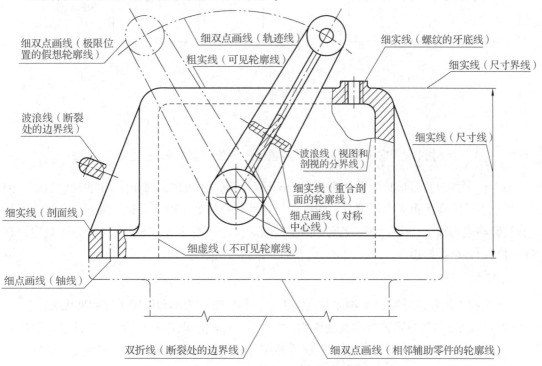

图 1-8　机械制图中常见图线的应用

4. 图线的画法

图线的画法正误对比如图 1-9 所示。绘制图样时，应遵守以下规定和要求。

(1) 在同一图样中，同类图线的宽度应一致。虚线、点画线及双点画线的线段长度和间隔应大致相等。

(2) 两条平行线(包括剖面线)间的距离不小于粗线线宽的 2 倍，其最小距离不得小于 0.7 mm。

（3）绘制圆的对称中心线时，圆心应为线段的交点。点画线和双点画线的首末两端应是线段而不是点，且应超出图形外 2~5 mm。

（4）在较小的图形上绘制点画线时，可用细实线代替。

（5）绘制轴线、对称中心线和作为中断处的双点画线，应超出轮廓线 3~5 mm。

（6）当虚线与虚线或与其他图线相交时，应以线段相交；当虚线是粗实线的延长线时，其连接处应留空隙。

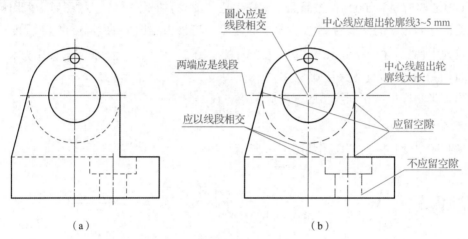

图 1-9　图线的画法正误对比
（a）正确；（b）错误

1.1.6　尺寸注法（GB/T 4458.4—2003，GB/T 16675.2—2012）

在工程图样中，图形只能表达机件的结构形状，而物体的大小则由标注的尺寸确定。因此，尺寸也是图样的重要组成部分，图样的尺寸标注应做到正确、完整、清晰、合理，否则会直接影响生产加工。为了便于交流，国家标准对尺寸标注的基本方法做了一系列规定，在绘图过程中必须严格遵守。

1. 基本规则

（1）图样上所注尺寸数值为物体的真实大小，与图形的大小和绘图的准确度无关。

（2）图样中（包括技术要求和其他说明）的尺寸以 mm 为单位时，不必标注计量单位的名称或者符号。如采用其他单位，则必须注明相应计量单位的名称或符号，如角度、弧度等。

（3）图样中所注的尺寸为该图样所示物体的最后完工尺寸，否则应另加说明。

（4）物体的每一尺寸一般只标注一次，并应标注在反映该结构最清晰的图形上。

（5）标注尺寸时，应尽可能使用符号和缩写词。尺寸标注常用的符号及缩写词如表 1-4 所示。

表1-4 尺寸标注常用的符号及缩写词

序号	含义	符号或缩写词	序号	含义	符号或缩写词
1	直径	ϕ	8	正方形	□
2	半径	R	9	深度	▽
3	球直径	$S\phi$	10	沉孔或锪平	⊔
4	球半径	SR	11	埋头孔	∨
5	厚度	t	12	弧长	⌒
6	45°倒角	C	13	斜度	∠
7	均布	EQS	14	锥度	◁
符号的比例画法					

2. 尺寸标注的组成

一个完整的尺寸标注应由尺寸界线、尺寸线、尺寸数字和尺寸线终端组成，如图1-10所示。

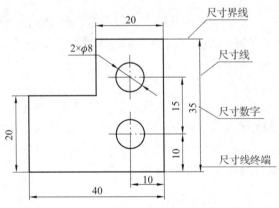

图1-10 完整尺寸标注的组成

1）尺寸界线

尺寸界线表示所注尺寸的起止范围，用细实线绘制。尺寸界线应由图形的轮廓线、轴线或对称中心线引出，也可以利用轮廓线、轴线或对称中心线作为尺寸界线。尺寸界线一般应与尺寸线垂直，必要时允许倾斜，如图1-11(a)所示。

2）尺寸线

尺寸线表示所注尺寸的度量方向，必须单独用细实线绘制，不能用其他图线来代替，也不能与其他图线重合或画在其延长线上，并应尽量避免与其他的尺寸线或尺寸界线相交叉，其正误对比如图1-11(b)、图1-11(c)所示。

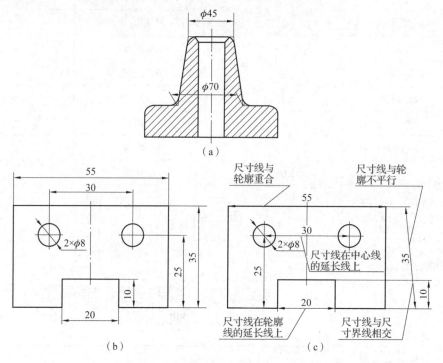

图1-11 尺寸界线倾斜注法及尺寸线标注正误对比

(a)尺寸界线倾斜注法；(b)正确；(c)错误

3)尺寸数字

尺寸数字表示尺寸的大小，线性尺寸数字一般应写在尺寸线的上方，也允许写在尺寸线的中断处。线性尺寸数字方向一般应按表1-5第一项所示方法注写。表1-5中还列举了国标规定的一些标注尺寸的符号及代号。

4)尺寸线终端

尺寸线终端可以有两种形式：箭头和斜线。箭头的形式如图1-12(a)所示，适用于各种类型的图样，其尖端必须与尺寸界线接触，不应留有间隙，图中d为粗实线宽度。斜线只适用于尺寸线与尺寸界线相互垂直的情形，斜线采用细实线，其方向以尺寸线为准，逆时针旋转45°，图中h为尺寸数字的高度，如图1-12(b)所示。

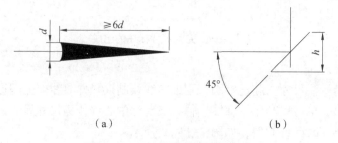

图1-12 尺寸线终端的两种形式

(a)箭头；(b)斜线

机械图样中一般采用箭头作为尺寸线的终端,同一图样中只能采用一种尺寸线终端形式。

3. 尺寸标注示例

表1-5中列出了GB/T 4458.4—2003《机械制图 尺寸注法》规定的部分尺寸注法示例,未详尽处请查阅该标准。

表1-5 尺寸标注部分示例

标注内容	示例	说明
线性尺寸的数字方向	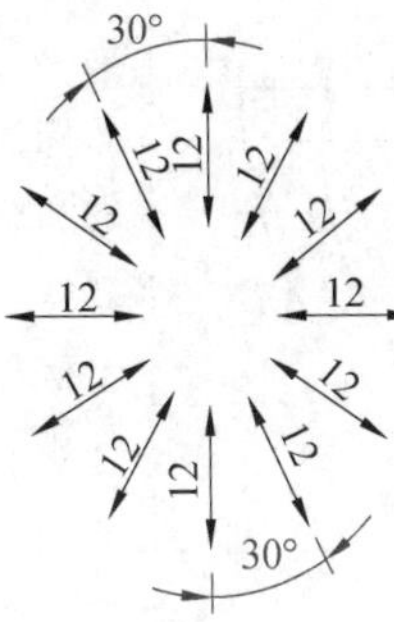  (a 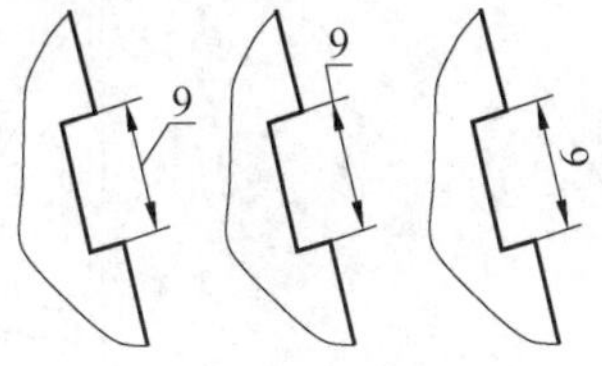) (b)	尺寸数字应按图(a)所示的方向标注,并尽可能避免在图示30°范围内标注尺寸。当无法避免时,可按图(b)的形式标注
图线通过尺寸数字时的处理	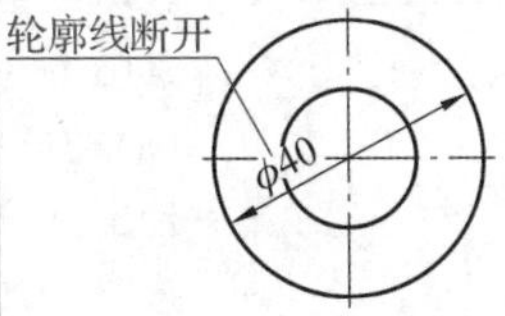 轮廓线断开 中心线断开 ϕ22 剖面线断开 ϕ40 ϕ12	尺寸数字不可被任何图线通过。当尺寸数字无法避免被图线通过时,图线必须断开
光滑过渡处的尺寸允许尺寸线倾斜	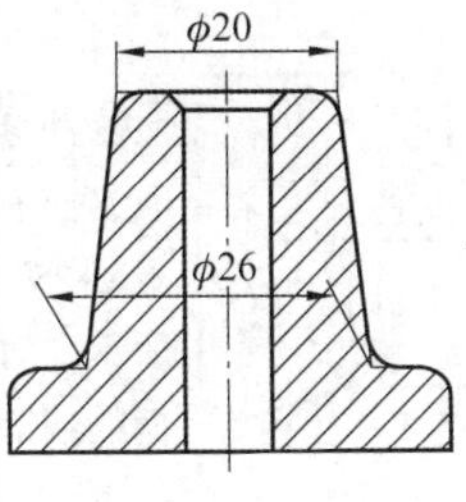 ϕ20 ϕ26 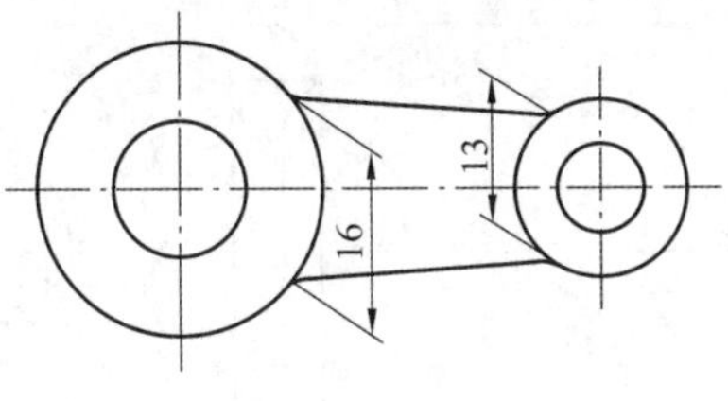 16 13	线性尺寸的尺寸界线一般应与尺寸线垂直,必要时允许倾斜。在光滑过渡处标注尺寸时,必须用细实线将轮廓线延长,从它们的交点处引出尺寸界线。尺寸界线应超出尺寸线2~5 mm
角度	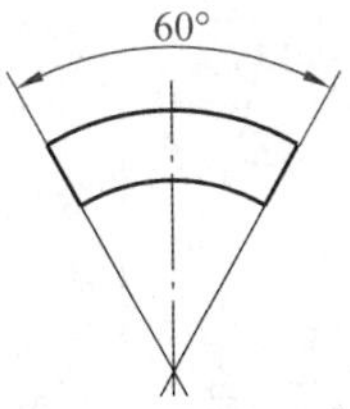 60° 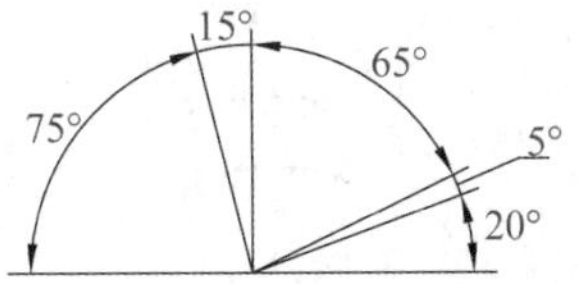 15° 65° 75° 20° 5°	标注角度尺寸时,其尺寸界线应沿径向引出,尺寸线画成圆弧,圆心为该角的顶点。尺寸数字一律水平书写,一般应注写在尺寸线的中断处,必要时可写在尺寸线的上方或外边,也可引出标注

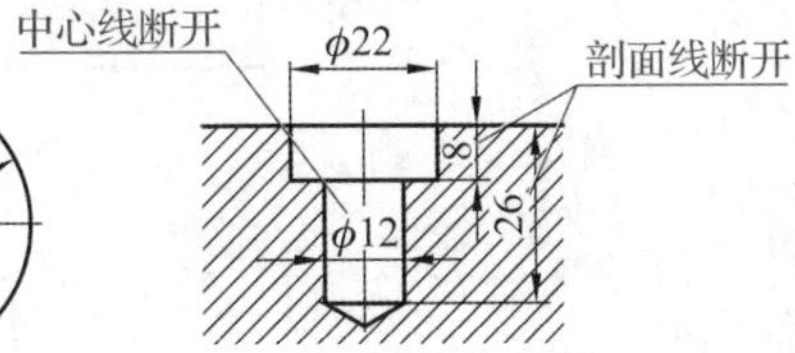

标注内容	示例	说明
圆的直径	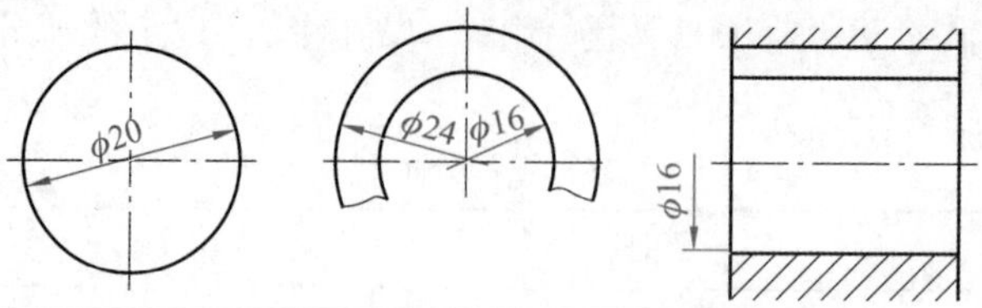 φ20 φ24 φ16 φ16	标注整圆或大于180°的圆弧直径时，应在尺寸数字前加注符号"φ"
圆的半径	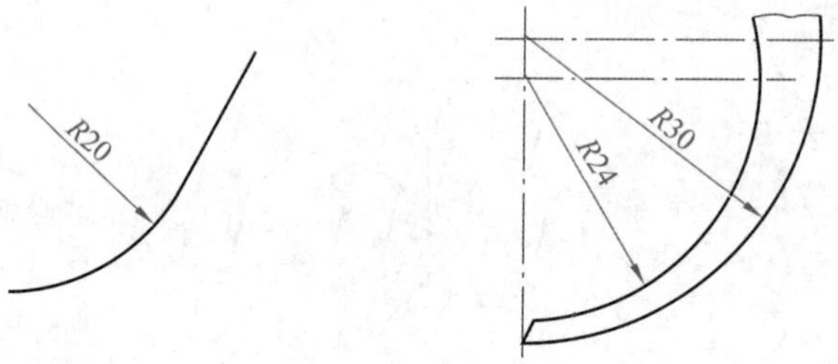 R20 R30 R24	标注小于或等于180°的圆弧半径时，应在尺寸数字前加注符号"R"，半径尺寸线自圆心引向圆弧，只画一个箭头
大圆弧	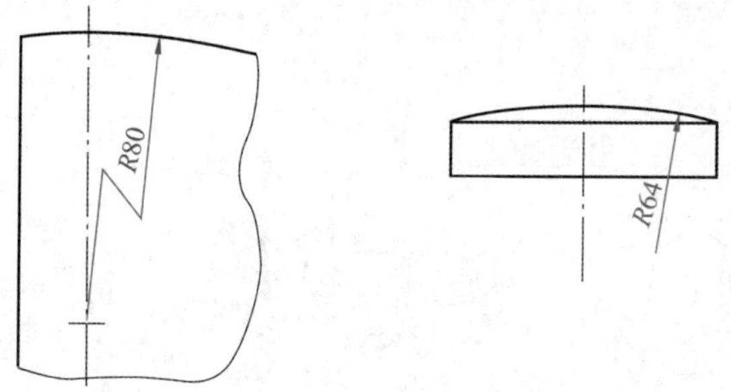 R80 R64 （a） （b）	当圆弧的半径过大或在图纸范围内无法标出其圆心位置时，可按图（a）的形式标注；当不需标出其圆心位置时，可按图（b）的形式标注
球面	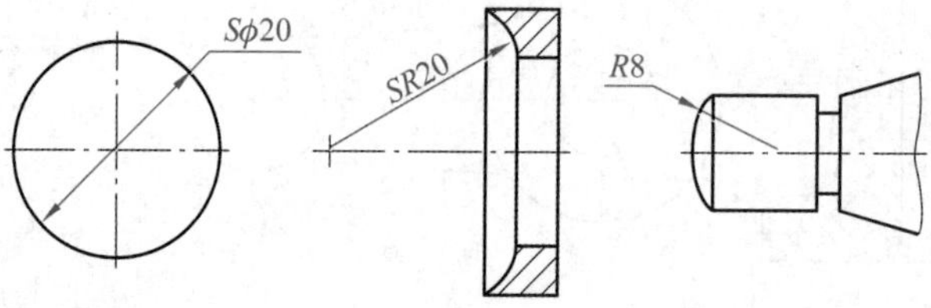 Sφ20 SR20 R8 （a） （b） （c）	标注球面的直径或半径时，应在φ或R前面加符号"S"，如图（a）、（b）所示。对标准件、轴及手柄的端部，在不引起误解的情况下，允许省略"S"，如图（c）所示
弧长和弦长	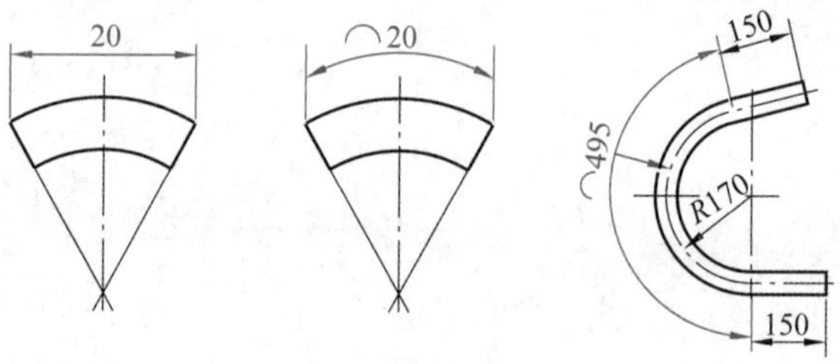 20 ⌒20 150 ⌒495 R170 150 （a） （b） （c）	标注弦长及弧长时，它们的尺寸界线应平行于弧所对圆心角的角平分线，如图（a）、（b）所示。当弧度较大时，尺寸界线可沿径向引出，如图（c）所示。标注弧长时，应在尺寸数字的左侧加注符号"⌒"，如图（b）、（c）所示

续表

标注内容	示例	说明
小尺寸	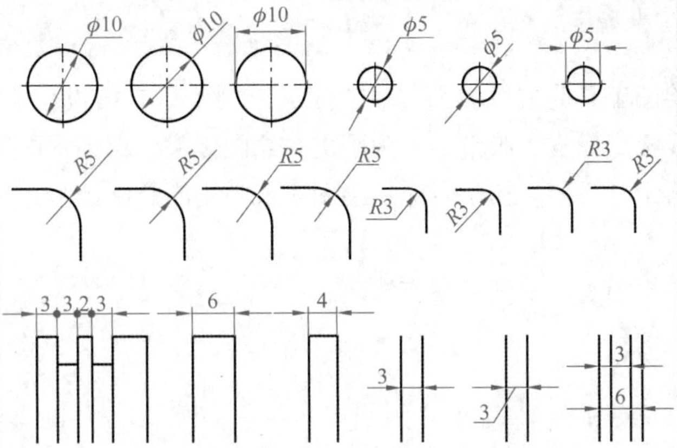	当没有足够的位置画箭头或注写尺寸数字时，箭头可画在外面，尺寸数字也可采用旁注或引出标注，当中间的小间隔尺寸没有足够的位置画箭头时，允许用圆点代替
对称物体	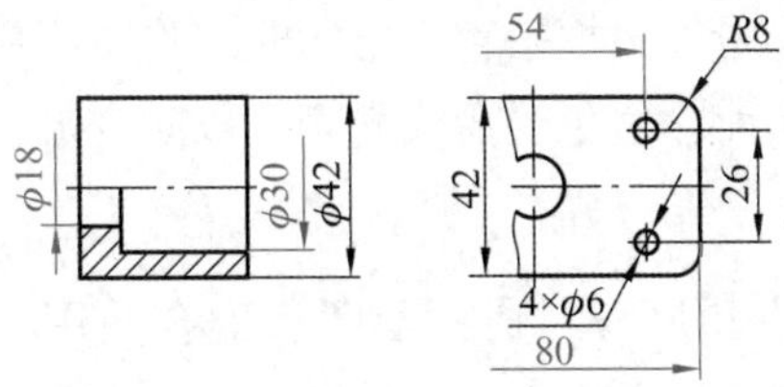	对称机件的图形只画一半或略大于一半时，尺寸线应略超过对称中心线或断裂处的边界线，此时仅在尺寸线的一端画出箭头
板状零件	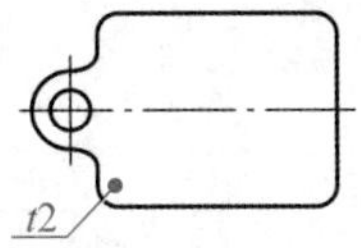	板状零件可以用一个视图表达其形状，在尺寸数字前加注符号"t"表示其厚度
正方形结构	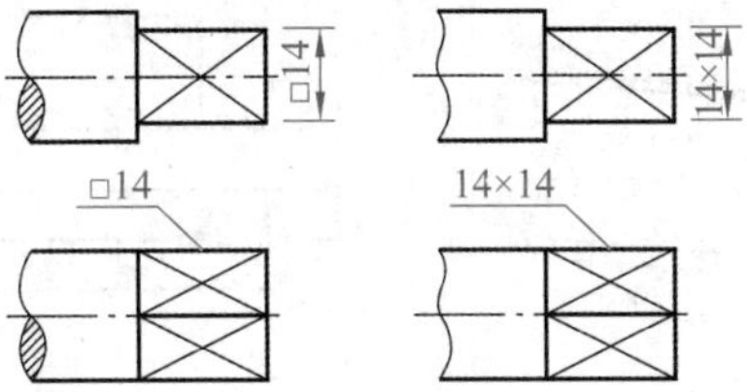	标注断面为正方形结构的尺寸时，可在边长尺寸数字前加注符号"□"，或用 $B×B$ 注出。图中相交的两细实线是平面符号
倒角	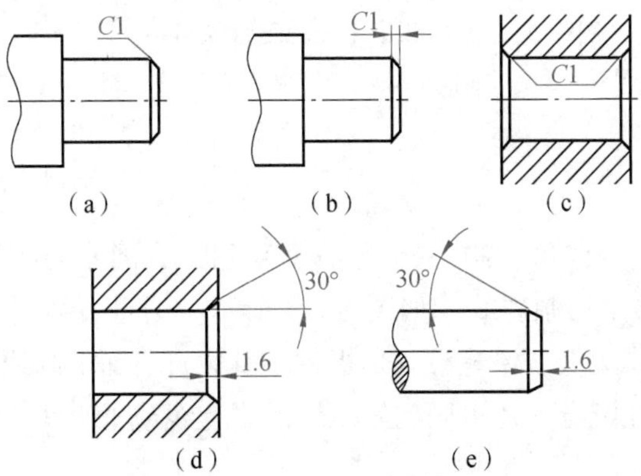	$45°$的倒角可按图(a)、(b)、(c)的形式标注，如 $C1$ 表示 $1×45°$ 倒角；非 $45°$ 的倒角则可按图(d)、(e)的形式标注

1.2 尺规绘图工具及其使用方法

尺规绘图是指利用绘图工具完成机械图样。常用的绘图工具有图板、丁字尺、三角板、铅笔、圆规、分规、曲线板、橡皮、胶带等。为了提高绘图效率，保证图面质量，正确、合理地使用绘图工具和仪器十分必要。初学者应从绘图实践中不断总结经验，才能逐步提高绘图技术水平。

本节主要介绍常用的绘图工具及其使用方法。

1.2.1 图板和丁字尺

1. 图板

图板用来固定图纸，应板面光滑、边框平直。绘图时，将图纸用胶带固定在图板上。图板不用时，应竖立保管以保护工作面，避免受潮或暴晒，以防变形。

2. 丁字尺

丁字尺用来画水平线，由尺头和尺身组成，与图板配合使用，如图 1-13 所示。使用时，尺头的内侧边应紧靠在图板的左侧导边上，以保证尺身的工作边始终处在水平位置，切忌在尺身下边画线。

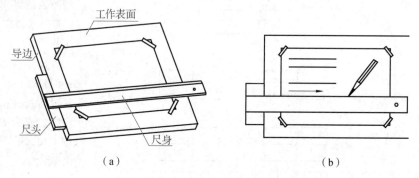

图 1-13　图板和丁字尺的配合使用

（a）图板、丁字尺配合方式；（b）利用丁字尺画水平线

1.2.2 三角板

绘图用三角板一般由 45°-45°角、30°-60°角各一块组成，经常与丁字尺、直尺配合使用，可画垂直线和 15°整数倍角的倾斜线，如图 1-14 所示。画垂直线时，将三角板的一直角边紧靠在丁字尺尺身的工作边上，铅笔沿三角板的垂直边自下而上画线。

绘图时，一副三角板相互配合，还可画已知斜线的平行线或垂直线，如图 1-15 所示。

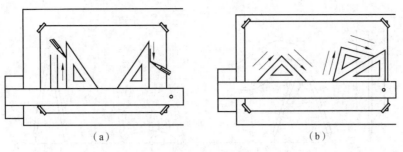

（a）　　　　　　　　　　　　（b）

图1-14　利用三角板画垂直线及倾斜线

（a）画垂直线；（b）画倾斜线

（a）　　　　　　　　　　　　（b）

图1-15　三角板相互配合画已知斜线的平行线或垂直线

（a）画已知斜线的平行线；（b）画已知斜线的垂直线

1.2.3　圆规和分规

1. 圆规

圆规是用来画圆及圆弧的工具，常用的有三用圆规、弹簧圆规和点圆规。画图时，一般按顺时针方向旋转，使圆规向运动方向稍微倾斜，并尽量使定心针尖和铅芯同时垂直于纸面，定心针尖要比铅芯稍长些，如图1-16所示。

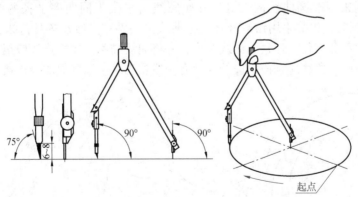

图1-16　圆规及其使用方法

2. 分规

分规的结构与圆规相似，两头均是钢针。分规用来量取或截取长度、等分线段或圆弧。为了准确度量尺寸，分规的两针尖应平齐，当两腿合拢时，两针尖应重合成一点，如图

1-17 所示。

图 1-17　分规及其使用方法

1.2.4　比例尺

常见的比例尺为三棱柱体，故又名三棱尺。在尺的三个棱面上分别刻有 6 种不同比例的刻度尺寸，供度量时选用，如图 1-18 所示。

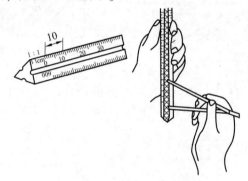

图 1-18　比例尺及其使用方法

1.2.5　曲线板

曲线板是用来画非圆曲线的工具，其轮廓线由多段不同曲率半径的曲线组成，如图 1-19 所示。作图时，先徒手用铅笔轻轻地把曲线上一系列点顺次连接起来，然后选择曲线板上曲率合适的部分与徒手连接的曲线贴合，并将曲线描深。每次连接应至少通过曲线上三个点。注意，每画一段线应和前一段的末端有一段相吻合，以确保曲线连接光滑。

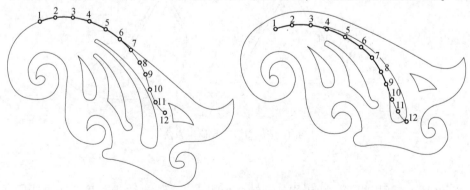

图 1-19　曲线板及其使用方法

1.2.6 铅笔

绘图时一般采用木质绘图铅笔，其末端印有铅芯硬度标记。铅笔铅芯的硬度由字母 B 和 H 来标识。B 前面的数值越大，表示铅芯越软，画出来的图线就越黑；H 前面的数值越大，表示铅芯越硬，画出来的图线就越淡；HB 表示铅芯软硬适中。

在绘制工程图样时，要选择专用的绘图铅笔，一般需要准备以下几种型号的绘图铅笔：

(1) B 或 HB 铅笔——画粗实线；

(2) HB 或 H 铅笔——画细实线、细点画线、细虚线，注写文字；

(3) H 或 2H 铅笔——画底稿。

因为圆规画图时不便用力，所以安装在圆规上的铅芯一般要比绘图铅笔软一级。用于画粗实线的铅笔的铅芯应磨成矩形，其余的应磨成圆锥形，如图 1-20 所示。

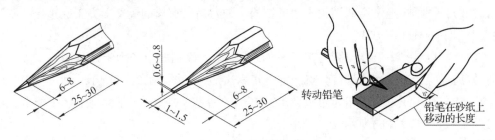

图 1-20 铅芯的磨法

1.3 几何作图方法

零件的轮廓形状尽管各有不同，但都可以看作由一些简单的几何图形组成，利用常用的绘图工具进行几何作图是绘制各种平面图形的基础。常见的几何作图有等分线段、等分圆周及作正多边形、作斜度与锥度、作圆弧连接、作椭圆、作渐开线等。熟练掌握几何作图的方法，能够提高绘图质量和速度。

1.3.1 等分线段

图 1-21 所示为将已知直线段 *AB* 五等分的作图方法。过点 *A* 任意作一直线 *AC*，用分规以适当长度为单位在 *AC* 上截得 1、2、3、4、5 五个等分点，然后连接 5*B*，并过 1、2、3、4 各等分点作 5*B* 的平行线与 *AB* 交于点 1′、2′、3′、4′，即得各等分点。用此方法可将已知线段进行任意等分。

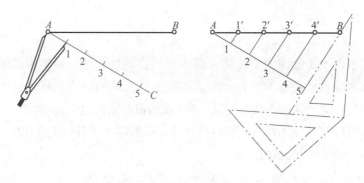

图 1-21　五等分线段作图方法

1.3.2　等分圆周及作正多边形

绘图时，图样中经常会遇到正多边形结构，如六角头螺栓的头部即为正六边形。正六边形通常有以下两种作图方法。

方法一：以水平中心线与圆的交点 A、D 为圆心，以圆的半径为半径画圆弧，交圆上的点即把圆周六等分，依次连接各分点，即得正六边形，如图 1-22(a) 所示。

方法二：利用正六边形相邻两边夹角为 120°，通过 30°-60° 三角板与丁字尺配合，作出正六边形，如图 1-22(b) 所示。

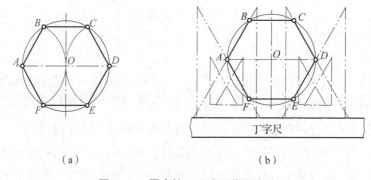

（a）　　　　　　　　　　　（b）

图 1-22　圆内接正六边形作图方法

1.3.3　斜度与锥度

1. 斜度

斜度是指一直线(或平面)对另一直线(或平面)的倾斜程度，其大小用两者之间的夹角的正切值来表示，如图 1-23(a) 所示，即

$$斜度 = H/L = \overline{BC}/\overline{AC} = \tan \alpha（\alpha \text{为倾斜角度}）$$

工程图样中，斜度通常以 1:n 的形式标注。例如，作 1:5 的斜度时，先按其他有关尺寸作出它的非倾斜部分的轮廓，如图 1-23(b) 所示，再过点 A 作水平线，任取一个单位长度 $\overline{AB}$，自点 A 开始截取相同的五等份。过点 C 作 AC 的垂线，并取 $\overline{CD}=\overline{AB}$，连接 A、D 即完成该斜面的投影，最后完成全部作图，如图 1-23(c) 所示。

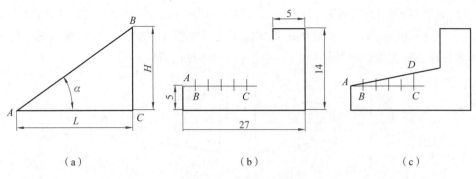

（a） （b） （c）

图1-23　斜度及其画法

斜度用斜度符号"∠"进行标注，符号斜线的方向应与斜度方向一致。斜度符号如图1-24（a）所示，图中尺寸 h 为数字的高度，符号的线宽为 h/10。斜度的标注方法如图1-24（b）~图1-24（d）所示。

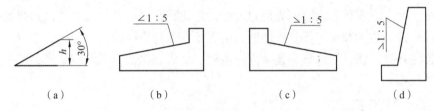

图1-24　斜度的符号及标注方法

（a）斜度符号；（b）、（c）、（d）斜度的标注方法

2. 锥度

锥度是指圆锥体的底圆直径 D 与其高度 L 之比，或者是圆锥台上、下两底圆直径的差（D-d）与其高度 l 的比值，如图1-25（a）所示，即

$$锥度 = D/L = (D-d)/l = 2\tan \alpha$$

式中，α 为圆锥锥顶角的 1/2。

工程图样上一般将锥度值化为 1:n 的形式，如图1-25（b）所示，圆锥台具有 1:3 的锥度。作图时，先根据圆锥台的尺寸 25 和 φ18 画出 AO 和 FG 线，过点 A 任取一个单位长度 $\overline{AB}$，自点 A 开始在 AO 上截取相同的三等份；过点 C 作 AC 的垂线，并取 $\overline{DE} = \overline{AB}$，连接 A、D 和 A、E，并过点 F 和点 G 分别作 AD 和 AE 的平行线，即完成该圆锥台的投影，如图1-25（c）、图1-25（d）所示。

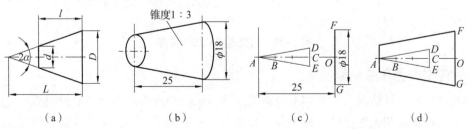

（a） （b） （c） （d）

图1-25　锥度的画法

锥度用锥度符号和锥度值进行标注，锥度符号如图1-26(a)所示。标注锥度的方法如图1-26(b)~图1-26(d)所示。锥度可以直接标注在圆锥轴线上面，也可从圆锥的外形轮廓线处引出进行标注。注意，锥度符号的方向应与所画锥度的方向一致。

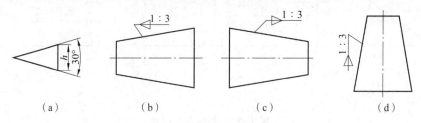

图1-26 锥度的符号及标注方法

(a)锥度符号；(b)、(c)、(d)锥度的标注方法

1.3.4 圆弧连接

在工程实际中，零件表面之间光滑过渡的情形比较常见，常常需要用已知圆弧去连接另外的圆弧或直线，称为圆弧连接。作图时，需保证圆弧与直线或圆弧与圆弧相切，起连接作用的圆弧称为连接圆弧，切点称为连接点。因此，圆弧连接的作图关键是确定连接圆弧的圆心和切点的位置。

1. 圆弧连接的作图原理

(1)已知半径为 R 的圆弧与已知直线 AB 相切时，其圆心轨迹是一条与已知直线平行且相距 R 的直线。自连接圆弧的圆心向已知直线作垂线，其垂足即为切点，如图1-27(a)所示。

(2)已知半径为 R 的圆弧与已知半径为 R_1 的圆弧相切时，其圆心轨迹是已知圆弧的同心圆。该圆的半径 R_0 要根据相切的情形而定：当两圆弧外切时，$R_0 = R_1 + R$，如图1-27(b)所示；当两圆弧内切时，$R_0 = R_1 - R$，如图1-27(c)所示。不管是哪种情形，其切点必在两圆弧连心线或其延长线上。

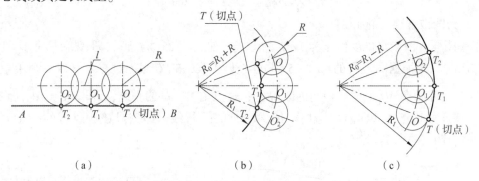

图1-27 圆弧连接的作图原理

2. 圆弧连接的作图方法

圆弧连接有三种情况：用已知半径圆弧连接两条已知直线；用已知半径圆弧连接两已知圆弧；用已知半径圆弧连接已知直线和已知圆弧。常见圆弧连接的作图方法和步骤如表1-6所示。

表 1-6　常见圆弧连接的作图方法和步骤

连接形式	作图方法和步骤		
	求圆心 O	求切点 K_1、K_2	画连接弧
连接两直线	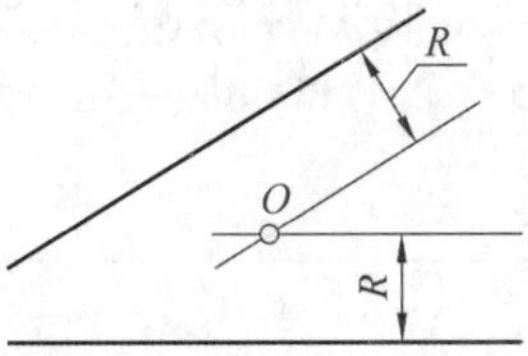	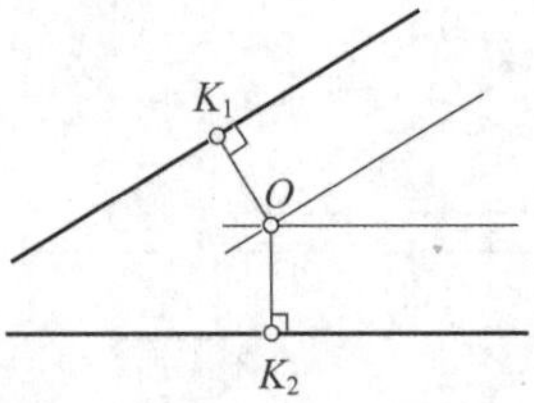	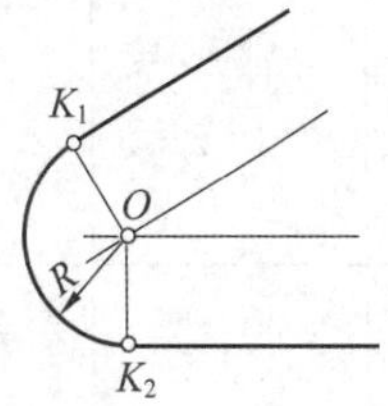
连接直线与圆弧	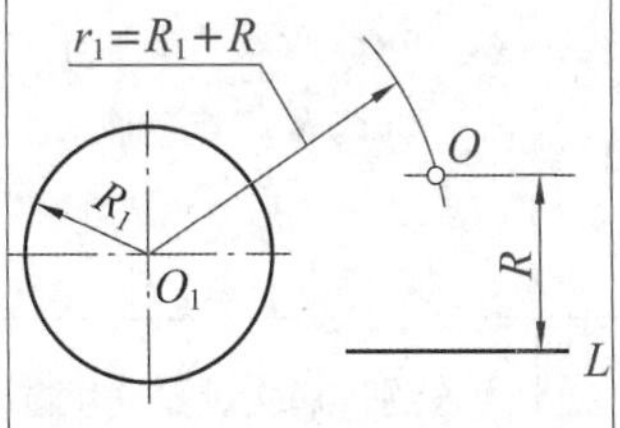 $r_1 = R_1 + R$	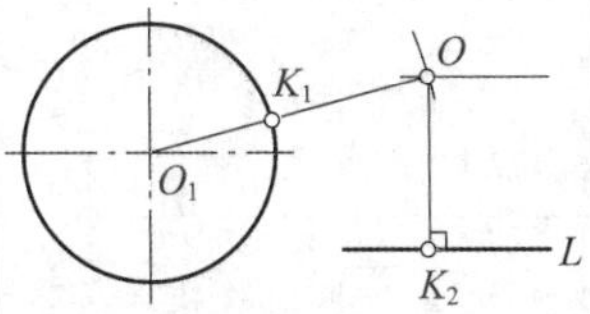	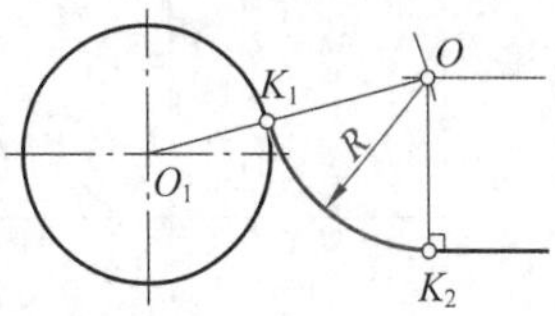
外切两圆弧	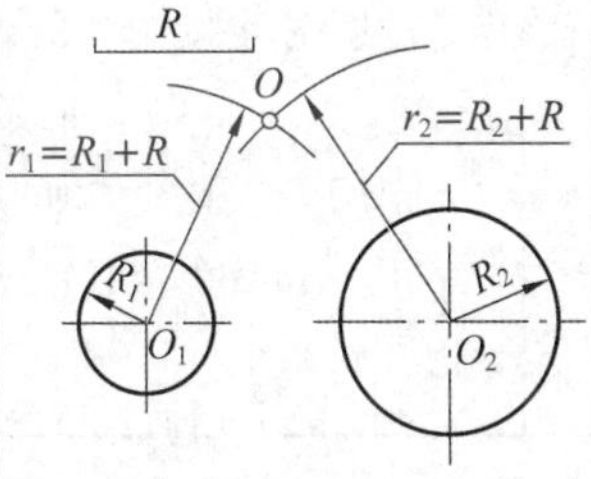 $r_1 = R_1 + R$ $r_2 = R_2 + R$	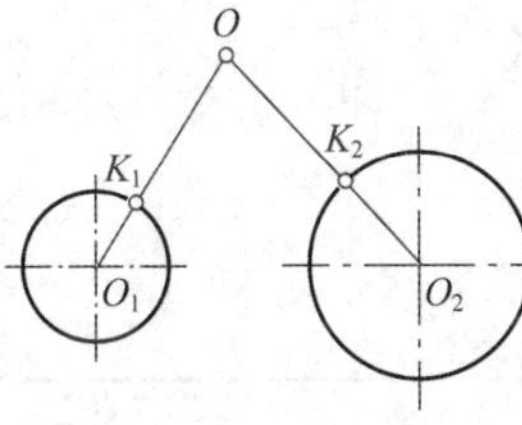	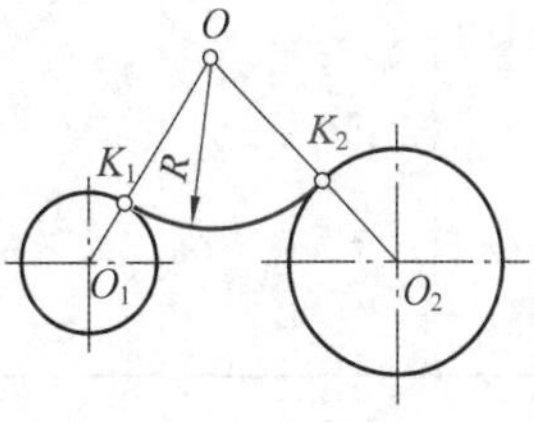
内切两圆弧	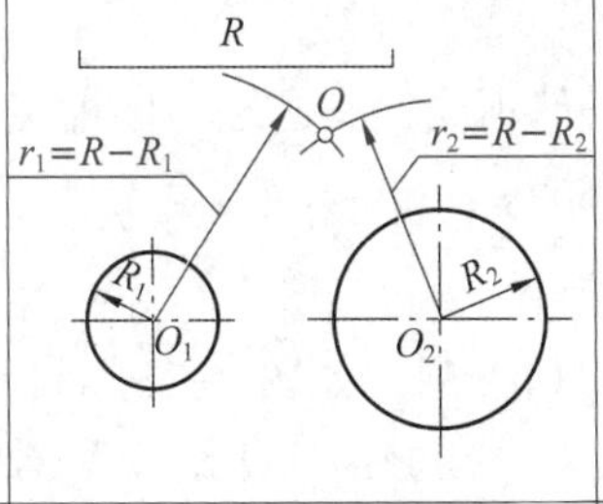 $r_1 = R - R_1$ $r_2 = R - R_2$	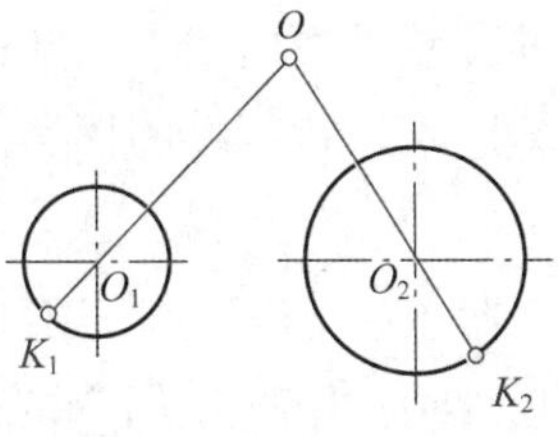	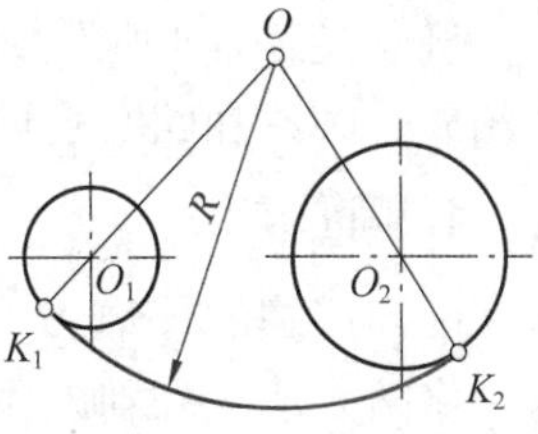
外切圆弧与内切圆弧	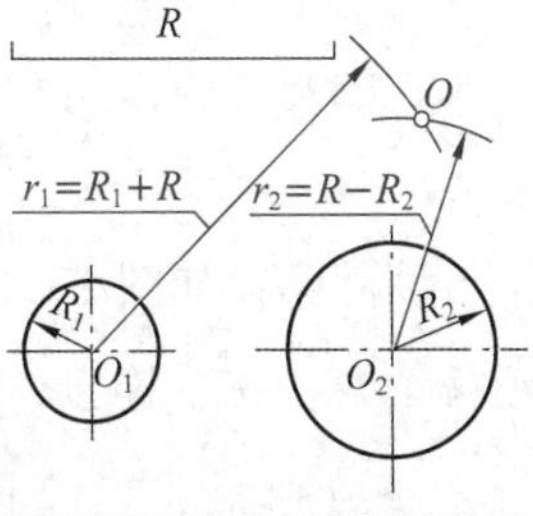 $r_1 = R_1 + R$ $r_2 = R - R_2$	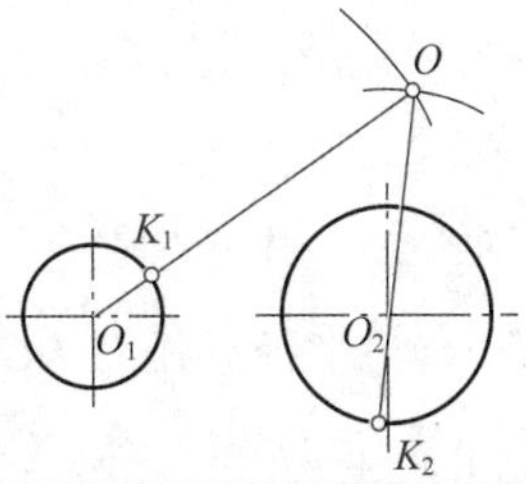	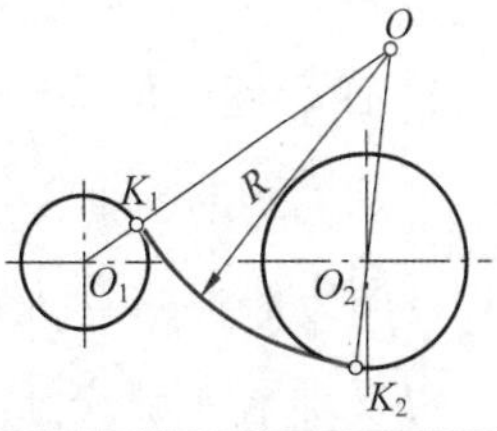

常见圆弧连接的作图示例如表 1-7 所示。

表 1-7　常见圆弧连接的作图示例

序号	项目	作图示例	作图方法及步骤
1	圆弧连接	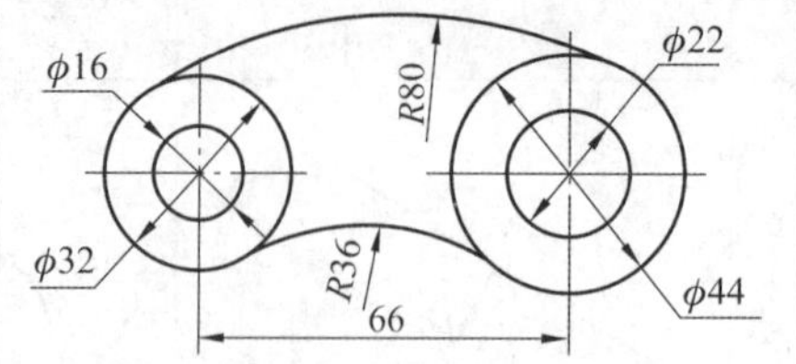 $\phi16$ $\phi22$ $R80$ $\phi32$ $R36$ 66 $\phi44$	图中 $\phi32$、$\phi16$、$\phi22$、$\phi44$ 为已知圆弧，$R36$、$R80$ 为连接圆弧
2	作 $R36$ 圆弧与 A、B 两圆外切	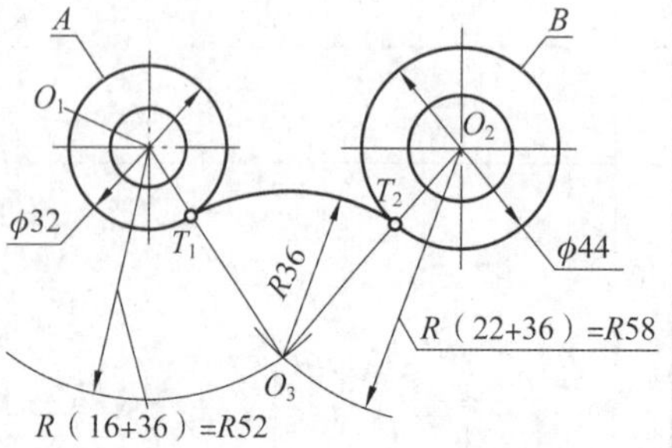 A B O_1 O_2 $\phi32$ T_1 T_2 $R36$ $\phi44$ $R(22+36)=R58$ O_3 $R(16+36)=R52$	分别以 O_1、O_2 为圆心，以 $R(16+36)$、$R(22+36)$ 为半径画圆弧，所得交点 O_3 即为连接圆弧的圆心；连接 O_1、O_3 和 O_2、O_3，分别与已知圆交于 T_1 和 T_2，即为两切点；以 O_3 为圆心，$R36$ 为半径，从点 T_1 至 T_2 画圆弧
3	作 $R80$ 圆弧与 A、B 两圆内切	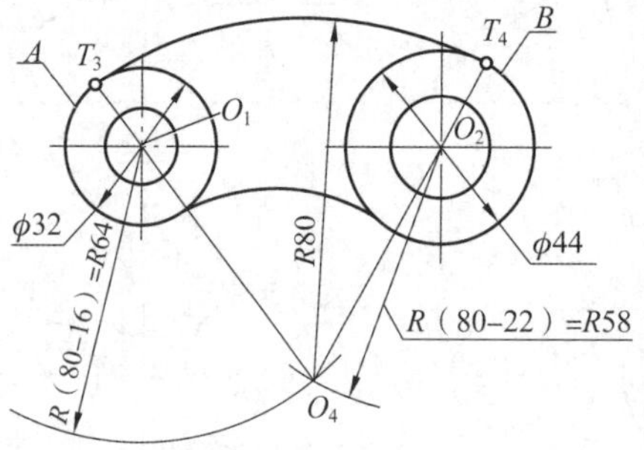 A T_3 T_4 B O_1 O_2 $\phi32$ $R80$ $\phi44$ $R(80-16)=R64$ $R(80-22)=R58$ O_4	分别以 O_1、O_2 为圆心，以 $R(80-16)$、$R(80-22)$ 为半径画圆弧，所得交点 O_4 即为连接圆弧的圆心；连接 O_1、O_4 和 O_2、O_4，它们的延长线分别与已知圆交于 T_3 和 T_4，即为两切点；以 O_4 为圆心，$R80$ 为半径，从点 T_3 至 T_4 画圆弧

1.3.5　作椭圆

椭圆是工程上比较常见的非圆平面曲线，已知条件不同，其画法也随即发生变化。下面介绍同心圆法和四心圆近似法两种比较常见的作图方法。

1. 同心圆法

已知椭圆的长轴 AB 和短轴 CD，用同心圆法作出该椭圆，如图 1-28(a) 所示。

作图方法：分别以 AB 和 CD 为直径作两个同心圆，通过中心 O 作一系列放射线与两圆相交，过大圆上各个交点 Ⅰ、Ⅱ…引铅垂线，过小圆上各个交点 1、2…作水平线，得相应的交点 M_1、M_2…，最后用曲线板光滑连接 M_1、M_2…，即完成椭圆的作图。

2. 四心圆近似法

已知椭圆的长轴 AB 和短轴 CD，用四心圆近似法作出该椭圆，如图 1-28(b) 所示。

作图方法：以 O 为圆心、$\overline{OA}$ 为半径画弧交 DC 的延长线于点 E；连接 A、C，以 C 为圆心、$\overline{CE}$ 为半径画弧交 AC 于点 F；作 AF 的中垂线与长、短轴分别交于 1、2 两点，再作出其对称点 3、4；分别以 2、4 为圆心，以 $\overline{2C}$、$\overline{4D}$ 为半径画两段大圆弧，再分别以 1、3 为圆心，以 $\overline{1A}$、$\overline{3B}$ 为半径画两段小圆弧；四段圆弧相切于点 K、K_1、N、N_1 而构成一个近似椭圆。

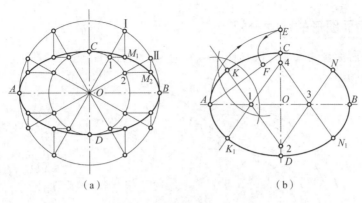

图1-28 椭圆的画法及步骤

(a)同心圆法；(b)四心圆近似法

1.3.6 作渐开线

当圆周上的切线绕圆周作连续无滑动地滚动时，切线上任一点的轨迹称为渐开线，其作图步骤如图1-29所示。

首先将圆周展开成直线(长度为 πD)，分圆周及其展开长度为12等份。过圆周上各等分点作圆的切线，并自切点1开始在各切线上依次截取长度等于 $\pi D/12$、$2\pi D/12\cdots$，得到 I、II、III…共12个点，用曲线板光滑连接起来即得渐开线。

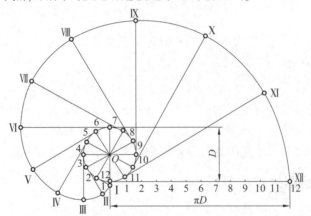

图1-29 渐开线画法

1.4 平面图形分析与绘图方法

平面图形是由一系列直线、圆弧、圆等基本图元通过一定方式组合的线段构成的。其中，有些线段可根据已知条件直接绘制，还有些线段则必须根据与相邻线段的几何关系才能绘制。绘制平面图形，即根据图中所给出的尺寸对构成图形的各类线段进行分析，确定其形状和位置，遵循正确的作图方法和步骤，完成平面图形作图的过程。

1.4.1 平面图形的尺寸分析

平面图形中所标注的尺寸，按其作用可分为定形尺寸和定位尺寸两类。下面以图1-30为例，进行平面图形尺寸分析。

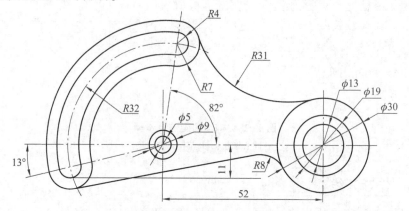

图1-30 平面图形尺寸分析示例

1. 定形尺寸

用于确定平面图形中各组成部分形状和大小的尺寸称为定形尺寸。例如，图1-30中圆的直径 $\phi13$、$\phi19$、$\phi30$、$\phi5$、$\phi9$，圆弧半径 $R8$、$R31$、$R4$、$R7$ 等。

2. 定位尺寸

用于确定平面图形上各组成部分之间相对位置关系的尺寸称为定位尺寸。例如，图1-30中确定 $\phi5$ 和 $\phi9$ 圆心位置的52。

3. 尺寸基准

用于确定尺寸起点位置所依据的点、线、面称为尺寸基准。在平面图形中，长度和宽度方向至少要有一个主要的尺寸基准，再加上一个或几个辅助基准。定位尺寸通常以尺寸基准线作为标注尺寸的起点。尺寸基准通常选择图形的对称轴线、圆的中心线及主要轮廓线。

1.4.2 平面图形的线段分析

平面图形中的线段，通常按给定的尺寸分为已知线段、中间线段和连接线段三种。下面以图1-31为例，进行平面图形线段分析。

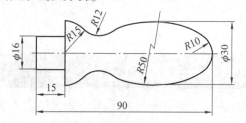

图1-31 平面图形线段分析示例

1. 已知线段

定形尺寸和定位尺寸均已知，可直接绘制的线段称为已知线段。例如，图1-31中的

$\phi16$、$R15$、$R10$ 和 15。

2. 中间线段

只有定形尺寸和一个定位尺寸，另一个定位尺寸必须根据与相邻已知线段的几何关系才能绘制的线段称为中间线段。例如，图 1-31 中的 $R50$。

3. 连接线段

只有定形尺寸，其位置依靠两相邻的已知线段确定后才可绘制的线段称为连接线段。例如，图 1-31 中的 $R12$，需要利用其与 $R15$ 和 $R50$ 相切的关系才能绘制。

1.4.3 平面图形的绘图方法与步骤

对平面图形进行尺寸分析和线段分析之后，就可以作图了。画平面图形时，应根据图形中所给出的尺寸，确定绘图步骤：先画出所有已知线段，然后依次画出中间线段，最后画连接线段。

下面以图 1-32 为例，介绍手柄的绘图步骤。

(1) 选取适当比例和图幅。

(2) 固定图纸，画出已知线段(对称线、中心线等)，如图 1-32(a)所示。

(3) 按已知线段、中间线段、连接线段的顺序依次绘出各线段，如图 1-32(a)~图 1-32(c)所示。

(4) 加深图线，完成手柄的绘制，如图 1-32(d)所示。

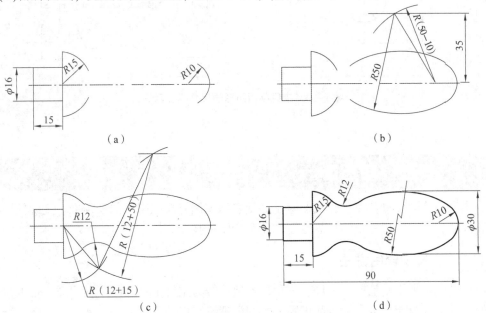

图 1-32 手柄的绘图方法和步骤

(a)绘制基准线和已知线段；(b)绘制中间线段；(c)绘制连接线段；(d)加深图线，完成手柄绘制

1.4.4 平面图形的尺寸标注

平面图形中尺寸标注是否齐全，决定着能否正确绘出图形。标注尺寸时，必须做到正确、完整、清晰、合理，符合国家标准有关尺寸标注的规定。首先要对图形进行分析，找出

其由哪些基本几何图形组成以及各部分之间的相互关系；然后选定基准，根据各图线的尺寸要求，标注出全部定形尺寸和必要的定位尺寸。

标注尺寸的方法和步骤如下。

（1）分析平面图形，确定尺寸基准。

（2）确定平面图形中的已知线段、中间线段和连接线段。

（3）按照已知线段、中间线段和连接线段的顺序依次进行尺寸标注。

图1-33为常见平面图形的尺寸标注示例。

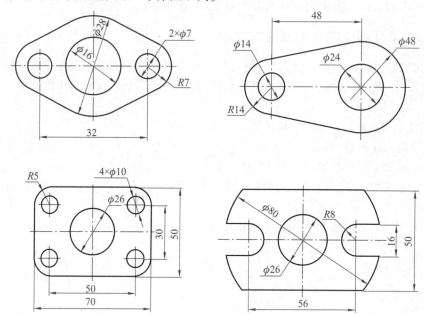

图1-33　常见平面图形的尺寸标注示例

1.5　其他绘图方法

为了提高绘图质量和速度，我们除了必须熟练掌握有关制图的国家标准、正确使用绘图工具和仪器，还要掌握一定的尺规绘图和徒手绘图的技能。

1.5.1　尺规绘图方法

尺规绘图是指用铅笔、丁字尺、三角板和圆规等为主要工具绘制工程图样，是工程技术人员的必备基本技能，也是学习和巩固工程图学理论知识的重要方法。下面介绍在图纸上进行尺规绘图的步骤。

（1）准备工作。绘图前，应准备好必要的绘图工具和仪器，整理好工作地点，熟悉和了解所画的图形，将图纸固定在图板的适当位置，使丁字尺和三角板移动比较方便。

（2）图形布局。图形在图纸上的布局应匀称、美观，并预留标题栏及尺寸标注的位置。

（3）画底稿。用较硬的H或2H铅笔准确地、很轻地画出底稿。首先绘出基准线、对称中心线及轴线，然后绘图形的主要轮廓线，最后绘出细节部分。

（4）描深图线。底稿画好后应仔细校核，改正发现的错误，并擦去多余的线条。应该做到线型符合规定、粗细分明、连接光滑。描深时，一般应首先描深所有的圆及圆弧，对同心圆弧应先描小圆弧，再由小到大顺次描其他圆弧。当有几个圆弧连接时，应从第一个圆弧开始依次描深。描深圆及圆弧后，从图的左上方开始，先依次向下描深所有水平的粗实线，再顺次向右描深所有垂直的粗实线，最后描深倾斜的粗实线。描深粗实线后，按同样的顺序，描深所有的虚线、点画线、细实线和尺寸界线等。

（5）标注尺寸、注写文字并填写标题栏。

（6）检查、完善。仔细检查，改正错误，完成全图。

1.5.2 徒手绘图方法

根据目测估计物体各部分的尺寸比例，不借助绘图工具和仪器，而用徒手绘制图形，称作徒手绘图或绘草图。对徒手绘制的草图，同样要求做到图形正确、线型分明、比例匀称、字体工整及图面整洁。徒手绘图是工程技术人员的基本技能之一，在设计产品的初始阶段以及现场测绘时常用这种方法。

1. 徒手绘制直线

徒手绘制直线时，手指应握在铅笔上离笔尖约 35 mm 处，手腕和小手指对纸面的压力不要太大，将小拇指放在纸面上，以保证线条能够画直。在画直线时，手腕不要转动，使铅笔与所画的线始终保持约 90°，将笔尖放在起点，眼睛看着画线的终点，轻轻移动手腕和手臂，使笔尖以较快的速度由起点移动到终点。图 1-34 展示了徒手绘制直线的方法。

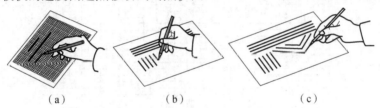

（a） （b） （c）

图 1-34 徒手绘制直线的方法
（a）画水平线；（b）画垂直线；（c）画斜线

2. 徒手绘制圆及圆角

徒手画圆时，应先画中心线并确定圆心，再根据半径大小通过目测在中心线上定出四个点，最后过这四个点画圆，如图 1-35（a）所示。当圆的直径较大时，可先过圆心增画两条 45°的斜线，再在斜线上定四个点，最后过这八个点画圆，如图 1-35（b）所示。

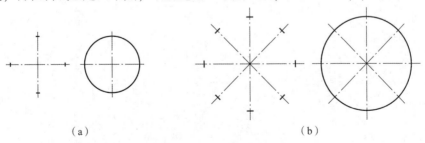

（a） （b）

图 1-35 徒手绘制圆的方法

3. 徒手绘制斜线

当绘制与水平线成 30°、45°、60° 等夹角的斜线时，可根据两直角边的近似比例关系，先定出两端点，再连接两端点，即可得到所绘的斜线，如图 1-36 所示。

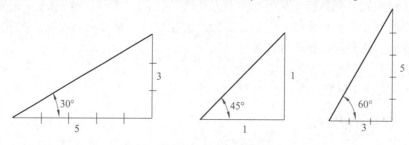

图 1-36　徒手绘制斜线的方法

为了提高绘图的速度和质量，可利用坐标纸进行徒手绘图。利用坐标纸可以很方便地控制图形各部分的大小比例，并保证各个视图之间的投影关系。绘图时，应尽可能使图形上主要的水平、垂直轮廓线及圆的中心线与坐标纸上的线条重合，这样有利于保证所绘图形的准确度。图 1-37 为在坐标纸上徒手绘图的示例。

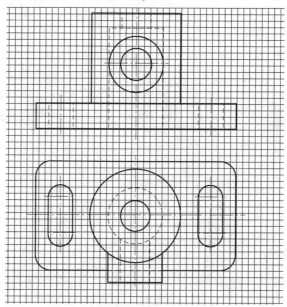

图 1-37　在坐标纸上徒手绘图的示例

第2章
投影基础

🎯 **知识目标** ▶▶ ▶

熟悉投影法的基本理论知识，即点、直线、平面及其相互关系的投影知识和投影原理，为学习本课程的后续内容打好基础。

🎯 **能力目标** ▶▶ ▶

掌握投影法的基本理论知识和投影原理，能够正确绘制点、直线、平面的各类三面投影图，为本课程的后续学习打下基础。

工程图样是加工、制造产品的主要依据，要学会看懂和绘制工程图样，必须首先了解工程图样的形成原理。点、直线、平面是最基本的几何元素，一切物体都可以看作这些元素的集合，因此研究和掌握它们的投影性质和规律，是正确、迅速地绘制工程图样的基础。

本章主要介绍投影法的基本理论知识，点、直线、平面及其相互关系的投影知识，以及投影原理。

2.1 投影法概述

2.1.1 投影法的基本概念

众所周知，空间物体在灯光或阳光的照射下，会在墙壁或地面上产生影子。人们就是根据这种自然现象进行抽象研究，总结其中的规律，提出了投影法。投影法是工程制图的基础，图2-1为其示意图。设平面 P 为投影面，S 为投射中心，空间任意一点 A 与投射中心 S 的连线 SA 称为投射线，投射线均由投射中心射出，投射线 SA 的延长线与投影面相交于一点 a，点 a 称为空间点 A 在投影面 P 上的投影。同理，点 b 是空间点 B 在投影面 P 上的投影。因此，投射线通过物体向选定的面投射，并在该面上得到图形的方法称为投影法。工程上根据投影法来确定空间的几何形体在平面图纸上的图像。

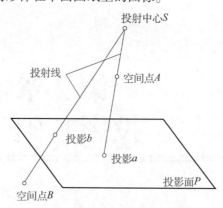

图 2-1　投影法示意图

2.1.2　投影法的分类

投影法一般分为中心投影法和平行投影法两类。

1. 中心投影法

所有的投射线都相交于投射中心 S，这种投影法称为中心投影法，如图 2-2 所示。在确定投射中心 S 的条件下，用中心投影法得到的物体投影大小与物体的位置有关。当 $\triangle ABC$ 靠近或远离投影面 P 时，它的投影 $\triangle abc$ 就会变小或变大。中心投影法一般不能反映物体的实际大小，作图又比较复杂，因此在绘制机械图样时一般不采用。

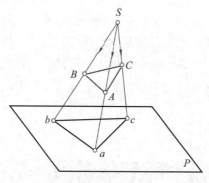

图 2-2　中心投影法

2. 平行投影法

当把投射中心 S 移至无限远处时，投射线互相平行，这种投影法称为平行投影法，如图 2-3 所示。在平行投影法中，当平行移动空间物体时，它的投影的形状和大小都不会改变。平行投影法按投射方向与投影面是否垂直又可分为两种。

(1)斜投影法：投射线倾斜于投影面，如图 2-3(a)所示。

(2)正投影法：投射线垂直于投影面，如图 2-3(b)所示。

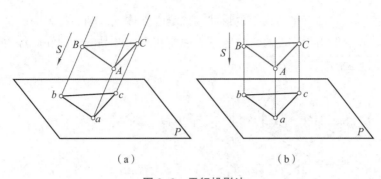

图 2-3　平行投影法

(a)斜投影法；(b)正投影法

2.1.3　工程上常用的投影法

1. 正投影法

用正投影法画出的空间几何元素(点、线、面)和物体的投影称为正投影图。正投影图是一种多投影面的图，它采用相互垂直的两个或两个以上的投影面，在每个投影面上分别用正投影法获得几何形体的投影。由这些投影便能完全确定该几何形体的空间位置和形状。图2-4(a)为几何形体的多面正投影形成过程，图2-4(b)为几何形体的多面正投影图。

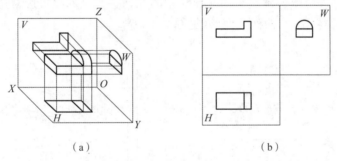

图 2-4　几何形体的多面正投影形成过程与多面正投影图

(a)多面正投影形成过程；(b)多面正投影图

采用正投影的方法投影时，常将几何形体的主要平面与相应的投影面相互平行放置，这样画出的投影图能反映出这些平面图形的实形。从图上可以直接量取空间几何形体的实际尺寸，而且作图也比较简便，因此在机械制造行业和其他工程行业中被广泛采用。机械图样就是采用正投影的方法绘制的。本书后文若未特别指出，投影均采用正投影法。

2. 轴测投影法

轴测投影法是单面投影法，先设定空间几何形体所在的直角坐标系，采用平行投影法，将 3 根坐标轴连同空间几何形体一起，沿不平行于坐标面的方向投射到投影面上。利用坐标轴的投影与空间坐标轴之间的对应关系，来确定图像与原形之间的一一对应关系。

图 2-5 为几何形体的轴测投影过程和轴测投影图。因为采用平行投影法，所以在空间中平行的直线投影后仍平行。

采用轴测投影法时，将坐标轴相对投影面成一定的角度放置，使轴测投影图上同时反映出几何形体的长、宽、高三个方向上的形状，以增强立体感。轴测投影法比正投影法作图复杂，且度量性较差，但由于它的直观性较好，故常用于作产品的样图和广告图。

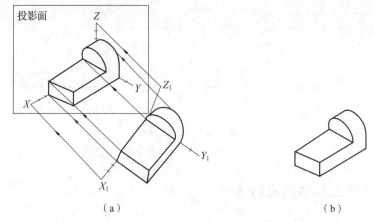

（a）　　　　　　　　　　　　　　（b）

图 2-5　几何形体的轴测投影过程和轴测投影图

(a)轴测投影过程；(b)轴测投影图

3. 标高投影法

标高投影法是用正投影法获得空间几何元素的投影后，再用数字标出空间几何元素对投影面的距离，以在投影图上确定空间几何元素的几何关系。标高投影常用来表示不规则曲面，如船舶、飞行器、汽车曲面及地形(见图 2-6)等。

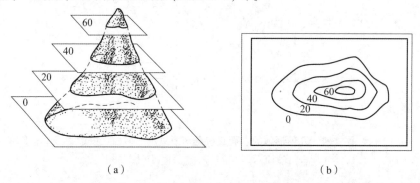

（a）　　　　　　　　　　　　　　（b）

图 2-6　地形的标高投影过程和标高投影图

(a)标高投影过程；(b)标高投影图

4. 透视投影法

透视投影法采用的是中心投影法，它与照相成影的原理相似，图像接近于视觉映像。因此，透视投影法逼真感、直观性强，但作图复杂、度量性差。按照特定规则画出的透视投影图，完全可以确定空间几何元素的几何关系。几何形体的透视投影过程如图 2-7 所示，因为采用中心投影法，所以在空间中平行的直线，有些在投影后就不平行了。透视投影法广泛用于工艺美术及宣传广告图样，在工程上只用于建筑工程及大型设备的辅助图样。

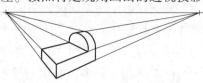

图 2-7　几何形体的透视投影过程

2.2　点的投影

组成物体的基本元素是点、线、面。因此，为了正确而又迅速地画出物体的投影或分析空间几何问题，必须首先研究与分析空间几何元素的投影规律和投影特性。下面首先来讨论点的投影性质和作图方法，然后扩展到直线和平面，最后扩展到立体图形。

由前述的投影性质可知，仅依靠空间点在一个投影面上的投影不能确定空间点的位置，其位置需要通过其在两个或三个不同投影面上的投影来确定。在机械制图中，这些投影面通常是互相垂直的。

2.2.1　点在单面中的投影

若已知空间有一点 A 和投影面 H，过点 A 作投影线垂直于平面 H，投影线与 H 面的交点 a，即为空间点 A 在 H 面上的投影。空间点在单一投影面上的投影是唯一的，如图 2-8（a）所示。反之，已知点的单面投影，并不能确定该点的空间位置，如图 2-8（b）所示。点的空间位置需要多面投影才能确定。

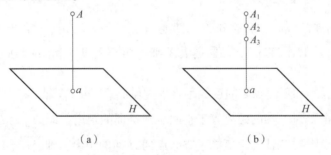

（a）　　　　　　　　　　　　（b）

图 2-8　点的投影

2.2.2　点在两投影面体系中的投影

图 2-9（a）为空间两个互相垂直的投影面，其中处于正面直立的投影面称为正面投影面，用 V 来表示，简称 V 面；处于水平位置的投影面称为水平投影面，用 H 来表示，简称 H 面，由 V 面和 H 面所组成的体系称为两投影面体系。V 面和 H 面的交线 OX 称为 OX 投影轴，简称 X 轴。

1. 点的两面投影图

如图 2-9（a）所示，过空间一点 A 向 H 面作垂线，其垂足就是点 A 在 H 面上的投影，称为点 A 的水平投影，以 a 表示。再由点 A 向 V 面作垂线，其垂足就是点 A 在 V 面上的投影，称为点 A 的正面投影，以 a' 表示。以此类推，规定空间点用 A、B、C 等大写字母表示；水平投影用相应的小写字母 a、b、c 等表示；正面投影用相应的小写字母在右上角加一撇，即 a'、b'、c' 等表示。

为了便于实际应用，还需要把位于两个互相垂直的投影面内的投影展开到一个平面内。

规定V面保持不动,将H面绕X轴向下翻转$90°$,使之与V面重合(即处于同一平面位置上),便得到点的两面投影图,如图$2-9$(b)所示。因为投影面可根据需要扩大,所以通常不必画出投影面的边界。因此,图$2-9$(c)就是点A在两投影面体系中的投影图。

反之,若有了点A的正面投影a'和水平投影a,就可确定该点的空间位置。可以想象,图$2-9$(c)中X轴上的V面保持直立位置,将X轴以下的H面绕X轴向上翻转$90°$到水平位置,再分别过a'、a作V、H投影面的垂线,相交即得空间点A,从而唯一地确定了该点的空间位置。

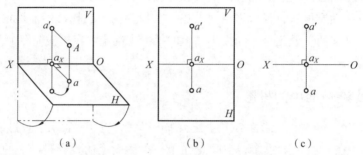

(a)　　　　　　　(b)　　　　　　　(c)

图2-9　点在两投影面体系中的投影

2. 两面投影图中点的投影规律

由图$2-9$(a)可知,Aa_Xa'是个矩形,即$\overline{Aa'}=\overline{aa_X}$,$\overline{Aa}=\overline{a'a_X}$;$a'a_X\perp X$轴,$aa_X\perp X$轴,$H$面经旋转后,$a$、$a'$的连线$aa'$一定垂直于$X$轴,如图$2-9$(b)、(c)所示。由此,可得出点的投影规律如下:

(1)点的水平投影和正面投影的连线垂直于X轴,即$aa'\perp X$轴;

(2)点的水平投影到X轴的距离等于空间点到V面的距离,即$\overline{aa_X}=\overline{Aa'}$;

(3)点的正面投影到X轴的距离等于空间点到H面的距离,即$\overline{a'a_X}=\overline{Aa}$。

2.2.3　点在三投影面体系中的投影

1. 点的三面投影图

如图$2-10$(a)所示,在两投影面体系上再加上一个与H、V面均垂直的投影面,使它处于侧立位置,该投影面称为侧面投影面,用W表示,简称W面。这样,3个互相垂直的H、V、W面就组成了一个三投影面体系。H、W面的交线OY称为Y投影轴,简称Y轴;V、W面的交线OZ称为Z投影轴,简称Z轴,3个投影轴的交点O称为原点。

设空间一点A分别向H、V、W面进行投影得a、a'、a''。a''称为点A的侧面投影(规定空间点A、B、C等在侧面投影面上的投影以小写字母在右上角加两撇表示,如a''、b''、c''等)。将H、W面分别按图$2-10$(a)所示箭头方向翻转,使之与V面重合,即得点的三面投影图,如图$2-10$(b)所示。其中,Y轴随H面翻转时,以Y_H表示;随W面旋转时,以Y_W表示。通常在投影图上只画出投影轴,不画出投影面的边界,因此图$2-10$(c)就是点A在三投影面体系中的投影图。

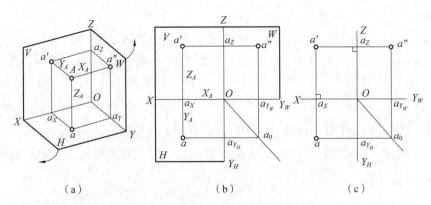

$$（a）\qquad\qquad（b）\qquad\qquad（c）$$

图 2-10 点在三投影面体系中的投影

2. 点的直角坐标体系与三投影面体系的关系

如果把三投影面体系看作空间直角坐标体系，则 H、V、W 面为坐标面，X、Y、Z 轴为坐标轴，点 O 为坐标原点。由图 2-10 可知，点 A 的 3 个直角坐标 X_A、Y_A、Z_A 即为点 A 到 3 个坐标面的距离，它们与点 A 的投影 a、a'、a'' 的关系如下

$$\overline{Aa''}=\overline{aa_Y}=\overline{a'a_Z}=\overline{Oa_X}=X_A$$

$$\overline{Aa'}=\overline{aa_X}=\overline{a''a_Z}=\overline{Oa_Y}=Y_A$$

$$\overline{Aa}=\overline{a'a_X}=\overline{a''a_Y}=\overline{Oa_Z}=Z_A$$

由此可见：a 由 $\overline{Oa_X}$ 和 $\overline{Oa_Y}$ 确定，即由点 A 的 X_A、Y_A 两坐标确定；a' 由 $\overline{Oa_X}$ 和 $\overline{Oa_Z}$ 确定，即由点 A 的 X_A、Z_A 两坐标确定；a'' 由 $\overline{Oa_Y}$ 和 $\overline{Oa_Z}$ 确定，即由点 A 的 Y_A、Z_A 两坐标确定。所以，空间点 $A(X_A,\ Y_A,\ Z_A)$ 在三投影面体系中有唯一的一组投影 $(a、a'、a'')$；反之，如已知点 A 的一组投影 $(a、a'、a'')$，即可确定该点在空间的坐标值。

3. 三投影面体系中点的投影规律

根据以上分析及两投影面体系中点的投影规律，可以得出三投影面体系中点的投影规律如下。

（1）点的正面投影和水平投影的连线垂直于 OX 轴。这两个投影都同时反映空间点的 X 坐标，即

$$a'a\perp OX\text{轴，}\quad\overline{a'a_Z}=\overline{aa_{Y_H}}=X_A$$

（2）点的正面投影和侧面投影的连线垂直于 OZ 轴。这两个投影都同时反映空间点的 Z 坐标，即

$$a'a''\perp OZ\text{轴，}\quad\overline{a'a_X}=\overline{a''a_{Y_W}}=Z_A$$

（3）点的水平投影到 OX 轴的距离等于侧面投影到 OZ 轴的距离。这两个投影都同时反映空间点的 Y 坐标，即

$$\overline{aa_X}=\overline{a''a_Z}=Y_A$$

如图 2-10(c) 所示，由于 $\overline{Oa_{Y_H}}=\overline{Oa_{Y_W}}$，作图时可过点 O 作 $\angle Y_HOY_W$ 的角平分线，从 a 引 OX 轴的平行线与角平分线相交于 a_0，再从 a_0 引 OY_W 轴的垂线与从 a' 引 OZ 轴的垂线相交，其交点即为 a''。

根据点的投影规律，可由点的 3 个坐标值画出其三面投影图，也可根据点的 2 个投影作

出第三投影。

例 2-1 已知点 A 的坐标 $(15, 10, 20)$，作出其三面投影。

分析：由 $A(15, 10, 20)$ 可知，点 A 与 3 个投影面均有距离，3 个投影都不在投影轴上。

作图：如图 2-11 所示。

(1) 在 OX 轴上取 $\overline{Oa_X} = 15$；

(2) 过 a_X 作 $aa' \perp OX$ 轴，并使 $\overline{aa_X} = 10$，$\overline{a'a_X} = 20$；

(3) 过 a' 作 $a'a'' \perp OZ$ 轴，并使 $\overline{a''a_Z} = \overline{aa_X} = 10$。$a$、$a'$、$a''$ 即为所求点 A 的三面投影。

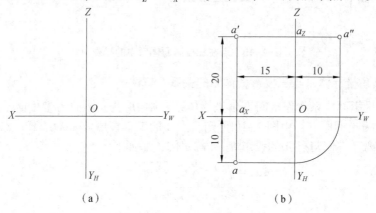

（a） （b）

图 2-11 已知点的坐标求点的三面投影

例 2-2 在图 2-12(a)中，已知点 B 的两面投影 b'、b''，求出其第三面投影 b。

分析：由于已知点 B 的正面投影 b' 和侧面投影 b''，则点 B 的空间位置可以确定，由此可以作出其水平投影 b。

作图：如图 2-12(b)所示。

(1) 自 b' 作 $b'b \perp OX$ 轴；

(2) 自 b'' 作 $b''1 \perp OY_W$ 轴并延长，与 45° 作图线交于点 1；

(3) 过点 1 作 $1b \perp OY_H$ 轴，与 $b'b$ 交于 b，b 即为所求。

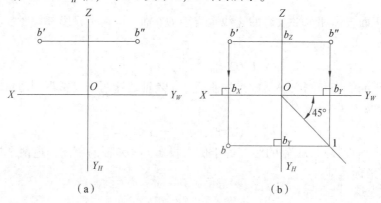

（a） （b）

图 2-12 已知点的两面投影求第三面投影

2.2.4 两点的相对位置

空间点的位置可以用绝对坐标(即空间点对原点 O 的坐标)来确定，也可以用相对于另一点的相对坐标来确定。两点的相对坐标即为两点的坐标差。如图 2-13 所示，已知空间点 $A(X_A，Y_A，Z_A)$ 和 $B(X_B，Y_B，Z_B)$，分析点 B 相对于点 A 的位置：在 X 方向的相对坐标为 (X_B-X_A)，即这两点对 W 面的距离差；在 Y 方向的相对坐标为 (Y_B-Y_A)，即这两点对 V 面的距离差；在 Z 方向的相对坐标为 (Z_B-Z_A)，即这两点相对于 H 面的距离差。由于 $X_A>X_B$，因此 (X_B-X_A) 为负值，即点 A 在左，点 B 在右；由于 $Y_B>Y_A$，因此 (Y_B-Y_A) 为正值，即点 B 在前，点 A 在后；由于 $Z_B>Z_A$，因此 (Z_B-Z_A) 为正值，即点 B 在上，点 A 在下。

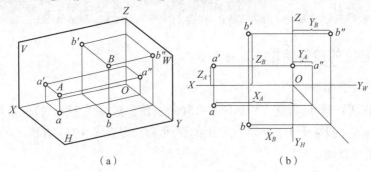

（a）　　　　　　　　　　　（b）

图 2-13　两点的相对位置的确定

2.2.5　重影点的投影

当空间两点的某两个坐标相同时，该两点将处于同一投射线上，且对某一投影面具有重合的投影，因此这两点称为对该投影面的重影点。如图 2-14 所示的两点 C、D，其中 $X_C=X_D$，$Z_C=Z_D$，因此它们的正面投影 c' 和 d' 重合为一点。由于 $Y_C>Y_D$，因此垂直于 V 面向后看时，点 C 是可见的，点 D 是不可见的。通常规定把不可见的点的投影打上括号，如 (d')。又如两点 C、E，其中 $X_C=X_E$，$Y_C=Y_E$，因此它们的水平投影 $e(c)$ 重合为一点，由于 $Z_E>Z_C$，因此垂直于 H 面向下看时，点 E 是可见的，点 C 是不可见的。再如两点 C、F，其中 $Y_C=Y_F$，$Z_C=Z_F$，它们的侧面投影 $c''(f'')$ 重合为一点，由于 $X_C>X_F$，因此垂直于 W 面向右看时，点 C 是可见的，点 F 是不可见的。由此可见，对正面投影面、水平投影面、侧面投影面的重影点，它们的可见性应分别是：前遮后、上遮下、左遮右。此外，一个点在一个方向上看是可见的，在另一个方向上去看则不一定是可见的，必须根据该点和其他点的相对位置而定。

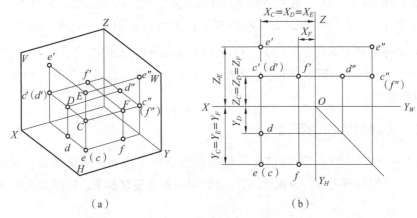

（a）　　　　　　　　　　　（b）

图 2-14　重影点的投影

在投影图上，如果两个点的投影重合，则对重合投影所在投影面的距离（即对该投影面的坐标值）较大的那个点是可见的，而另一个点是不可见的。因此，可以利用重影点来判别可见性问题。

2.3 直线的投影

2.3.1 直线的投影特性

直线的投影特性如下。

（1）直线的投影一般仍为直线。如图2-15（a）所示，过直线 AB 上的一系列点作投射线，则这些投射线构成一投射面 P，P 面与 H 面的交线 ab，即直线 AB 在 H 面上的投影，因此直线的投影一般仍为直线。

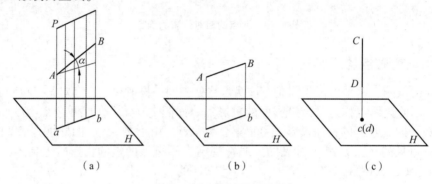

图 2-15 直线的投影特性

（2）直线的投影一般小于它的实长。当 AB 对 H 面的倾角为 α 时，显然，等式 $\overline{ab} = \overline{AB}\cos\alpha$ 成立，所以直线的投影往往小于它的实长。

（3）当直线平行于投影面时，直线在该投影面上的投影等于空间直线的实长，即当 $\alpha = 0°$ 时，则 $\overline{ab} = \overline{AB}\cos\alpha = \overline{AB}$，此时直线平行于投影面，投影等于实长，如图2-15（b）所示。

（4）当直线垂直于投影面时，直线在该投影面上的投影积聚为一点。如图2-15（c）所示，当直线 CD 垂直于 H 面时，$\alpha = 90°$，则 $\overline{cd} = \overline{CD}\cos\alpha = 0$，投影长度为0，即投影积聚成一点 $c(d)$。此时，直线上任何一点的水平投影都与 $c(d)$ 重合，这种性质称为积聚性，点 C、点 D 又称为积聚点。

2.3.2 直线投影图的画法

由于两点可决定一直线，直线的投影可由直线上任意两点的投影确定。如图2-16所示，已知点 A、B 的三面投影，分别将点 A、B 的同面投影连接起来，即得直线 AB 的投影图。

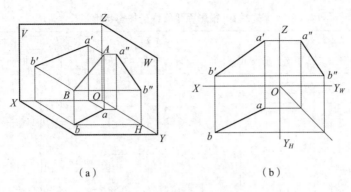

（a）　　　　　　　　　　　　（b）

图 2-16　直线的投影图

2.3.3　各种位置直线的投影特性

直线在三投影面体系中，根据其相对于投影面的位置，可分为一般位置直线和特殊位置直线。特殊位置直线又分为投影面平行线和投影面垂直线，它们的投影特性如下。

1. 一般位置直线的投影特性

与 3 个投影面都倾斜相交的直线称为一般位置直线。直线与它的投影面所成的锐角叫作直线对投影面的倾角。此类直线又称为投影面的倾斜线。

规定用 α、β、γ 分别表示直线对 H、V、W 面的倾角，如图 2-17 所示，则有以下投影、实长与倾角的关系：$\overline{ab}=\overline{AB}\cos\alpha$，$\overline{a'b'}=\overline{AB}\cos\beta$，$\overline{a''b''}=\overline{AB}\cos\gamma$。因为一般位置直线对 3 个投影面的倾角都在 $0°\sim90°$，所以它的 3 个投影都小于空间线段的实长。

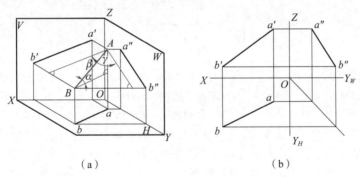

（a）　　　　　　　　　　　　（b）

图 2-17　一般位置直线的投影特性

因此，一般位置直线段的投影特性如下：

(1) 3 个投影均不反映空间线段实长；

(2) 3 个投影均倾斜于投影轴，且与投影轴的夹角不反映该直线与对应投影面的倾角。

2. 投影面平行线

投影面平行线是指平行于一个投影面而与另外两个投影面倾斜的直线。投影面平行线有 3 种：水平线、正平线和侧平线，它们的投影特性如表 2-1 所示。

表 2-1 投影面平行线的投影特性

名称	水平线 （平行于 H 面，对 V、W 面倾斜）	正平线 （平行于 V 面，对 H、W 面倾斜）	侧平线 （平行于 W 面，对 H、V 面倾斜）
投影图			
轴测图			
实例			
投影特性	（1）水平投影 $ab=\overline{AB}$ （2）正面投影 $a'b'$ // OX 侧面投影 $a''b''$ // OY （3）ab 与 OX 和 OY 的夹角 β、γ 等于直线 AB 对 V、W 面的倾角	（1）正面投影 $c'd'=\overline{CD}$ （2）水平投影 cd // OX 侧面投影 $c''d''$ // OZ （3）$c'd'$ 与 OX 和 OZ 的夹角 α、γ 等于直线 CD 对 H、W 面的倾角	（1）侧面投影 $e''f''=\overline{EF}$ （2）水平投影 ef // OY 正面投影 $e'f'$ // OZ （3）$e''f''$ 与 OY 和 OZ 的夹角 α、β 等于直线 EF 对 H、V 面的倾角
	小结 （1）直线在所平行的投影面上的投影表达实长 （2）其他投影平行于相应的投影轴 （3）表达实长的投影与投影轴的夹角等于空间直线对相应投影面的倾角		

3. 投影面垂直线

投影面垂直线是指垂直于一个投影面，与另外两个投影面平行的直线。投影面垂直线有 3 种：铅垂线、正垂线和侧垂线，它们的投影特性如表 2-2 所示。

表 2-2　投影面垂直线的投影特性

名称	铅垂线 (垂直于 H 面，平行于 V、W 面)	正垂线 (垂直于 V 面，平行于 H、W 面)	侧垂线 (垂直于 W 面，平行于 H、V 面)
投影图			
轴测图			
实例			
投影 特性	(1)水平投影成一点 $a(b)$，有积聚性 (2)$\overline{a'b'}=\overline{a''b''}=\overline{AB}$ 　　$a'b' \perp OX$，$a''b'' \perp OY_W$	(1)正面投影成一点 c' (d')，有积聚性 (2)$\overline{cd}=\overline{c''d''}=\overline{CD}$ 　　$cd \perp OX$，$c''d'' \perp OZ$	(1)侧面投影成一点 $e''(f'')$，有积聚性 (2)$\overline{ef}=\overline{e'f'}=\overline{EF}$ 　　$ef \perp OY_H$，$e''f'' \perp OZ$

小结
(1)直线在所垂直的投影面上的投影成一点，有积聚性
(2)其他投影表达实长，且垂直于相应的投影轴

▶ 2.3.4　直线上的点

1. 直线上点的投影

点在直线上，则点的各个投影必定在该直线的同面投影上。反之，点的各个投影均在直线的同面投影上，则该点一定在直线上。如图 2-18(a)所示，直线 AB 上有一点 C，则点 C 的三面投影 c、c'、c'' 必定分别在直线 AB 的同面投影 ab、$a'b'$、$a''b''$ 上。

2. 直线上点的投影的定比性

点分割线段成定比，则分割后线段的各个同面投影之比等于其线段之比。例如，C 在线段 AB 上，它把线段 AB 分成 AC 和 CB 两段，则 $AC:CB=ac:cb=a'c':c'b'=a''c'':c''b''$，如图 2-18(b)所示。此特性称为直线上点的投影的定比性(也称为定比分割定理)。

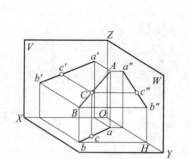 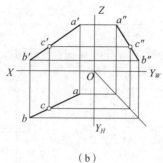

（a）   （b）

图 2-18　直线上点的投影

例 2-3　如图 2-19（a）所示，已知侧平线 AB 的两投影 ab、$a'b'$ 和直线上点 S 的正面投影 s'，求水平投影 s。

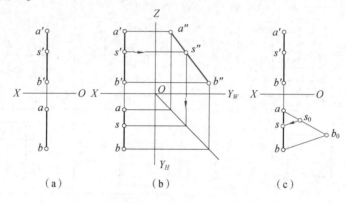

（a）　　　　　（b）　　　　　（c）

图 2-19　已知 s' 求水平投影

方法一：

分析：由于 AB 是侧平线，因此不能由 s' 直接求出 s，但是根据点在直线上的投影性，s'' 必定在 $a''b''$ 上，如图 2-19（b）所示。

作图：

（1）求出 AB 的侧面投影 $a''b''$，同时求出点 S 的侧面投影 s''；

（2）根据点的投影规律，由 s''、s' 求出 s。

方法二：

分析：因为点 S 在直线 AB 上，因此必定符合 $\overline{a's'} : \overline{s'b'} = \overline{as} : \overline{sb}$ 的比例关系，如图 2-19（c）所示。

作图：

（1）过 a 作任意辅助线，在辅助线上量取 $\overline{as_0} = \overline{a's'}$，$\overline{s_0b_0} = \overline{s'b'}$；

（2）连接 b_0b，并由 s_0 作 $s_0s \parallel b_0b$，交 ab 于点 s，s 即为所求的水平投影。

2.4　平面的投影

平面是物体表面的重要组成部分，也是主要的空间几何元素之一。

2.4.1　平面的表示方法

根据三点确定一平面的性质可知，平面可有以下几种表示方法：

(1)不在同一直线上的三点，如图 2-20(a)所示；

(2)一直线和直线外一点，如图 2-20(b)所示；

(3)相交两直线，如图 2-20(c)所示；

(4)平行两直线，如图 2-20(d)所示；

(5)任意一个平面图形(如三角形、四边形等)，如图 2-20(e)所示。

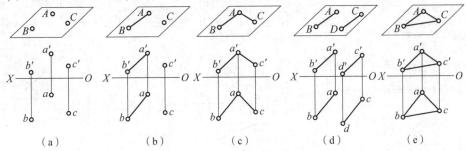

图 2-20　平面的表示方法

图 2-20 是用各组几何元素所表示的同一平面的空间图和投影图。显然，各组几何元素是可以互相转换的。例如，连接点 A、B 即可由图 2-20(a)转换成图 2-20(b)；再连接点 A、C，又可转换成图 2-20(c)；将 A、B、C 三点彼此连接又可转换成图 2-20(e)等。从图 2-20 可以看出，不在同一直线上的三点是决定平面位置的基本几何元素组。

2.4.2　各类平面的投影特性

根据平面在三投影面体系中的相对位置的不同，平面可分为一般位置平面和特殊位置平面两种。一般位置平面又称为投影面倾斜面，特殊位置平面又分为投影面垂直面和投影面平行面两种。

1. 投影面倾斜面

对 3 个投影面都处于倾斜位置的平面称为投影面倾斜面。如图 2-21 所示，$\triangle ABC$ 对 3 个投影面都倾斜，因此它的 3 个投影 $\triangle abc$、$\triangle a'b'c'$、$\triangle a''b''c''$ 均为原空间平面图形的类似形，不反映空间平面的实形，也不反映该平面与投影面的倾角。

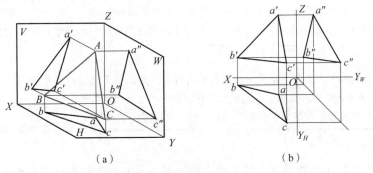

图 2-21　投影面倾斜面的投影特性

2. 投影面垂直面

垂直于一个投影面，而对其他两个投影面倾斜的平面称为投影面垂直面，按其垂直的投影面的不同可分为3种：垂直于H面的平面称为铅垂面，垂直于V面的平面称为正垂面，垂直于W面的平面称为侧垂面。

平面垂直于投影面时，在该投影面上积聚成直线，此种特性称为积聚性。投影面垂直面的投影特性如表2-3所示。

表2-3　投影面垂直面的投影特性

名称	铅垂面 （垂直于H面，对V、W面倾斜）	正垂面 （垂直于V面，对H、W面倾斜）	侧垂面 （垂直于W面，对H、V面倾斜）
投影图			
轴测图			
实例			
投影特性	（1）水平投影为倾斜于X轴的直线，有积聚性；它与OX、OY$_H$的夹角即为β、γ （2）正面投影和侧面投影均为原空间平面图形的类似形	（1）正面投影为倾斜于X轴的直线，有积聚性；它与OX、OZ的夹角即为α、γ （2）水平投影和侧面投影均为原空间平面图形的类似形	（1）侧面投影为倾斜于Z轴的直线，有积聚性；它与OY$_W$、OZ的夹角即为α、β （2）水平投影和正面投影均为原空间平面图形的类似形
	小结 （1）投影面垂直面在所垂直的投影面上的投影，为倾斜于相应投影轴的直线，有积聚性；该投影和相应投影轴的夹角，反映平面对相应投影面的倾角 （2）平面多边形的其余两投影均为原空间平面图形的类似形		

3. 投影面平行面

平行于一个投影面也即垂直于其他两个投影面的平面称为投影面平行面，按其所平行的投影面的不同可分为3种：平行于H面的平面称为水平面，平行于V面的平面称为正平面，

平行于 W 面的平面称为侧平面。投影面平行面的投影特性如表 2-4 所示。

表 2-4　投影面平行面的投影特性

名称	水平面 (平行于 H 面，垂直于 V、W 面)	正平面 (平行于 V 面，垂直于 H、W 面)	侧平面 (平行于 W 面，垂直于 H、V 面)
投影图	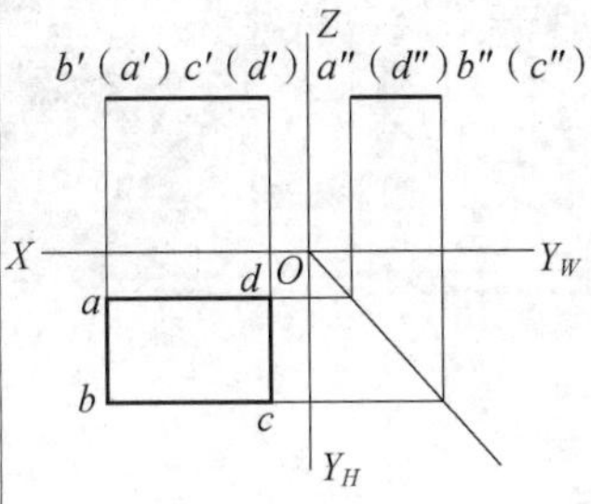	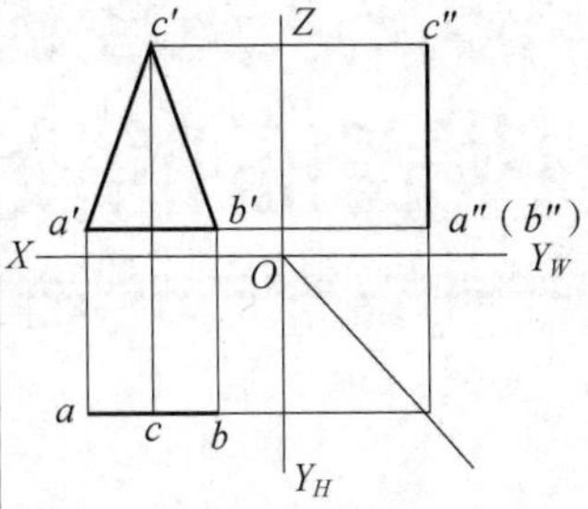	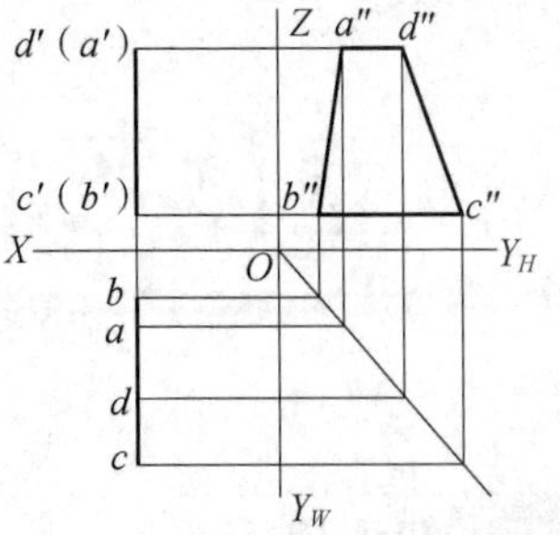
轴测图	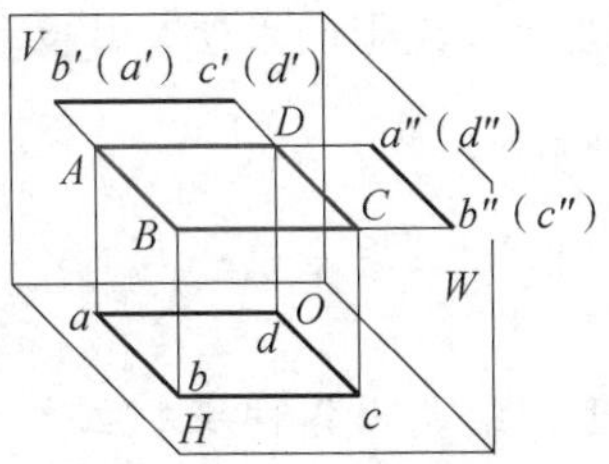	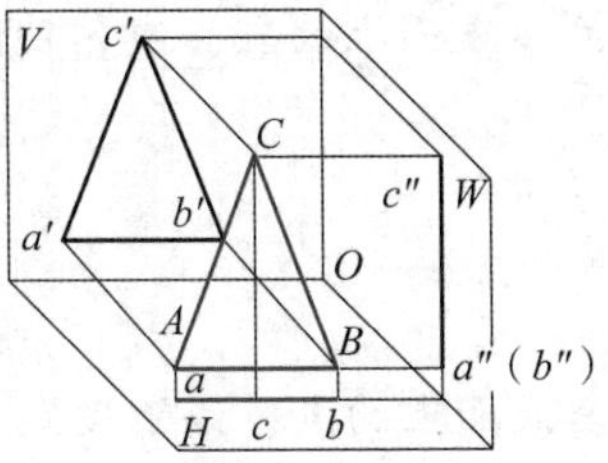	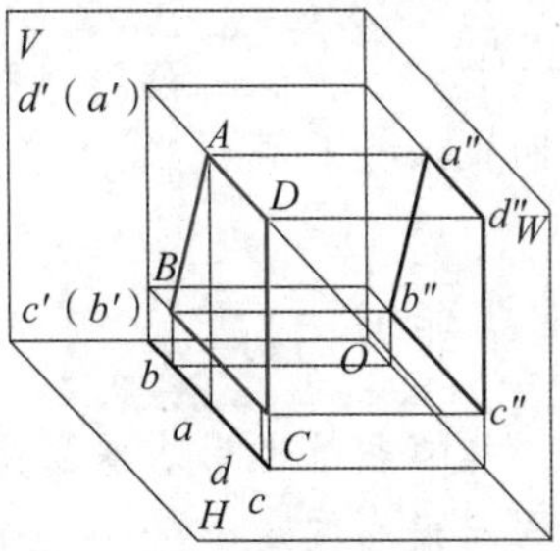
实例	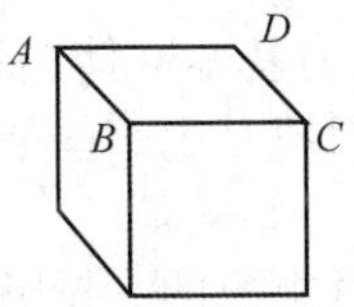	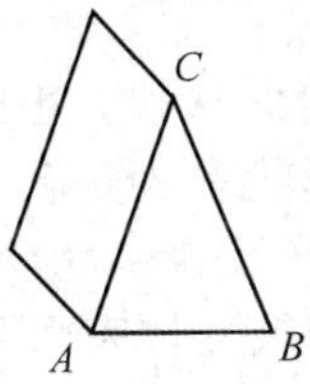	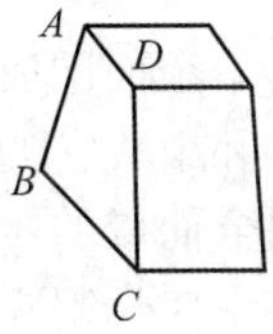
投影 特性	(1)水平投影表达实形 (2)正面投影为直线，有积聚性，且平行于 OX 轴 (3)侧面投影为直线，有积聚性，且平行于 OY_W 轴	(1)正面投影表达实形 (2)水平投影为直线，有积聚性，且平行于 OX 轴 (3)侧面投影为直线，有积聚性，且平行于 OZ 轴	(1)侧面投影表达实形 (2)水平投影为直线，有积聚性，且平行于 OY_W 轴 (3)正面投影为直线，有积聚性，且平行于 OZ 轴
小结	(1)平面在所平行的投影面上的投影表达实形 (2)其余两投影均为直线，有积聚性，且平行于相应的投影轴		

第3章
立体及立体表面的交线

　　由若干个面围成的具有一定几何形状和大小的空间形体称为基本立体(简称立体)。例如，机器和组成它的零件不论结构形状多么复杂，一般都可以看成是由一些基本立体按一定的方式组合而成的。

　　本章主要介绍立体的三投影，以及立体表面上的点、线各种情况的三投影的求法。

3.1 立 体

　　任何立体在空间都具有一定的大小和形状，其形状、大小是由立体各个表面的性质及其范围所确定的。根据这些表面的几何性质的不同，立体又可分成平面立体和曲面立体两大类，如图3-1所示。

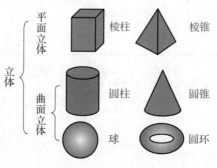

图3-1　立体的分类

（1）平面立体——表面均为平面的立体。

（2）曲面立体——表面是曲面或由曲面和平面组成的立体。

3.1.1　平面立体的投影

平面立体主要有棱柱、棱锥等。由于平面立体的各个表面都是平面，因此绘制平面立体的投影图就可归结为绘制各个表面的投影而组成的图形。平面立体投影后的图形由直线段组成，每条线段可由两个端点确定。因此，平面立体的投影又可归结为绘制其各棱线及各顶点的投影；根据棱线投影的可见性，将棱线的可见投影用粗实线表示，将棱线的不可见投影用细虚线表示。

1．棱柱

棱线相互平行的平面立体称为棱柱。根据棱线的多少，棱柱可分为三棱柱、四棱柱、…、n 棱柱。

1）棱柱的投影

如图 3-2 所示，正六棱柱的顶面及底面为水平面，水平投影反映实形且两面重合为正六边形，正面和侧面投影积聚为直线。

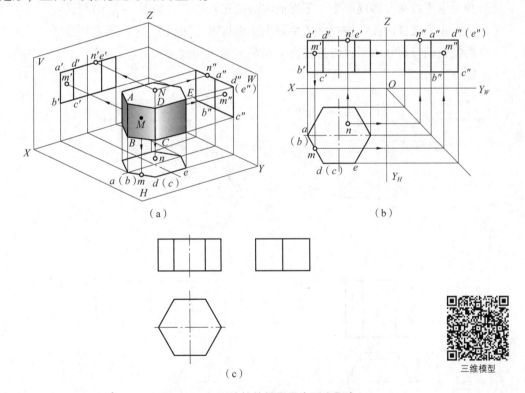

图 3-2　正六棱柱的投影及表面上取点

棱柱有 6 个棱面，前后棱面为正平面，正面投影反映实形，水平投影和侧面投影积聚为直线；其他 4 个棱面均为铅垂面，其水平投影均积聚为直线，正面投影和侧面投影均为类似形。

各棱线均为铅垂线，水平投影积聚为一点，正面投影和侧面投影均反映实长。顶面和底面的前后两条边为侧垂线，侧面投影积聚为一点，正面投影和水平投影均反映实长；其他边均为水平线，水平投影反映实长。在画完上述平面与棱线的投影后，即得正六棱柱的投影图，如图3-2(b)所示。作图时，可先画出正六棱柱的水平投影正六边形，再根据投影规律作出其他两个投影。

　　设想把图3-2(a)中的六棱柱向上移动一段距离，那么它的水平投影保持原位不动，而正面投影和侧面投影会向上移动一段相同的距离，投影的形状却并不因此而改变。同样，使物体下移，或前后、左右平移，也只改变各投影到投影轴的距离，而它们的形状丝毫未变。这种情况在三面投影图中反映为：正面投影和水平投影之间的距离及正面投影和侧面投影之间的距离有所改变，而各个投影的形状不变。当仅表示空间形体而不考虑它到投影面的距离时，投影图中各个投影之间的距离就可根据画图时的需要确定，不必画出投影轴和投影连线，也不必加注形体各顶点的字母标注，如图3-2(c)所示。但是，应该注意各个投影之间仍应保持应有的投影关系。这种投影图称为无轴投影图。

　　正六棱柱投影图的作图步骤如下：

　　(1)布置图面，画中心线、对称线等作图基准线，如图3-3(a)所示；

　　(2)画出水平投影，即反映上、下端面实形的正六边形，如图3-3(b)所示；

　　(3)根据正六棱柱的高，按投影关系画出正面投影，如图3-3(c)所示；

　　(4)根据正面投影和水平投影按投影关系画侧面投影，检查并描深图线，完成作图，如图3-3(d)所示。

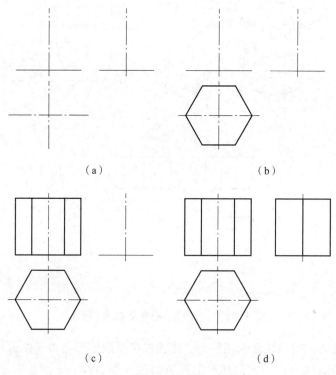

图3-3　正六棱柱投影图的作图步骤

2)棱柱表面上取点

在平面立体表面上取点，其原理和方法与在平面上取点相同。如果已知立体表面上点的一个投影，便可求出其余的两个投影。在图 3-2 中，已知正六棱柱表面上点 M 的正面投影 m'，其余两投影的作图步骤如下：

(1)由于点 M 在正面投影上可见，并且其所在的平面为铅垂面，故由 m' 向下作垂线交铅垂面的水平投影于点 m；

(2)根据点的投影规律由 m 和 m' 求出 m''。

在图 3-2 中，已知正六棱柱表面上点 N 的水平投影 n，其余两投影的步骤如下：

(1)由于点 N 的水平投影 n 是可见的，并且其所在的平面为水平面，故由 n 向上作垂线交水平面的正面投影于点 n'，棱柱的上顶面在正面投影上具有积聚性，n' 视为可见；

(2)根据点的投影规律由 n 和 n' 求出 n''。

2. 棱锥

棱线延长后汇交于一点的立体称为棱锥。根据棱线的数量，棱锥可分为三棱锥、四棱锥、…、n 棱锥。

1)棱锥的投影

图 3-4(a)表示三棱锥 $S-ABC$ 的投影情况，画图时可先画底面 $\triangle ABC$ 和顶点 S 的投影，然后把 S 和点 A、B、C 的同面投影两两相连。在判断可见性后，把棱线的可见投影画成粗实线，把棱线的不可见投影画成细虚线，即得三棱锥的投影图，如图 3-4(b)所示。

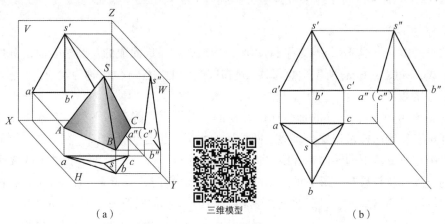

（a）　　　三维模型　　　（b）

图 3-4　正三棱锥的投影

2)棱锥表面上取点

由于棱锥的某些棱面没有积聚性，因此在棱锥表面上取点时，必须先作辅助线，再利用辅助线求出点的投影。作辅助线有以下两种方法。

(1)过锥顶作辅助线。如图 3-5(a)所示，过锥顶作辅助线的作图步骤为：连接 $s'm'$ 并延长交 $a'b'$ 于 d'；由 d' 向下作垂线交 ab 于 d，连接 sd；由 d'、d 按投影关系求出 d''，并连接 $s''d''$；由于点 M 位于 SD 上，由 m' 向下、向右引垂线分别交 sd、$s''d''$ 于 m、m''，m、m'' 即为所求点。

(2)过所求点作底边的平行线。如图 3-5(b)所示，过所求点作底边的平行线的作图步骤为：过 m' 作水平线分别交 $s'a'$、$s'b'$ 于 d'、e'；自 d' 向下引垂线交 sa 于 d；过 d 作 ab 的平行线 de；由 m' 向下引垂线交 de 于 m；再由 m'、m 按投影关系求出 m''。

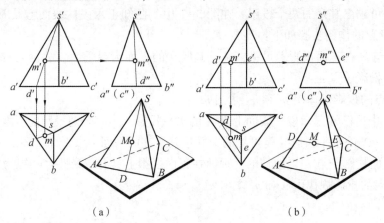

图 3-5　棱锥表面上取点

3.1.2　曲面立体的投影

工程中常见的曲面立体是回转体，如圆柱、圆锥、球、圆环等。在投影图上表示回转体，就是把组成立体的回转面（或平面）和回转面表示出来，然后判别其可见性。

1. 圆柱

1）圆柱的形成

圆柱面是由直母线 AB 绕与之平行的轴线 OO_1 回转一周而成的。圆柱表面由圆柱面和上下底圆组成，如图 3-6（a）所示。直母线 AB 在圆柱面上的任一位置称为素线。

2）圆柱的投影

如图 3-6（b）所示，圆柱的轴线垂直于 H 面，其上下底圆为水平面；在水平投影上反映实形，其正面和侧面投影积聚为直线。圆柱面的水平投影也积聚为圆，在正面与侧面投影上分别画出决定投影范围的转向轮廓线（即圆柱面可见与不可见部分的分界线）的投影，如正面投影的分界线就是最左、最右两条素线 AA_1、BB_1，它们的投影为 $a'a_1'$、$b'b_1'$；在侧面投影上其转向轮廓线则是最前、最后两条素线 CC_1、DD_1，它们的投影为 $c''c_1''$、$d''d_1''$。

作图前，应该先画圆的中心线和轴线。作图时可先画出水平投影的圆，再画出其他两个投影。此外需注意，左右两条素线的侧面投影 $a''a_1''$、$b''b_1''$ 与前后两条素线的正面投影 $c'c_1'$、$d'd_1'$，都分别重合于侧面和正面投影的中心线上，且均不画出，如图 3-6（c）所示。显然，相对于正面，分界线 AA_1 和 BB_1 之前的半圆柱面是可见的，其后的半圆柱面是不可见的；相对于侧面，分界线 CC_1 和 DD_1 之左的半圆柱面是可见的，其右的半圆柱面是不可见的。

3）圆柱表面上取点

在圆柱表面上取点，可根据点在圆柱表面上的位置（在上、下底圆上或在圆柱面上）进行判断和作图。如图 3-6（c）所示，已知点 M 的正面投影 m'，因为 m' 可见，所以点 M 在前半个圆柱面上，其水平投影 m 必定落在前半圆柱面具有积聚性的水平投影（圆）上。由 m、m' 可求出 m''。

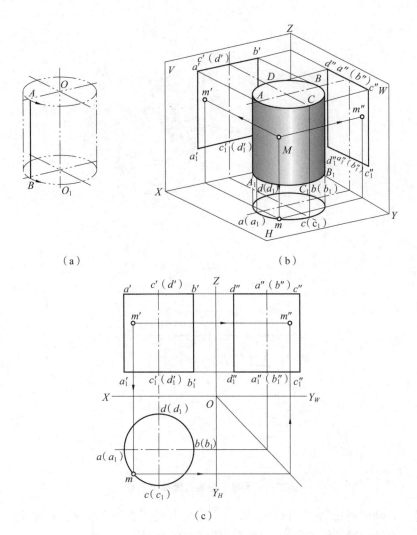

（a）　　　　　　　　　　　　　　　　　（b）

（c）

图 3-6　圆柱的投影及表面上取点

2. 圆锥

1）圆锥的形成

圆锥面是由直母线 SA 绕与它相交的轴线 OO_1 回转一周形成的。圆锥表面由圆锥面和底圆共同组成，如图 3-7（a）所示。圆锥面上直母线 SA 经过的任一位置称为素线。

2）圆锥的投影

图 3-7（b）所示圆锥的轴线垂直于 H 面，底面为水平面；底面的水平投影反映实形（圆），其正面和侧面投影积聚为直线。对圆锥，在正面与侧面投影上要分别画出决定投影范围的分界线（即圆锥面可见与不可见部分的分界线）的投影，如正面投影的转向轮廓线就是最左、最右两条素线 SA、SB，它们的投影为 $s'a'$、$s'b'$；在侧面投影上其分界线则是最前、最后两条素线 SC、SD，它们的投影为 $s''c''$、$s''d''$。

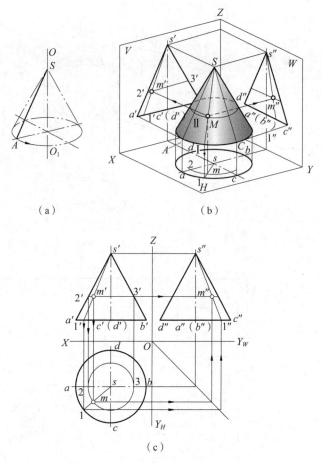

图 3-7　圆锥的投影及表面上取点

作图时，先画出回转轴线与圆中心线，然后画出底面的各个投影，再画出锥顶的投影，最后分别画出其转向轮廓线的投影，即完成圆锥的各个投影，如图 3-7(c)所示。此外需注意，左右两条素线的侧面投影 $s''a''$、$s''b''$ 与前后两条素线的正面投影 $s'c'$、$s'd'$ 都分别重合于侧面和正面投影的中心线上，且均不画出。显然，相对于正面，分界线 SA 和 SB 之前的半圆锥面是可见的，其后的半圆锥面是不可见的；相对于侧面，分界线 SC 和 SD 之左的半圆锥面是可见的，其右的半圆锥面是不可见的。

3）圆锥表面上取点

在圆锥表面上取点可根据圆锥面的形成特性来作图。如图 3-7(c)所示，已知圆锥面上点 M 的正面投影 m'，可采用下列两种方法求出点 M 的水平投影 m 和侧面投影 m''。

方法一：辅助素线法。

过锥顶 S 和点 M 作辅助素线 $S\rm I$，根据已知条件可以确定 $S\rm I$ 的正面投影 $s'1'$，然后求出它的水平投影 $s1$ 和侧面投影 $s''1''$，根据点在直线上的投影性质由 m' 求出 m 和 m''。

方法二：辅助纬圆法。

圆锥表面上垂直于圆锥轴线的圆称为纬圆。过点 M 作平行于圆锥底面的辅助纬圆，该圆的正面投影为过 m' 且垂直于圆锥轴线的直线段 $2'3'$，它的水平投影为一直径等于 $2'3'$ 的圆，m 必在此圆周上，由 m' 求出 m，再由 m'、m 求出 m''。

3. 球

1)球的形成

球面是由曲母线(半圆) ABC 绕过圆心且在同一平面上的轴线 OO_1 回转一周而成的表面，如图 3-8(a)所示。

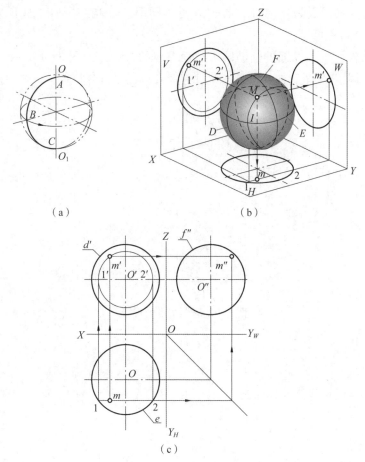

（a）　　　　　　　　　　（b）

（c）

图 3-8　球的投影及表面上取点

2)球的投影

如图 3-8(b)所示，球的三面投影均为圆，且直径与球的直径相等，但 3 个投影面上的圆是不同的转向轮廓线的投影。正面投影上的圆是平行于 V 面的最大圆 D 的投影(区分球前、后表面的转向轮廓线的投影)，其水平投影与球水平投影的水平中心线重合，侧面投影与球侧面投影的垂直中心线重合，但均不画出；水平投影上的圆是平行于 H 面的最大圆 E 的投影(区分球上、下表面的转向轮廓线的投影)，其正面投影与球正面投影的水平中心线重合，侧面投影与球侧面投影的水平中心线重合，但均不画出；侧面投影上的圆是平行于 W 面的最大圆 F 的投影(区别球左、右表面的转向轮廓线的投影)，其正面投影与球正面投影的垂直中心线重合，水平投影与球水平投影的垂直中心线重合，但均不画出。作图时应先画出 3 个圆的中心线，然后确定球心的 3 个投影，再画出 3 个与球等直径的圆，如图 3-8(c)所示。

3）球面上取点

如图3-8（c）所示，已知球面上点M的水平投影m，要求出m′和m″，可过点M作一平行于V面的辅助圆，它的水平投影是线段12，正面投影为直径等于线段12的长度的圆，m′必定在该圆上，由m可求得m′，由m和m′可求出m″。根据水平投影判断出点M在前半球面上，因此从前垂直向后看是可见的，即m′可见；同理，点M在左半球面上，从左垂直向右看也是可见的，即m″可见。

当然，也可作平行于H面的辅助圆求球面上点的投影，如图3-9所示。例如，作平行于W面的辅助圆来求球面上点的投影，此过程读者可以自行分析。

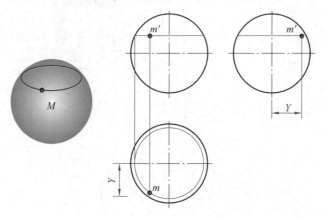

图3-9　球面上点的投影

4．圆环

1）圆环的形成

圆环面是一条圆母线绕不通过圆心但在同一平面上的轴线OO_1回转一周而形成的表面，如图3-10（a）所示。圆环面有内环面和外环面之分。

2）圆环的投影

如图3-10（b）所示，圆环面轴线垂直于H面。圆环正面投影上的左、右两圆是圆环面上平行于V面的两圆A、B的投影（区分圆环外环和内环前、后表面的转向轮廓线的投影），细虚线部分表示内环面；侧面投影上两圆是圆环面上平行于W面的C、D两圆的投影（区分圆环外环和内环左、右表面的转向轮廓线的投影），细虚线部分同样表示内环面。圆环的水平投影为两个同心圆，小圆是区分圆环内环上、下表面的转向轮廓线的投影，大圆是区分圆环外环上、下表面的转向轮廓线的投影。同时，还要画出一个细点画线圆，表示内环面和外环面的分界线。正面和侧面投影的上、下两直线是区分内环面和外环面的转向轮廓线的投影。

3）圆环面上取点

如图3-10（c）所示，已知圆环面上点M的正面投影m′，可过点M作平行于水平面的辅助纬圆，求出m和m″。在圆环面上取点时，要注意点所在的位置，以便判断其可见性。

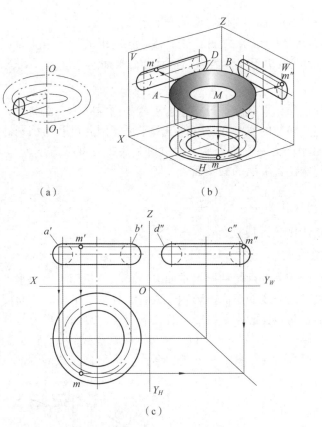

（a）　　　　　　　　　（b）

三维模型

（c）

图 3-10　圆环的投影及表面上取点

3.2　平面与立体相交

平面与立体相交，可认为是立体被平面截切。该平面通常称为截平面，截平面与立体表面的交线称为截交线，立体被截切后的断面称为截断面，如图 3-11 所示。研究平面与立体相交的目的是求截交线的投影和截断面的实形。

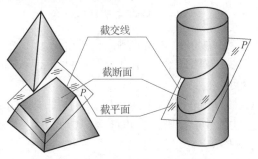

三维模型

图 3-11　截平面、截交线与截断面

1. 截交线的一般性质

（1）截交线既在截平面上，又在立体表面上，因此截交线是截平面与立体表面的共有线，截交线上的点是截平面与立体表面的共有点。

（2）由于立体表面是封闭的，因此截交线必定是封闭的线条，截断面必定是封闭的平面图形。

（3）截交线的形状取决于立体表面的形状和截平面与立体的相对位置。

2．作图方法

根据截交线的性质，求截交线可归结为求截平面与立体表面的共有点（共有线）的问题。

由于物体上绝大多数的截平面是特殊位置平面，因此可利用积聚性原理来作出其共有点（共有线）。如果截平面为一般位置平面，也可利用投影变换方法使截平面成为特殊位置平面，本章只讨论特殊位置平面的截平面。

3.2.1 平面与平面立体相交

平面与平面立体相交，其截交线为平面多边形。

1．平面与棱柱相交

如图3-12（a）所示，正六棱柱被正垂面P所截切，正面投影、水平投影已画出，下面求它的侧面投影。由于截交线的正面投影积聚成直线且与截平面的正面投影重合，截交线的水平投影是正六边形且与棱柱的水平投影重合，截交线的侧面投影为与其类似的六边形，故根据截交线的正面投影a'、b'、c'、d'、(e')、(f')及水平投影a、b、c、d、e、f，即可求出其侧面投影a''、b''、c''、d''、e''、f''，依次连接各点，即得截交线的侧面投影。

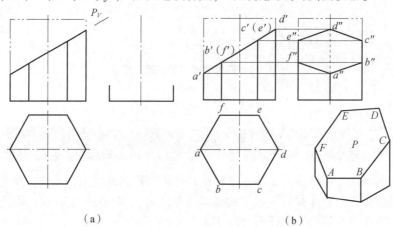

（a）　　　　　　　　　　　　　（b）

图3-12　平面与正六棱柱相交

因为棱柱的左上部被切去，所以截交线的侧面投影可见。在侧面投影中，点D所在的侧棱投影不可见，故画成细虚线；而细虚线的下部分与可见点A所在的侧棱投影重合，所以画成粗实线，如图3-12（b）所示。

图3-13（a）所示为正五棱柱被正垂面P所截切，其作图步骤如下。

（1）画出完整的正五棱柱的3个投影，在正面投影中，五棱柱被平面截去的部分用细双点画线表示，如图3-13（b）所示。

（2）因为截平面为正垂面，所以P_V具有积聚性。根据截交线的性质，P_V与正五棱柱的所有棱线相交，交点为Ⅰ、Ⅱ、Ⅲ、Ⅳ、Ⅴ，如图3-12（a）所示。因此，正面投影中的棱线交点$1'$、$2'$、$3'$为截平面与各棱线的交点Ⅰ、Ⅱ、Ⅲ的正面投影。

（3）根据正面投影$1'$、$2'$、$3'$，作出其水平投影1、2、3及侧面投影$1''$、$2''$、$3''$，如图

3-13(c)所示。

(4)作出对称的另一半，并连接各点的同面投影，即得截交线的 3 个投影。

(5)判断可见性，擦除不必要的图线，并描深全部的图形，如图 3-13(d)所示。

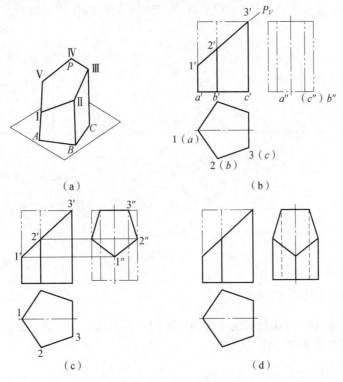

(a)

(b)

(c)

(d)

图 3-13　平面与正五棱柱相交

2. 平面与棱锥相交

如图 3-14(a)所示，正三棱锥 $S-ABC$ 被正垂面 P 所截切，其作图步骤如下。

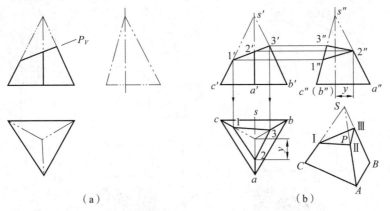

(a)

(b)

图 3-14　平面与正三棱锥相交

(1)因为截平面为正垂面，所以 P_V 具有积聚性。根据截交线的性质，P_V 与各棱线的交点 Ⅰ、Ⅱ、Ⅲ 的正面投影为 $s'c'$、$s'a'$、$s'b'$ 上的投影点 $1'$、$2'$、$3'$。

(2)根据正面投影 $1'$、$2'$、$3'$，作出其水平投影 1、2、3 及侧面投影 $1''$、$2''$、$3''$。

（3）连接各点的同面投影，即得截交线的 3 个投影。

（4）判断截交线的可见性。因为被截立体为正三棱锥，所以截交线均可见，结果如图 3-14（b）所示。

图 3-15 为四棱锥被正垂面 P 所截切，读者可以自行分析作图步骤。

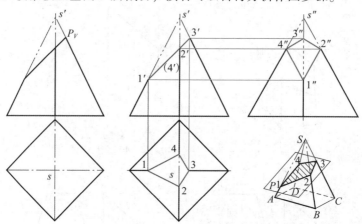

图 3-15　平面与正四棱锥相交

3.2.2　平面与曲面立体相交

平面与曲面立体相交，其截交线一般为封闭的平面曲线，或者是由曲线和直线围成的平面图形，特殊情况为平面多边形（直线）。

1. 平面与圆柱相交

圆柱被平面截切后所产生的截交线，根据截平面与圆柱轴线的相对位置不同，可以分为 3 种情况：矩形、圆和椭圆，如表 3-1 所示。

表 3-1　圆柱的截交线

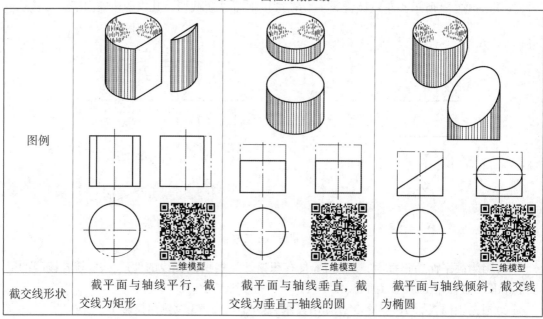

图例	三维模型	三维模型	三维模型
截交线形状	截平面与轴线平行，截交线为矩形	截平面与轴线垂直，截交线为垂直于轴线的圆	截平面与轴线倾斜，截交线为椭圆

截交线为矩形和圆的情况为特殊情况，可直接作出，下面介绍截交线为椭圆的具体求法。

如图 3-16(a)所示，圆柱被正垂面截切，其具体作图步骤如下。

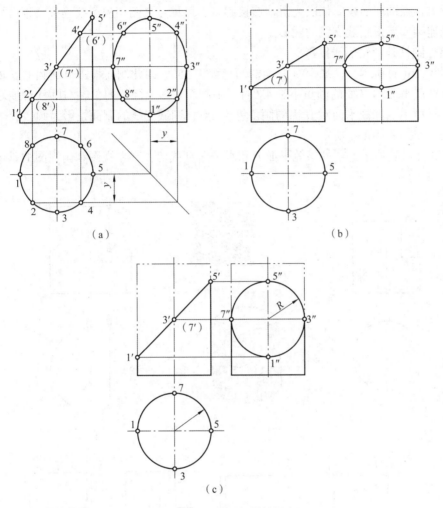

图 3-16　正垂面与圆柱相交

1)分析

由于平面与圆柱的轴线斜交，因此截交线为椭圆。截交线的正面投影积聚为直线，其水平投影则与圆柱底面的投影(圆)重合，其侧面投影可根据投影规律和在圆柱面上取点的方法求出。

2)求点

(1)求特殊点。特殊点即截交线上的最高、最低、最前、最后、最左、最右及转向轮廓线上的点。特别指出，转向轮廓线上的点一定要求。对于椭圆，首先要找出长、短轴的 4 个端点。长轴的端点 Ⅰ、Ⅴ(空间点未标出，下同)是椭圆的最低点和最高点，位于圆柱面的最左和最右素线上。短轴的端点 Ⅲ、Ⅶ是椭圆的最前点和最后点，分别位于圆柱面的最前和最后素线上。这些点的水平投影是 1、5、3、7，正面投影是 1′、5′、3′、7′，根据投影规律作出侧面投影 1″、5″、3″、7″，根据这些特殊点即可确定截交线的大致范围。

（2）求一般点。可适当作出若干个一般点，如Ⅱ、Ⅳ、Ⅵ、Ⅷ等点，可根据投影规律和圆柱面上取点的方法作出其各个投影，如图3-16（a）所示。

3）连线

将所求各点的同面投影依次光滑地连接起来，可见点之间用粗实线连接，不可见点之间用细虚线连接，就得到截交线的投影。

4）整理圆柱外形轮廓线投影

如图3-16（a）所示，截平面对 H 面的倾角大于45°，因此侧面投影上椭圆的长轴与圆柱轴线平行。截平面对 H 面的倾角小于45°时，则侧面投影上椭圆的长轴与圆柱轴线垂直，如图3-16（b）所示。如截平面对 H 面的倾角等于45°，则截交线的侧面投影为圆，其半径即为圆柱半径，如图3-16（c）所示。

如图3-17（a）所示，圆柱被侧平面 P 和水平面 Q 截切，其左视图和俯视图的具体作图步骤如下。

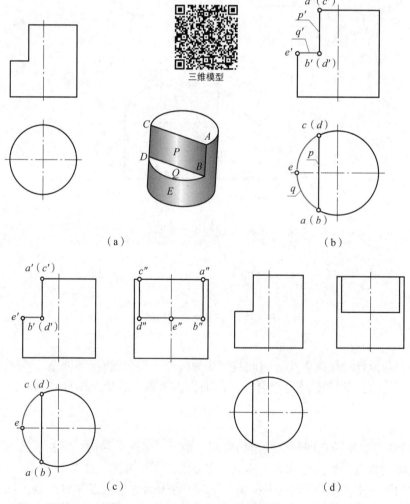

图3-17　侧平面和水平面与圆柱相交

1）分析

截平面 P 与圆柱的轴线平行，其与圆柱面的交线为平行于圆柱轴线的两条直线 AB、CD，其正面投影 $a'b'$、$c'd'$ 积聚在 p' 上。由于截平面 P 与圆柱面的水平投影都有积聚性，根据交线的共有性，交线的水平投影 ab、cd 为 p 与圆的共有点。截平面 Q 与圆柱的轴线垂直，其与圆柱面的交线的形状为一段圆弧 BED，其正面投影积聚在 q' 上，水平投影为圆弧 bed。截平面 P 与 Q 的交线为 BD，如图 3-17（b）所示。

2）作图

（1）如图 3-17（c）所示，首先画出完整的圆柱的左视图，按"三等关系"求出截交线的侧面投影。

（2）分析圆柱轮廓线的投影。左视图上圆柱的轮廓线在主视图上的投影与主视图上的轴线重合，由视图间的"三等关系"可知，这两条轮廓线在左视图上应该是完整的，结果如图 3-17（d）所示。

2. 平面与圆锥相交

圆锥被平面截切后所产生的截交线，根据截平面与圆锥轴线的相对位置不同，可以分为表 3-2 所列的几种情况。

表 3-2　圆锥的截交线

截平面位置	过锥顶	垂直于轴线	倾斜于轴线 $\theta > \alpha$	倾斜于轴线 $\theta = \alpha$	平行或倾斜于轴线 $\theta < \alpha$ 或 $\theta = 0$
截交线形状	三角形	圆	椭圆	抛物线+直线	双曲线+直线
轴测图	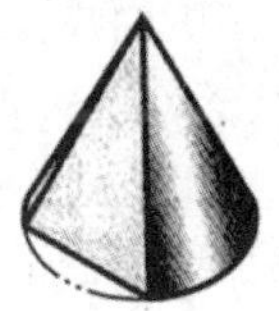	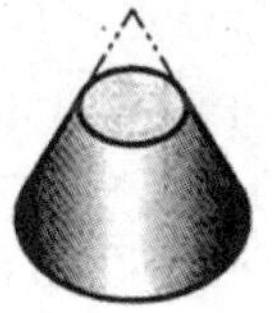	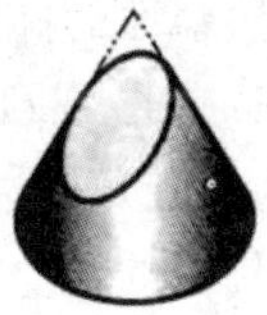	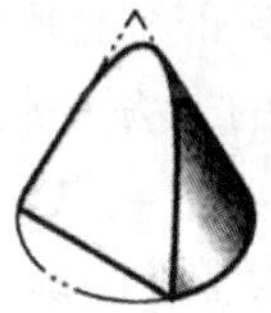	
投影图	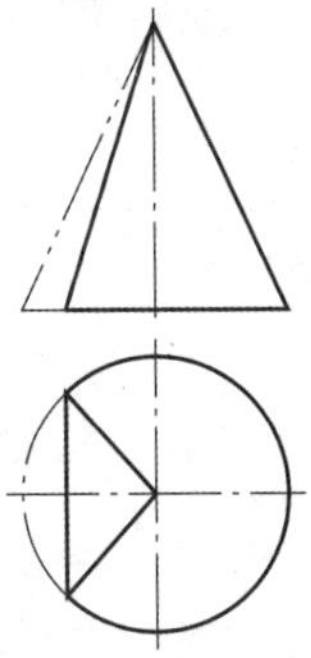	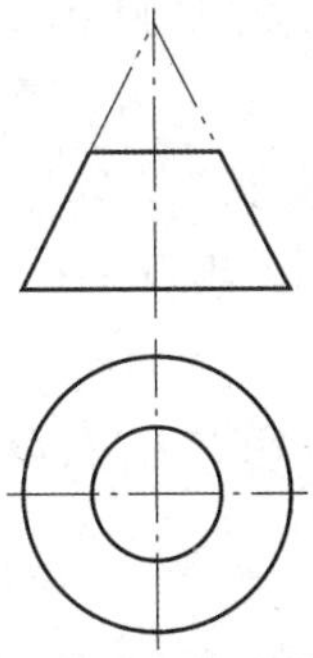	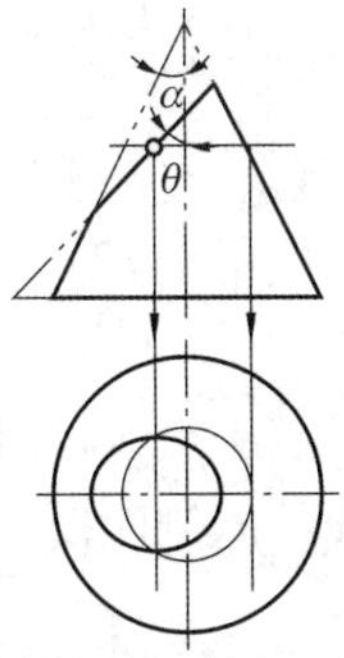	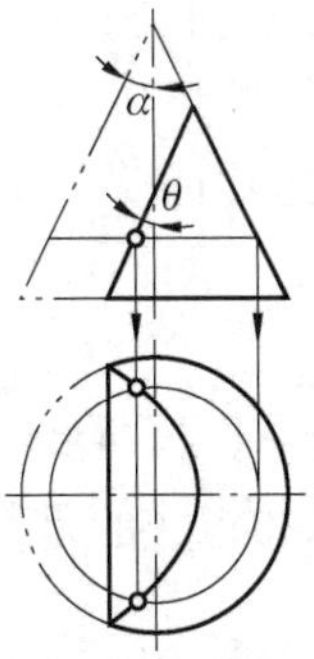	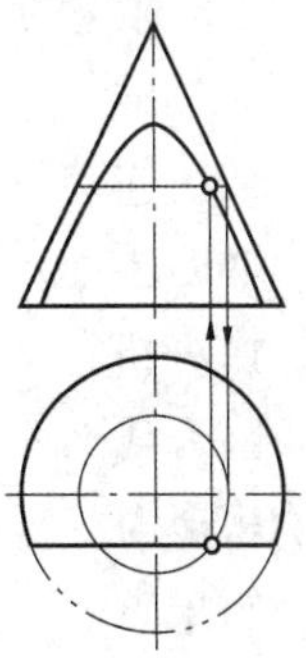

如图 3-18 所示，一圆锥被正垂面截切，其作图步骤如下。

1）分析

截平面倾斜于圆锥轴线，截交线的正面投影积聚为直线，又因截平面与圆锥面所有素线都相交，所以截交线为椭圆，其水平投影和侧面投影通常亦为椭圆。由于圆锥前后对称，所以此椭圆也一定前后对称。水平投影椭圆的长轴方向在截平面与圆锥前后对称面的交线（正平线）上，其端点在最左、最右素线上，而短轴则是通过长轴中点垂直于长轴的正垂线。当

截平面对 H 面的倾角小于45°时，侧面投影椭圆长轴的方向与圆锥轴线相垂直，短轴投影在圆锥轴线上。

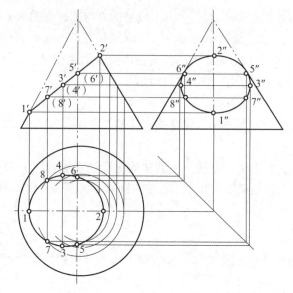

图 3-18　正垂面与圆锥相交

2）求点

（1）求特殊点。由截交线和圆锥面最左、最右素线正面投影的交点 1′、2′，可求出水平投影点 1、2 和侧面投影点 1″、2″；点 1′、2′、1、2、1″、2″就是椭圆长轴端点的三面投影。取线段 1′2′中点，即为正面投影中有积聚性的椭圆短轴端点 3′（4′）。在正面投影中，过点 3′（4′）按圆锥面上取点的方法作辅助圆，作出该圆的水平投影，根据投影关系求得点 3、4 及点 3″、4″；点 3′、4′、3、4、3″、4″为椭圆短轴端点的三面投影。

（2）求一般点。为了准确地画出截交线，必须适当找出若干个一般点，如水平投影 5、6、7、8 对应的4个点。特别注意，5、6 对应的点也是圆锥面上最前、最后素线上的点。

3）连线

依次连接各点的同面投影，即得截交线的水平投影与侧面投影。

如图 3-19 所示，一圆锥被一侧平面所截切，其作图步骤如下。

1）分析

因为截平面平行于圆锥轴线，所以截交线在圆锥面上为双曲线。它的水平投影与正面投影均积聚为一直线，要求作的是截交线的侧面投影。

2）求点

（1）求特殊点。截平面与正面轮廓线的交点 Ⅰ（投影 1、1′、1″对应的点，下同）是双曲线的最高点，截平面与圆锥底圆的交点 Ⅱ、Ⅲ是最低点，这些点的投影都可直接作出。

（2）求一般点。一般点可先在截交线的已知投影上选取其投影，然后过点在圆锥面上作辅助线（素线或纬圆）求出其他投影。图 3-19 中用素线法作出了两个一般点Ⅵ、Ⅴ的三面投影。同理，可作出其他一般点。

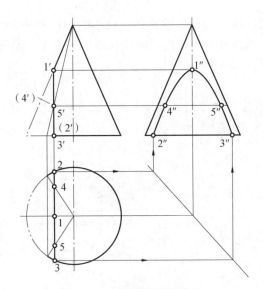

图 3-19　侧平面与圆锥相交

3) 连线

依次光滑地连接各点的侧面投影，即得截交线的侧面投影。

3. 平面与球相交

平面与球相交，其截交线在空间都是圆，但由于截平面与球体相交的位置不同，其截交线的投影也不同，如表 3-3 所示。

表 3-3　球的截交线

截平面位置	与 V 面平行	与 H 面平行	与 V 面垂直
轴测图			
投影图			

如图 3-20(a) 所示，一球被正垂面截切，其作图步骤如下。

1) 分析

因为球被正垂面截切，所以截交线的正面投影积聚为直线，且其长度等于截交线圆的直径，水平投影和侧面投影均为椭圆。

2) 求点

先作水平投影，确定椭圆长、短轴的端点。截交圆的直径Ⅲ Ⅳ平行于水平投影面，其水平投影线段 34 为椭圆的长轴，与ⅢⅣ垂直的直径ⅠⅡ对水平面的倾角最大，其水平投影线段 12 为椭圆的短轴，再求出球水平投影转向轮廓线上的点Ⅴ、Ⅵ和球侧面投影转向轮廓线上的点Ⅶ、Ⅷ。

3）连线

将上述各点的水平投影依次平滑地连接起来，即为截交线的水平投影。同理，可作出截交线的侧面投影，如图 3-20（b）所示。

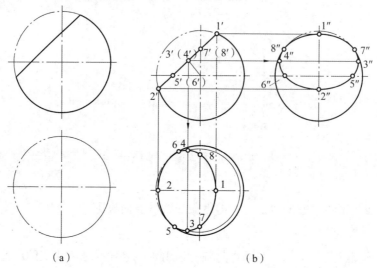

图 3-20　平面与圆球相交

如图 3-21（a）所示，半球体被一个水平面、两个侧平面截切，俯视图和左视图的具体作图步骤如下。

水平面截圆球的截交线的投影，在俯视图上为部分圆弧，在侧视图上积聚为直线。两个侧平面截圆球的截交线的投影，在左视图上为部分圆弧，在俯视图上积聚为直线，如图 3-21（b）所示。判断截交线和交线的可见性，最后完善半球体的轮廓线，如图 3-21（c）所示。

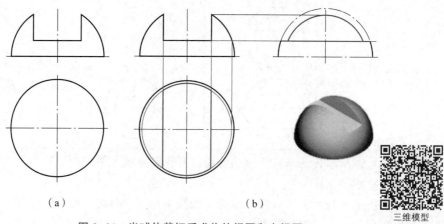

三维模型

图 3-21　半球体截切后求作俯视图和左视图

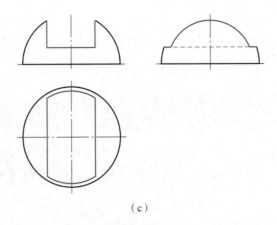

（c）

图 3-21　半球体截切后求作俯视图和左视图（续）

4. 平面与环面相交

如图 3-22（a）所示，正平面 P 与圆弧回转面（部分内环面）相交，作图步骤如下。

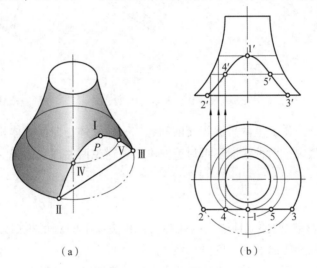

（a）　　　　　　　　　　　（b）

图 3-22　平面与内环面相交

1）分析

由于截平面与环面轴线平行，所以截交线在环面上为四次曲线，它的正面投影亦为四次曲线，其水平投影积聚为直线。因此，根据截交线的性质，要求作的截交线在它的正面投影上。

2）求点

（1）求特殊点：根据在回转面上取点的方法，圆弧回转面上的纬圆与截平面的切点 Ⅰ 是截交线的最高点。作图时，先作出这个纬圆的水平投影，使它与截平面 P 的水平投影相切于点 1，然后作出该纬圆的正面投影和最高点的正面投影 1′；截平面与圆环回转面底面的交点 Ⅱ、Ⅲ 是截交线的最低点，可由 2、3 直接作出 2′、3′。

（2）求一般点：在最高点和最低点之间利用辅助纬圆法适当作一些一般点，如点 Ⅳ、Ⅴ。

3)连线

将所求各点的正面投影依次光滑连线，即得截交线的正面投影，如图3-22(b)所示。

3.3 两曲面立体相交

两立体相交，按其立体表面的性质可分为两平面立体相交[图3-23(a)]、平面立体与曲面立体相交[图3-23(b)]和两曲面立体相交[图3-23(c)]3种情况。两立体表面的交线称为相贯线。

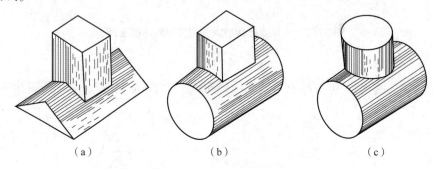

图3-23 两立体相交的种类

(a)两平面立体相交；(b)平面立体与曲面立体相交；(c)两曲面立体相交

两平面立体相交本质上是两平面相交的问题，平面立体与曲面立体相交本质上是平面与曲面相交的问题，故以上两种情况不再讨论。本节将讨论两曲面立体相交时相贯线的性质和作图方法。

1. 一般性质

(1)相贯线是两相交曲面立体表面的共有线，相贯线上的点是两相交曲面立体表面的共有点。相贯线也是两相交曲面立体的分界线。

(2)由于立体的表面是封闭的，因此相贯线在一般情况下是封闭的空间四次曲线，在特殊情况下可能不封闭，也可能由平面曲线或直线组成。当两立体的相交表面处在同一平面上时，相贯线是不封闭的。

(3)相贯线的形状取决于相交的两曲面立体本身的形状、大小及两曲面立体之间的相对位置。

2. 作图方法

求作两曲面立体的相贯线的常用方法有积聚性法和辅助平面法。

▶▶ 3.3.1 积聚性法

两曲面立体相交，其中至少有一个为圆柱体，且其轴线垂直于某投影面时，则两曲面立体相交的相贯线在该投影面上的投影积聚为一个圆。相贯线其他投影可根据表面上取点的方法作出。

如图 3-24 所示，直立圆柱与水平圆柱相交，其作图步骤如下。

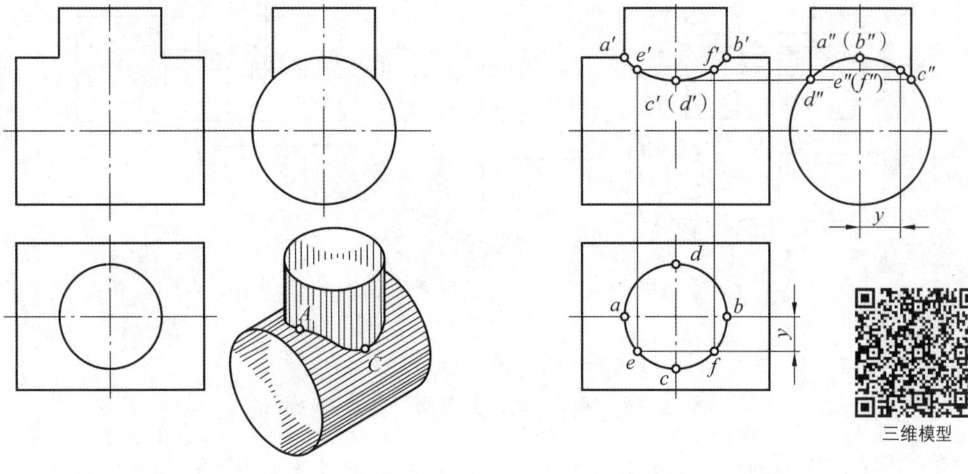

三维模型

（a）　　　　　　　　　　　　　　　　　　　　（b）

图 3-24　两圆柱相交

1. 分析

由图 3-24（a）中不难看出，两圆柱轴线垂直相交，这样相贯线在空间具有两个对称面，即前后对称和左右对称。同时，直立圆柱的轴线垂直于水平面，水平圆柱的轴线垂直于侧面，可知相贯线的水平投影积聚在直立圆柱的水平投影（圆）上，侧面投影积聚在水平圆柱的侧面投影（圆）上，故不需要作图，要求作出的是相贯线的正面投影。因为已知相贯线的两个投影即可求出其正面投影，又因为直立圆柱的直径比水平圆柱的直径小（即小圆柱穿入大圆柱），故相贯线的正面投影向大圆柱回转轴线弯曲。

2. 求点

（1）求特殊点。为了作图正确和简洁，必须先求出相贯线上的特殊点。点 C 是直立圆柱面最前面素线与水平圆柱面的交点，它是最前点也是最低点。因此，可直接求得水平投影点 c 和侧面投影点 c″，可根据点 c、c″ 求得正面投影点 c′；点 A、B 为直立圆柱面最左素线和最右素线与水平圆柱面最高素线的交点，它们是相贯线上的最左、右点和最高点，点 a、b、a′、b′ 可直接在图上作出；点 D 是直立圆柱面最后面素线与水平圆柱面的交点，它是最后点也是最低点。

（2）求一般点。一般点可适当求作，如在直立圆柱面的水平投影（圆）上取两点 e、f，再作出它们的侧面投影 e″（f″），其正面投影 e′、f′ 可根据投影规律求出。

3. 光滑连线

顺次光滑地连接 a′、e′、c′（d′）、f′ 和 b′ 点，即得相贯线的正面投影。应当指出，因相贯线前后对称，后半部分不可见的投影与前半部分可见的投影重合，所以只画可见部分（粗实线）。两圆柱相交成为一个整体，因而水平圆柱正面投影 a′、b′ 两点之间的转向轮廓线已不存在了，不应再画粗实线，如图 3-24（b）所示。

图 3-25 是两圆柱内、外表面相交的 3 种形式。

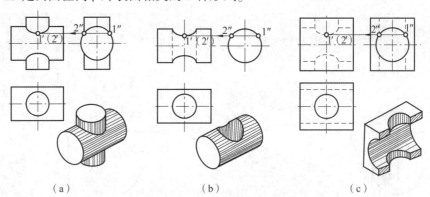

（a）   （b）   （c）

图 3-25　两圆柱内、外表面相交的 3 种形式

图 3-25（a）为两圆柱外表面相交，其相贯线在圆柱的外表面上，称为外相贯线。由于相贯线上下对称，故下面一条相贯线的正面投影的作图方法与上述方法相同。

图 3-25（b）为在水平圆柱上钻一个圆柱孔，其相贯线的形成原理和作图方法与上述方法相同，只是应在正面投影和侧面投影上以细虚线画出圆柱孔的投影轮廓线。

图 3-25（c）为两圆柱孔相交，其相贯线在内圆柱面上，称为内相贯线，因为不可见，所以画成细虚线。相贯线的形成原理前面已经讲过了，其作图方法与上述方法相同。

两圆柱相交时，相贯线的形状和位置取决于它们直径的大小和两轴线的相对位置。表 3-4 表示两圆柱的直径大小相对变化时对相贯线的影响，表 3-5 表示两圆柱轴线的位置相对变化时对相贯线的影响。这里要特别指出：当轴线垂直相交的两圆柱直径相等时，相贯线是椭圆，且椭圆所在的平面垂直于两条轴线所平行的平面。

表 3-4　两圆柱的直径大小相对变化时对相贯线的影响

两圆柱直径的关系	水平圆柱直径较大	两圆柱直径相等	水平圆柱直径较小
相贯线的特点	上、下两条空间曲线	两个相互垂直的椭圆	左、右两条空间曲线
轴测图			
投影图			

表 3-5　两圆柱轴线的位置相对变化时对相贯线的影响

两轴线垂直相交	两轴线垂直交叉		两轴线平行
	全贯	互贯	

3.3.2　辅助平面法

当相贯线不能用积聚性法直接求出时，可以利用辅助平面法来求。

辅助平面法的主要依据是"三面共点"原理。如图 3-26(a) 所示，当圆柱与圆锥相贯时，为求得共有点，可假想用一个平面 P（称为辅助平面）截切圆柱和圆锥。平面 P 与圆柱面的交线为两条直线，与圆锥的截交线为圆弧。两直线与圆的交点是平面 P、圆柱面和圆锥面 3 个面的共有点，因此是相贯线上的点。利用若干个辅助平面，就可以得到若干个点，依次光滑连接各点，即可求得相贯线的投影。

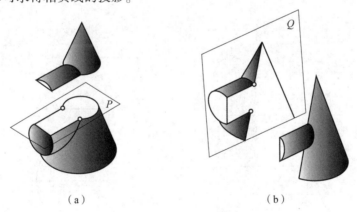

（a）　　　　　　　　　　（b）

图 3-26　辅助平面法的原理

当用辅助平面法求作相贯线时，一般应根据两相交曲面立体的形状和它们的相对位置来选择辅助平面，以作图简便为出发点。选择辅助平面的原则为：辅助平面与两曲面立体的交线的投影都是最简单的线条（直线或圆）。如图 3-26(a) 所示的截平面是水平面 P，如图 3-26(b) 所示的截平面是过锥顶且平行于圆柱轴线的平面 Q。所选的辅助平面应位于两曲面立体的共有区域内，否则得不到共有点。

如图 3-27 所示，利用辅助平面法求圆柱与圆锥相交的相贯线的作图步骤如下。

(1) 选择辅助平面。这里选择水平面，如图 3-27(a) 所示。

(2) 求特殊点。如图 3-27(b) 所示，点 A、D 为相贯线上的最高点、最低点，它们的 3 个投影可直接求得特殊点。点 C、E 为最前、最后点，由过圆柱轴线的水平面 P 求得。P 与圆柱的截交线为最前、最后两素线(平面两直线)；P 与圆锥的截交线为圆，素线与圆相交得 c、e，它们是相贯线的水平投影的可见与不可见部分的分界点，正面投影 c'、(e') 可由水平投影 c、e 求得。

（3）求一般点。如图 3-27(c)所示，根据作图的需要，在适当位置再作一些水平面为辅助面，可求出相贯线上的一般点。

（4）判断可见性后，依次光滑连接各点。如图 3-27(d)所示，因为点 D 在下半圆柱上，故 $c(d)e$ 连线为细虚线，其他为粗实线。

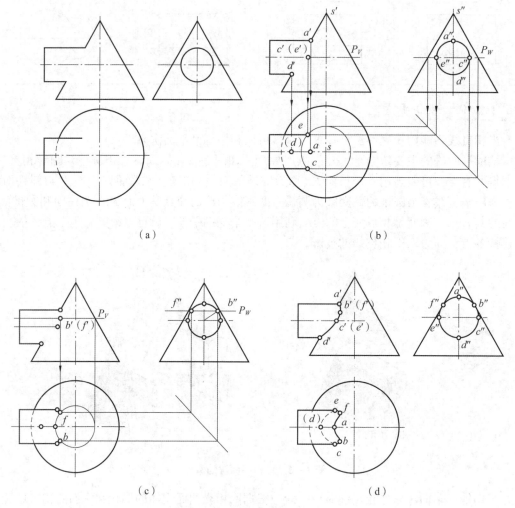

图 3-27　圆柱与圆锥相交

（5）整理水平投影中圆柱的轮廓线投影。

图 3-28 所示为圆柱面与圆锥面轴线垂直相交的 3 种相贯线。图 3-28(a)为圆柱贯穿圆锥的相贯线，图 3-28(b)为两者公切于球的相贯线，图 3-28(c)为圆锥贯穿圆柱的相贯线。由于这些相贯线投影的作图比较简单，这里不再详述。

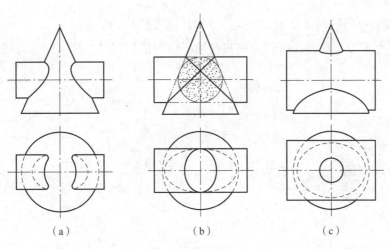

（a）　　　　　　　　（b）　　　　　　　　（c）

图 3-28　圆柱面与圆锥面轴线垂直相交时的 3 种相贯线

3.3.3　相贯线投影的特殊情况

1. 两同轴回转体的相贯线

两个同轴回转体的相贯线一定是和轴线垂直的圆。当回转体的轴线平行于某一投影面时，这个圆在该投影面上的投影为垂直于轴线的直线。图 3-29 和图 3-30 为轴线都平行于正面的同轴回转体相交的例子。

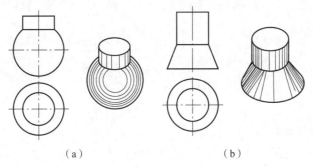

（a）　　　　　　　　　　　　　　（b）

图 3-29　相贯线为圆

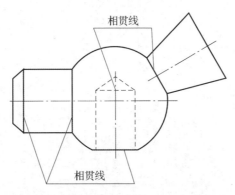

图 3-30　同轴回转体的相贯线（圆）的投影

2. 轴线相互平行的两圆柱相贯和共锥顶的两圆锥相贯

当轴线相互平行的两圆柱相贯，或共锥顶的两圆锥相贯时，相贯线为直线，如图 3-31 所示。

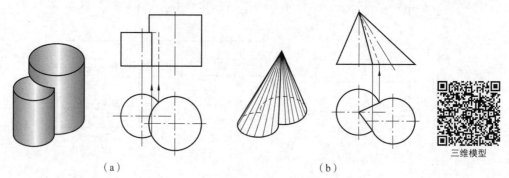

（a）   （b）   三维模型

图 3-31 轴线相互平行的两圆柱相贯和共锥顶的两圆锥相贯

（a）轴线相互平行的两圆柱相贯；（b）共锥顶的两圆锥相贯

第4章
组合体视图

了解组合体的表面连接形式分类；能运用形体分析法读懂组合体视图，并补画出第三个视图；能正确标注尺寸。

利用所学方法，灵活应用到读组合体视图上，从而进一步提高空间想象能力。

本章主要介绍组合体的分析方法，组合体三视图的绘制和阅读方法，组合体的尺寸标注方法，以及构型设计的基本规律和方法等，为进一步学习零件图奠定基础。

4.1 组合体的形成及投影规律

4.1.1 三视图的形成

在绘制机械图样时，将物体放置于三投影面系统中，按正投影的方法分别向 V、H、W 这 3 个投影面进行投射，所得的图形称为视图。其中，正面投影为主视图、水平投影称为俯视图、侧面投影称为左视图，如图 4-1(a) 所示。

在工程图样中，视图主要用来表达物体的形状，而没有必要表达物体与投影面间的距离，因此在绘制视图时不必画出投影轴；为了使图形清晰，也不必画出投影间的连线，如图 4-1(b) 所示，视图间的距离通常可根据图纸幅面、尺寸标注等因素来确定。

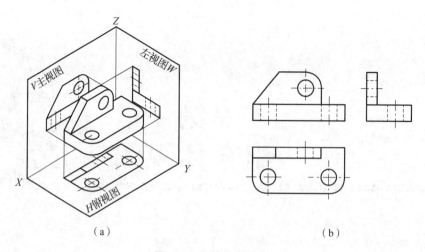

（a）　　　　　　　　　　　　　　　　（b）

图 4-1　三视图的形成

（a）三视图的形成过程；（b）三视图

4.1.2　三视图的位置关系和投影规律

虽然在画三视图时取消了投影轴和投影间的连线，但是三视图间仍应保持画法几何中所述的各投影之间的位置关系和投影规律，如图 4-2 所示。三视图的位置关系为：俯视图在主视图的下方、左视图在主视图的右侧。按照这种关系配置视图时，国家标准规定一律不标注视图的名称。

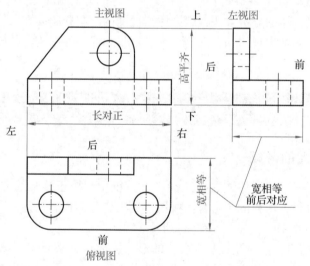

图 4-2　三视图的位置关系和投影规律

对照图 4-1(a) 和图 4-2，还可以看出：

(1)主视图反映物体的上下、左右位置关系，即反映了物体的高度和长度；

(2)俯视图反映物体的左右、前后位置关系，即反映了物体的长度和宽度；

(3)左视图反映物体的上下、前后位置关系，即反映了物体的高度和宽度。

由此可以得出三视图之间的投影规律：

(1)主、俯视图长对正；

（2）主、左视图高平齐；

（3）俯、左视图宽相等。

"长对正、高平齐、宽相等"是画图和看图都必须遵循的最基本的投影规律，不但整个物体的投影要符合这个规律，而且物体局部结构的投影也必须符合这个规律。在应用这个投影规律作图时，要注意物体的上、下、左、右、前、后 6 个方位与视图的关系（见图 4-2），上、下、左、右 4 个方位一般没有问题，特别要注意前、后 2 个方位，如俯视图的下侧和左视图的右侧（远离主视图的位置）都反映物体的前面，俯视图的上侧和左视图的左侧（靠近主视图的位置）都反映物体的后面，因此在俯、左视图上量取宽度时，不但要注意量取的起点，还要注意量取的方向。

4.2　组合体的形体分析

4.2.1　组合体的组合方式

由若干个基本立体（棱柱、棱锥、圆柱、圆锥、球、圆环等）组合而成的物体称为组合体，组合体形成的方式，可分为叠加和切割（包括穿孔）或者两者相混合的形式，叠加根据相邻表面的关系又分为结合、相切和相交等情况。如图 4-3（a）所示，轴承座由几个简单的立体（底板、竖板、带孔的圆柱体）叠加而成，这些简单立体则由更基本的立体经过叠加或切割而成。如图 4-3（b）所示，底座由一个基本立体（长方体）切割而成。

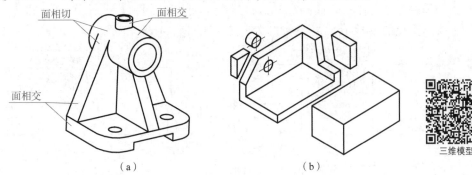

面相切　面相交

面相交

（a）　　　　　　　　　　　　（b）

三维模型

图 4-3　组合体的组合方式

（a）轴承座；（b）底座

由此可以看出：将组合体分解为若干个基本立体进行叠加与切割，并分析这些基本立体之间的相对位置，可以得出整个组合体的形状与结构。这种方法称为形体分析法。画图时，运用形体分析法，可以将复杂的形体简化为相对简单的基本立体来完成绘制；看图时，运用形体分析法，能够从基本立体着手，看懂复杂的形体。

4.2.2　形体分析的示例

1. 叠加

1）结合

当两个基本立体的表面互相重合时，两个基本立体在重合表面周围的结合处可能是同一表面(即共面)，也可能不是同一表面。如图4-4所示的支架，因为底板和竖板的前、后两个表面处于同一平面上(共面)，所以在主视图上两个形体结合处不画线；而竖板上凸台的宽度比竖板的宽度小，圆柱面与竖板左壁面不是同一表面(不共面)，所以应有分界线。

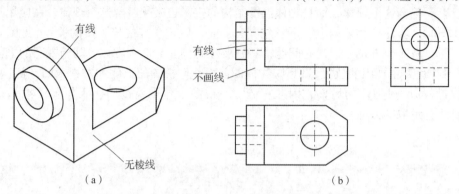

图4-4　两基本立体结合

(a)轴测图；(b)三视图

2)相切

当相邻两基本立体的表面光滑过渡时，在相切处不存在棱线，如图4-5所示。作图时，应先在俯视图上找到切点的投影 a 和 b，在主、左视图上的相切处不要画线，物体左下方底板的顶面在主、左视图的投影，应画到切点 A 和 B 处为止。

3)相交

当相邻两基本立体的表面相交时，必然产生交线，如图4-6所示。作图时，应先在俯视图上找到交点的投影 $a(b)$，再作出交线在主视图上的投影 $a'b'$。

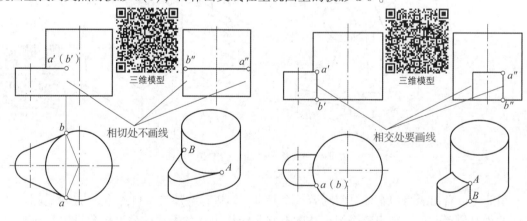

图4-5　两基本立体相切　　　　　图4-6　两基本立体相交

图4-7所示的阀杆是一个组合回转体，其上部的圆柱面和圆环面相切，环面又与圆锥顶部平面相切，因此在视图上的相切处均不能画线。

如图4-8所示，压铁的左侧面由两圆柱面相切而成，因此在主视图上积聚成两相切的圆弧，可以通过该两圆弧的切点作切线，该切线即表示两圆柱面公切平面的投影。若该公切平面平行或倾斜于投影面，则相切处在该投影面上没有线条，如图4-8(a)所示；若该公切平面垂直于投影面，在俯视图上就应该画线，如图4-8(b)所示。

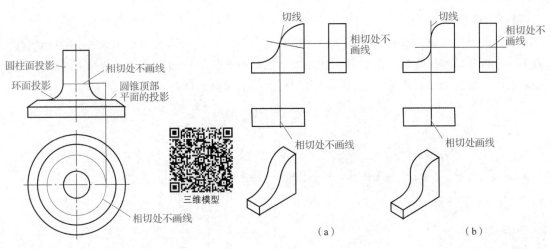

图 4-7　阀杆上相切处的画法

图 4-8　压铁上相切处的画法

　　图 4-9 为压盖的形体分析图，图 4-9(a)表示该零件中间为空心圆柱，其左右两端的底板和空心圆柱相切；图 4-9(b)中仅表示了其左端的底板；图 4-9(c)表示两种形体结合而成的压盖三视图，其底板与圆柱相切的作图过程。

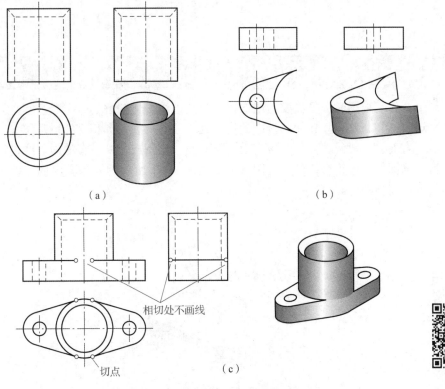

图 4-9　压盖的形体分析图

2. 切割(含穿孔)

当基本立体被穿孔或者被平面或曲面切割时，会产生各种不同形状的截交线或相贯线。图4-10(a)所示的接头就是圆柱被切挖掉4个部分而形成的，作图的关键是求出圆柱被平面截切后产生的截交线和圆柱与小孔所产生的相贯线的投影，如图4-10(b)所示。

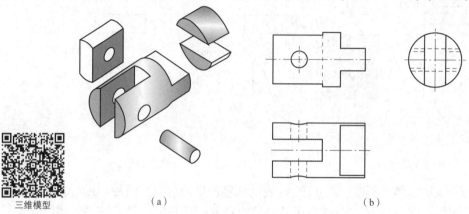

三维模型

（a）　　　　　　　　　　　　　　　　　（b）

图 4-10　接头

(a)结构示意图；(b)三视图

4.3　组合体视图的画法

在绘制组合体三视图时，首先要运用形体分析法把组合体分解为若干个基本立体，确定它们的组合形式，判断基本立体间邻接表面是否处于共面、相切和相交的特殊位置；然后对组合体中的垂直面、一般位置面、邻接表面处于共面、相切或相交位置的面、线进行投影分析；最后检查描深，完成组合体的三视图。下面以图4-11所示的轴承座为例，说明画组合体三视图的方法与步骤。

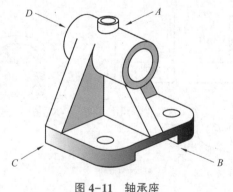

三维模型

图 4-11　轴承座

▶▶ 4.3.1　形体分析

对组合体进行形体分析时，应认识清楚该组合体是由哪些基本立体组合而成的，它们的组合方式、相对位置和连接关系分别是怎样的，对该组合体的结构有一个整体的理解。如图

4-12 所示，轴承座可以看作由凸台(直立空心小圆柱)、轴承套(水平空心圆柱)、支撑板(棱柱)、肋板(棱柱)和底板(棱柱)组成的。凸台与轴承套垂直相交，轴承套与支撑板两侧相切，肋板与轴承套相交，底板与肋板、支撑板叠加。

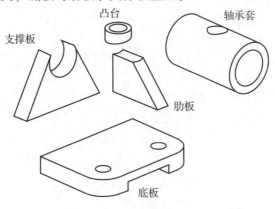

图 4-12 轴承座的形体分析

4.3.2 选择主视图

主视图是三视图中最主要的视图，因此主视图的选择极为重要。选择主视图时，通常将物体放正，使物体的主要平面(或轴线)平行或垂直于投影面。一般选取最能反映物体结构形状特征的视图作为主视图，同时其他视图的可见轮廓线越多越好。图 4-13 为轴承座 A、B、C、D 向 4 个方向的投影。如果将 D 向作为主视图投射方向，虚线较多，显然没有 B 向清楚；C 向与 A 向的视图投影都比较清楚，但是，当选择 C 向作为主视图方向时，它的左视图(D 向)的虚线较多，因此选择 A 向比选择 C 向好。虽然 A 向和 B 向都能反映形体的特征形状，但 B 向更能反映轴承座各部分的轮廓特征，所以确定 B 向作为主视图的投射方向。主视图一经选定，其他视图也就相应确定了。

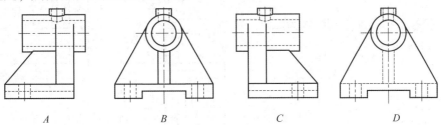

A   *B*   *C*   *D*

图 4-13 轴承座主视图的选择

4.3.3 作图步骤

作图前，先根据实物的大小和组成形体的复杂程度，选定作图的比例和图幅的大小。尽可能将比例选成 1∶1。接着布图，即根据组合体的总长、总宽、总高确定各视图在图框内的具体位置，使三视图分布均匀。作图时，应首先画出各视图的基准线来布图。基准线是作图和测量尺寸的起点，每一个视图需要确定两个方向的基准线。常用的基准线是视图的对称线、大圆柱的轴线及大的端面。开始画视图的底稿时，应按形体分析法，从主要的形体(如竖直空心圆柱)着手，按各基本立体之间的相对位置，逐个画出它们的视图。为了提高绘图速度和保证视图间的投影关系，对于各个基本立体，应该尽可能做到三视图同时画。完成底稿后，必须经过仔细检查，修改错误或不妥之处，然后按规定的图线加深，具体作图步骤如图 4-14 所示。

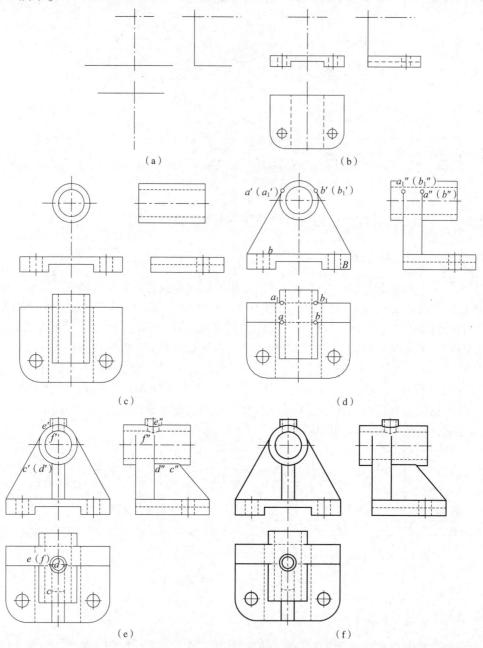

图 4-14 轴承座三视图的作图步骤

例 4-1 底座如图 4-15 所示，试画出其三视图。

分析：如图 4-16 所示，由形体分析可知，底座可以看成将一个长方体经过切割、穿孔而形成的组合体。如图 4-15 所示，按工作位置选 A 向作为主视图方向。

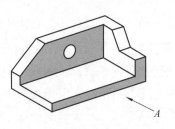

图 4-15　底座的立体图

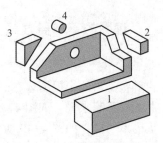

图 4-16　底座的形体分析

作图步骤如下：

(1)画基准线、定位线，如图 4-17(a)所示；

(2)画出长方体的三视图，如图 4-17(b)所示；

(3)画出长方体被截去形体 1 后的三视图，如图 4-17(c)所示；

(4)画出截去形体 2 后的三视图，如图 4-17(d)所示；

(5)画出截去形体 3、4 后的三视图，如图 4-17(e)所示；

(6)检查、修改并描深，如图 4-17(f)所示。

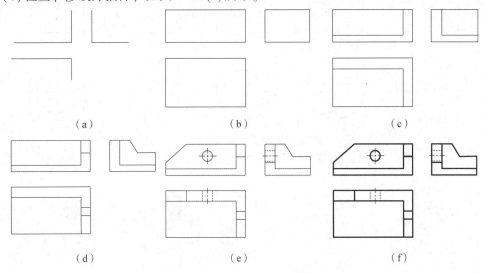

图 4-17　底座三视图的作图步骤

4.4　读组合体视图

　　画组合体视图是运用形体分析法把空间的三维实物，按照投影规律画成二维的平面图形的过程，是三维形体到二维图形的过程。本节介绍如何根据已给出的二维投影图，在投影分析的基础上，运用形体分析法和线面分析法想象出空间物体的实际形状，该过程是由二维图形建立三维形体的过程。画图和读图是不可分割的两个过程。

4.4.1 读图的基本要领

1. 几个视图联系起来看

机件的形状是由几个视图表达的，每个视图只能表达机件一个方向的形状。因此，读图时要几个视图联系起来看。如图4-18所示，各物体的主视图都相同，但俯视图不同，因此它们的形状也不一样；如图4-19所示，各物体的俯视图都相同，但主视图不同，因此它们的形状也不一样；如图4-20和图4-21所示，各物体的主视图和俯视图都相同，但因它们的左视图不同，它们的形状也不一样。

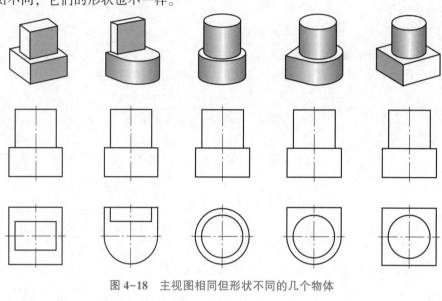

图4-18 主视图相同但形状不同的几个物体

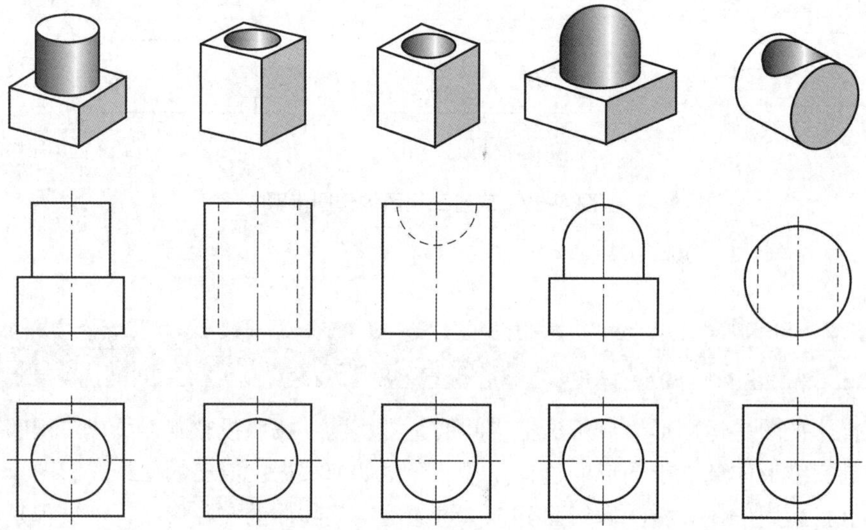

图4-19 俯视图相同但形状不同的几个物体

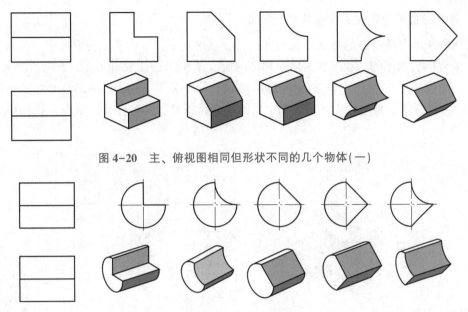

图4-20 主、俯视图相同但形状不同的几个物体（一）

图4-21 主、俯视图相同但形状不同的几个物体（二）

2. 明确视图中的线框和图线的含义

（1）视图中每个封闭线框，一般表示物体上一个表面的投影，或者一个通孔的投影，所表示的面可能是平面或曲面，也可能是平面或曲面相切所组成的面。如图4-22所示，主视图中的封闭线框 a'、b'、c'、d'、h' 表示平面，封闭线框 e' 表示曲面（圆孔）。而封闭线框 f' 为平面与圆柱面相切的结合面。

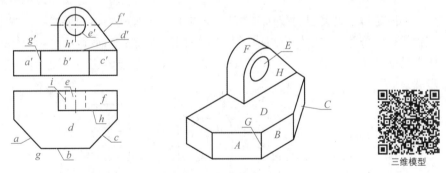

图4-22 明确视图中线框和图线的含义

三维模型

（2）视图中的每一条图线，可能是下面情况中的一种。

①平面或曲面的积聚性投影：图4-22俯视图中的线段 a、b、c、h 表示平面的水平投影；主视图中的线段 e' 表示曲面（孔）的正面投影。

②两个面交线的投影：图4-22主视图中的线段 g'，表示两平面交线的正面投影。

③转向线的投影：图4-22俯视图中的线段 i，表示圆柱孔在水平投射方向上的转向线的投影。

（3）视图中的任何相邻的封闭线框，可能是相交的两个面的投影，也可能是不相交的两个面的投影。图4-22主视图中的线框 a' 与 b' 相邻，它们是相交的两个面的投影；线框 h' 与 b' 相邻，它们是不相交的两个平面的投影，且 B 在 H 之前。

3. 善于在视图中捕捉反映物体形状特征的图形

主视图最能反映物体的形状特征。因此，一般情况下，应该从主视图入手，再对照其他视图，最终得出物体的正确形状。由于物体的所有结构的特征图形不一定全都在主视图上，因此看图时要善于在视图中捕捉反映物体形状特征的图形。如图4-23（a）为轴测图，图4-23（b）为三视图，基本体Ⅰ在俯视图中反映其形状特征，基本体Ⅱ、Ⅲ在主视图中反映其形状特征。

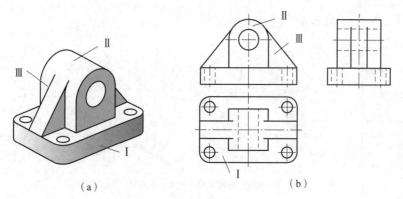

三维模型

图4-23　物体的轴测图与三视图

（a）轴测图；（b）三视图

4.4.2　读图的基本方法

1. 形体分析法

形体分析法是读图的最基本方法。通常从最能反映物体的形状特征的主视图着手，分析该物体是由哪些基本立体所组成以及它们的组成形式；然后运用投影规律，逐个找出每个形体在其他视图上的投影。下面以图4-24所示的组合体三视图为例，说明读图的方法与步骤。

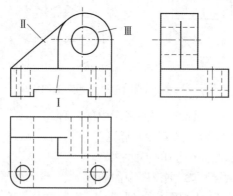

图4-24　组合体三视图

（1）分线框。将主视图分为三个封闭的线框Ⅰ、Ⅱ和Ⅲ，如图4-24所示。

（2）想形状。对照三视图，分别想象出各个线框所代表的形状，如图4-25（a）、（b）、（c）所示。

(3)综合想象。由形体分析可知，整体形状Ⅱ、Ⅲ和Ⅰ叠加，并且Ⅰ、Ⅱ和Ⅲ后断面共面，Ⅰ和Ⅲ在右边共面，Ⅱ和Ⅲ相切，结果如图4-25(d)所示。

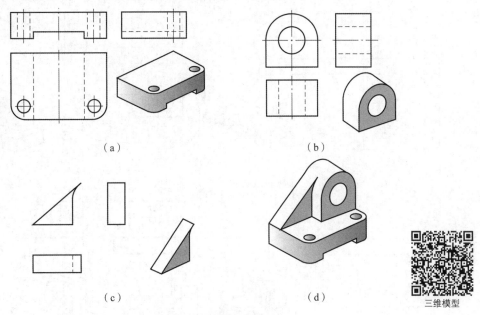

图 4-25　读组合体三视图的过程

2. 线面分析法

看比较复杂的物体的视图时，通常在运用形体分析法的基础上，对不易看懂的局部，再结合线、面的投影分析，如分析物体的表面形状、分析物体的表面交线、分析物体上面与面之间的相对位置，从而帮助我们看懂和想象这些局部的形状，这种方法称为线面分析法。

在学习看图时，常给出两个视图，在想象出物体形状的基础上，补画出第三个视图。这就是通常说的组合体"二求三"，这是提高看图能力的一种重要学习手段。

例 4-2　图4-26为支座的主、俯视图，补画出其左视图。

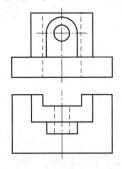

图 4-26　支座的主、俯视图

分析：图4-27为看图与补图的分析过程。结合主、俯视图，大致可看出支座由三个部分组成，图4-27(a)表示该支座的下部为一长方板，根据其高度和宽度可先补画出长方板的左视图。图4-27(b)表示在长方板的上、后方的另一个长方块的投影，并画出其左视图。图

4-27(c)表示在上部带半个圆柱体的长方块凸台的投影及其左视图。图4-27(d)为以上3个形体组合，并在后部开槽，凸块中间穿孔，得到该支座完整的左视图。

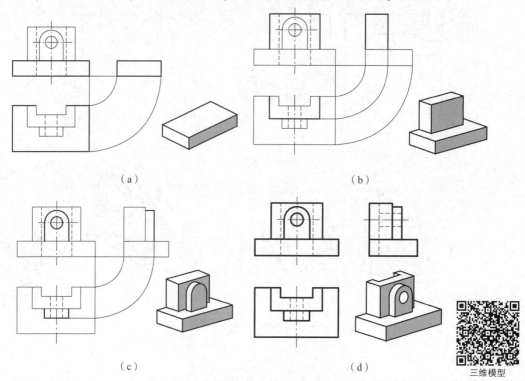

（a）　　　　　　　　　　　　　　　（b）

（c）　　　　　　　　　　　　　　　（d）　　　　　三维模型

图4-27　看图与补图的分析过程

例4-3　如图4-28所示，已知角块的主视图和俯视图，求作左视图。

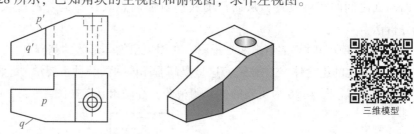

三维模型

图4-28　角块

分析：由主视图和俯视图可知，角块的主体由长方块切割而成。左端上部被正垂面 P 斜切了一个角，前面被铅垂面 Q 斜切了一个角，后部切去一梯形块。右部中间打了一个台阶孔。

作图：补画左视图时，可先画出矩形块的轮廓和台阶孔的侧面投影，如图4-29（a）所示；再逐步切割，画出左后部切去的梯形块投影，以及平面 Q 的侧面投影；最后画平面 P 的侧面投影，其正面投影和水平投影已知，因此可画出侧面投影为一七边形，与俯视图对应的封闭线框都具有类似性，如图4-29（b）所示。

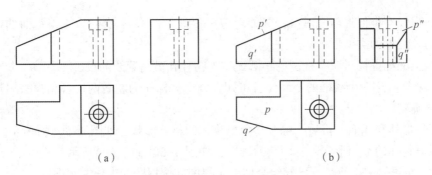

图 4-29　画出角块的左视图

例 4-4　如图 4-30(a)所示，已知组合体的主视图和左视图，求该组合体的俯视图。

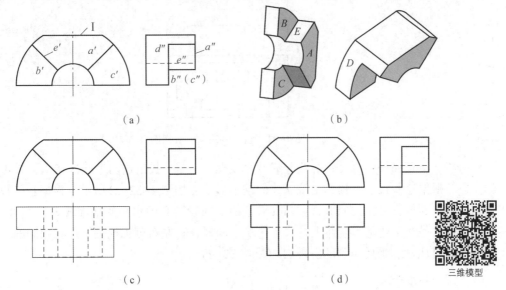

图 4-30　已知主、左视图，补画俯视图

三维模型

分析：

(1)首先用形体分析法分析它的原形。如图 4-30(a)所示，此组合体主视图的主要轮廓线为两个半圆；根据"高平齐"的规则，左视图上与之对应的是两条相互平行的直线，由此可知其原形是半个圆柱筒。

(2)物体经过切割后，各表面的形状比较复杂，应该运用线面分析法分析每个表面的形状和位置，这样能有效地帮助读图。

主视图的上部被平面切掉，Ⅰ处的线是水平面的投影，其左视图的投影也会积聚成线。主视图上有 a'、b'、c' 这 3 个线框。a' 线框的左视图在"高平齐"的投影范围内，没有类似形对应，只能对应左视图中最前的积聚后的直线，所以 a' 线框是物体上一正平面的投影，并在主视图中反映实形；同样，b'、c' 两线框为物体两正平面的投影，正面投影反映实形，从左视图可知，A 面在前，B、C 两面在后。

在左视图上的 d''、e'' 两粗实线线框，d'' 线框的左视图在"高平齐"的投影范围内，没有类似形，只能对应大圆弧，所以 d'' 线框为圆柱面的投影；e'' 线框的左视图在"高平齐"的投影范围内,也没有类似形与之对应,只能对应一斜线,所以 e'' 线框为一正垂面的投影,其空间形状为该线框的类似形。

左视图上的细虚线对应主视图的小圆弧,为圆柱孔最高素线的投影。

从 b'、c'、e' 这 3 个线框的空间位置可知,该半圆柱筒的左右两边各切掉一扇形块,深度从左视图确定。

(3)通过形体和线面分析后,综合想象出物体的整体形状,如图 4-30(b)所示。

(4)根据物体的空间形状,补画其俯视图,如图 4-30(c)、(d)所示。

例 4-5 如图 4-31 所示,已知组合体的主视图和俯视图,求作左视图。

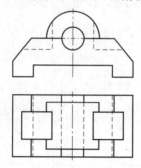

图 4-31 组合体的主、俯视图

分析:将正面投影可见轮廓线分成两个线框 1′、2′,找出这两个线框在水平投影上对应的投影,根据这些投影可构思出该立体的基本形状,如图 4-32(a)所示;根据水平投影上的线框 3 在正面投影上无类似形,可知其对应的正面投影必为水平的细虚线 3′,结合 4、4′即可想象出这是在上述基本立体上挖去了一块。同样,在左右侧也挖去了形状相同的一块,如图 4-32(b)所示;最后得到的三视图如图 4-32(c)所示。

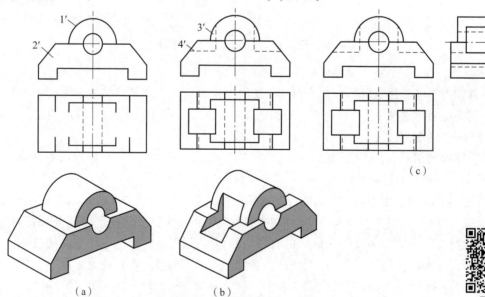

(c)

(a)   (b)

图 4-32 补画组合体左视图的过程

三维模型

例4-6 如图4-33所示,已知支架体的主、俯视图,补画出左视图。

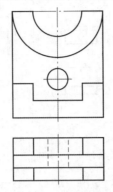

图4-33 支架体的主、俯视图

分析:如图4-34(a)所示,主视图中有3个封闭的线框 a'、b'、c',它们各代表一个面的投影;对照俯视图,由于没有一个类似形与上述的封闭线框相对应,因此 A、B、C 所代表的3个面一定与水平面垂直,它们在俯视图中的对应投影可能是 a、b、c 这3条正平线中的一条;又由于有一通孔从后面穿到 B 面,所以 B 面在中间,因此俯视图中有3个可见的封闭线框 d、e、f,其中在主视图中与 e 对应的投影为 e',它是一个圆柱面;另外的2个对应投影一个在 e' 之上,一个在 e' 之下;由于俯视图中3个面的投影都可见,因此必是位于最后的面在上,最前的面在下,即 F 面最高,它是一个圆柱面;D 面在 E 面之下,它是一个水平面;因此可知 A 面在前,C 面在后,支架体的整体形状如图4-34(b)所示。

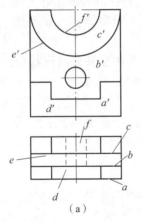

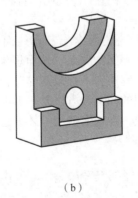

三维模型

（a）   （b）

图4-34 分析过程

作图:

（1）画左视图轮廓,如图4-35(a)所示;

（2）画前层切割方形槽后的左视图,如图4-35(b)所示;

（3）画中层切割半圆柱槽后的左视图,如图4-35(c)所示;

（4）画后层切割半圆柱槽后的左视图,如图4-35(d)所示;

（5）画中层、后层穿圆柱通孔后的左视图,如图4-35(e)所示;

（6）最后检查、描深,如图4-35(f)所示。

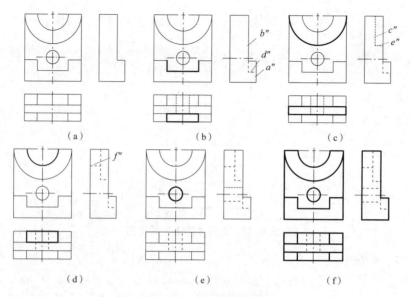

图 4-35　补画支架体左视图的过程

4.4.3　读图步骤小结

归纳以上的读图例子，可总结出读图的步骤如下。

（1）初步了解。根据物体的视图和尺寸，初步了解它的形状和大小，并按形体分析法分析它由哪几个主要部分组成。一般可从较多地反映零件形状特征的主视图着手。

（2）逐个分析。采用上述读图的各种分析方法，对物体各组成部分的形状和线面逐个进行分析。

（3）综合想象。通过形体分析和线面分析了解各组成部分的形状后，确定其各组成部分的相对位置以及相互间的关系，从而想象出整个物体的形状。

在整个读图过程中，一般以形体分析方法为主，结合线面分析，边分析、边想象、边作图。仅有这些读图的知识和方法是不够的，学生还要不断地实践，多看、多练，有意识地培养自己的空间想象力和构形能力，才能逐步提高读图能力。

4.5　组合体的尺寸标注

4.5.1　尺寸标注的基本要求

物体的形状、结构是由视图来表达的，而物体的大小则是由图上标注的尺寸来确定的，加工也是按照图中标注的尺寸进行。物体尺寸与绘图的比例和作图误差无关。尺寸标注的基本要求如下：

（1）正确——所注尺寸应符合国家标准中有关尺寸标注方法的规定；

（2）完整——所注尺寸能唯一地确定物体的形状大小和各组成部分的相对位置，尺寸既无遗漏，也不重复或多余，且每个一尺寸在图中只注写一次；

（3）清晰——尺寸的安排应恰当，以便于看图、寻找尺寸和使图面清晰。

在第1章中已介绍了国家标准有关尺寸注法的规定，本节主要介绍如何使尺寸标注合理、完整和清晰。

4.5.2　组合体的尺寸标注方法

组合体的尺寸标注基本方法为形体分析法——将组合体分解为若干个基本立体和简单形体，在形体分析的基础上标注以下3类尺寸。

（1）定形尺寸：确定各个基本立体的形状和大小的尺寸。

（2）定位尺寸：确定各个基本立体之间相对位置的尺寸。

（3）总体尺寸：组合体在长、宽、高3个方向的最大尺寸。

4.5.3　常见基本立体的尺寸标注

要掌握组合体的尺寸标注，必须先了解基本立体的尺寸标注方法。图4-36所示为常见平面基本立体的尺寸标注。例如，长方体必须标注其长、宽、高3个尺寸，如图4-36(a)所示；正六棱柱体应该标注其高度及正六边形的对边距离，如图4-36(b)所示；四棱锥台应分别注写其上下底面的长、宽及整体高度尺寸，如图4-36(c)所示。

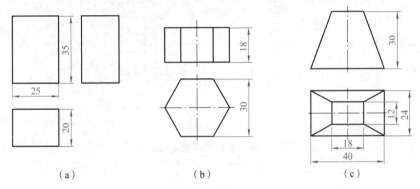

（a）　　　　　　（b）　　　　　　（c）

图4-36　常见平面基本立体的尺寸标注

(a)长方体尺寸标注；(b)正六棱柱体尺寸标注；(c)四棱锥台尺寸标注

图4-37所示为常见回转体的尺寸标注。圆柱体应该标注其直径及轴向长度，如图4-37(a)所示；圆台应标注两底圆直径及轴向长度，如图4-37(b)所示；球体只需标注一个直径，如图4-37(c)所示；圆环只需标注两个尺寸，即母线圆和中心圆的直径，如图4-37(d)所示。

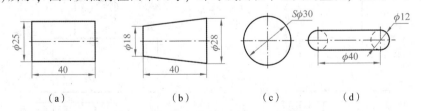

（a）　　　　　　（b）　　　　　（c）　　　　　（d）

图4-37　常见回转体的尺寸标注

(a)圆柱体尺寸标注；(b)圆台尺寸标注；(c)球体尺寸标注；(d)圆环尺寸标注

4.5.4　常见形体的定位尺寸标注

要标注定位尺寸，必须先选好定位尺寸的尺寸基准。所谓尺寸基准，是指标注和度量尺寸的起点。物体有长、宽、高 3 个方向的尺寸，每个方向至少要有一个尺寸基准。通常以物体的底面、端（侧）面、对称平面和回转体轴线作为尺寸基准。

图 4-38 所示为常见形体的定位尺寸，从图中可以看出，回转体的定位尺寸一般标注在它的轴线位置。

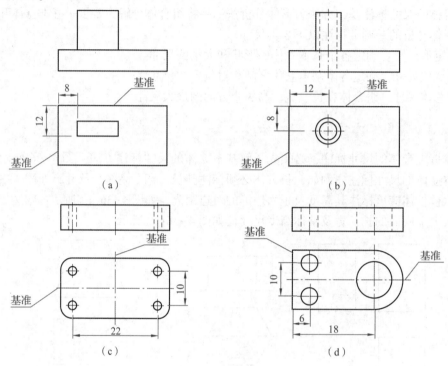

图 4-38 常见形体的定位尺寸

（a）棱柱的定位尺寸；（b）圆柱的定位尺寸；（c）一组孔的定位尺寸；（d）孔的定位尺寸

4.5.5 组合体的总体尺寸标注

组合体的总体尺寸有时就是某形体的定形尺寸或定位尺寸，这时不再标出该定形尺寸或定位尺寸。当标注出总体尺寸后，如果出现多余尺寸，就需要进行调整，避免出现封闭的尺寸链，如图 4-39 所示。

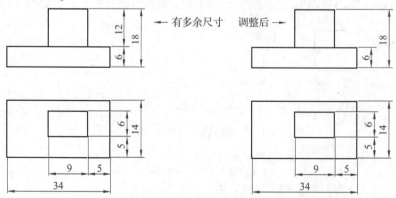

图 4-39 组合体的总体尺寸

当组合体的某一方向具有回转面结构时，由于注出了定形、定位尺寸，因此一般不以回转体的轮廓线为起点标注总体尺寸，即该方向的总体尺寸不再注出，如图4-40所示。

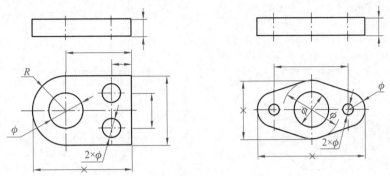

图4-40 回转面结构的总体尺寸

4.5.6 标注尺寸时应注意的问题

标注尺寸时应注意的问题如下。

(1)当基本立体被平面截切(遇到切割、开槽)时，除了应标注出其基本立体的定位尺寸外，还应标注出截平面位置的尺寸，而不是标注截交线的大小尺寸，即不能在截交线上直接标注尺寸，如图4-41所示。

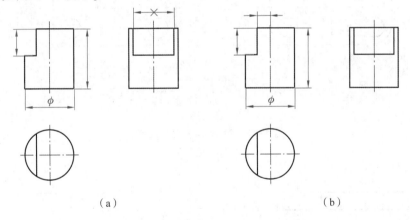

（a） （b）

图4-41 表面具有截交线时的尺寸标注

（a）错误；（b）正确

(2)当组合体的表面有相贯线时，除了标注出其各个基本立体的定位尺寸，还应标注出产生相贯线的各基本立体之间的相对位置的定位尺寸，而不能在相贯线上直接标注尺寸，如图4-42所示。

(3)对称结构的尺寸不能只标注一半，如图4-43所示。

(4)相互平行的尺寸，应从小到大、从内到外依次排列，尺寸线间距不得小于6 mm，如图4-44所示。

(5)尺寸应尽量标注在视图的外部，以免尺寸线、尺寸数字与视图中的轮廓线相交，应保持图形的清晰，如图4-45所示。

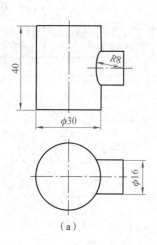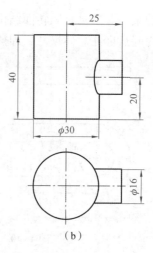

图 4-42　表面具有相贯线时的尺寸标注

（a）错误；（b）正确

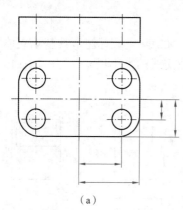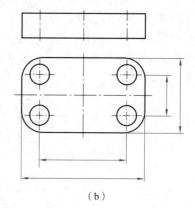

图 4-43　对称结构的尺寸标注

（a）错误；（b）正确

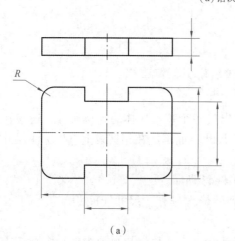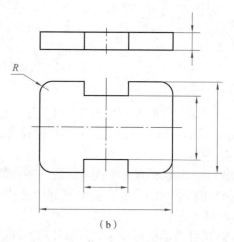

图 4-44　互相平行的尺寸标注

（a）错误；（b）正确

（6）半径不能标注个数，也不能标注在非圆弧视图上。对于结构相同按一定规律均匀分布的孔，必须集中标注，即 x 个就标为 $x \times \phi$，如图 4-45 所示。

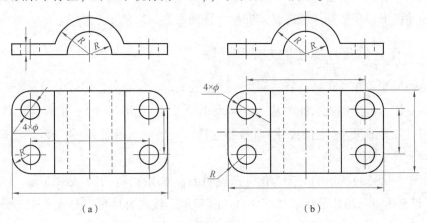

（a） （b）

图 4-45 清晰的尺寸标注

（a）错误；（b）正确

（7）同轴圆柱的直径尺寸，最后标注在非圆的视图上，如图 4-46 所示。

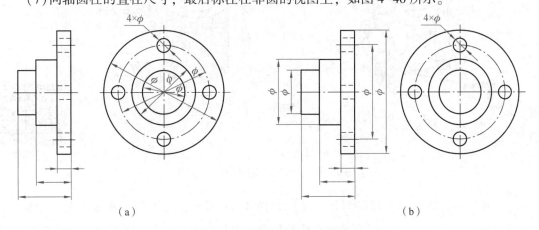

（a） （b）

图 4-46 同轴圆柱的尺寸标注

（a）错误；（b）正确

（8）标注尺寸时，还要考虑便于加工和测量，如图 4-47 所示。

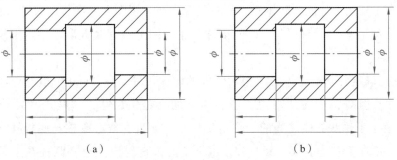

（a） （b）

图 4-47 便于加工的尺寸标注

（a）错误；（b）正确

(9)当图线穿过尺寸数字时，图线应该断开，以保证尺寸数字的清晰。

在标注尺寸时，有时会出现不能兼顾以上各点的情况，这时必须在保证尺寸正确、完整、清晰的前提下，根据具体情况统筹安排、合理布置。

4.5.7　组合体尺寸标注的方法和步骤

组合体的尺寸标注要完整。要达到尺寸完整的要求，应首先按形体分析法将组合体分解为若干基本立体，再注出表示各个基本立体大小的尺寸(定形尺寸)；接着标出确定这些基本立体间相对位置的尺寸(定位尺寸)。按照这样分析方法去标注尺寸，既不遗漏尺寸，也不会无目的地重复标注尺寸。

下面以图 4-48(a)所示的支架为例，来说明组合体尺寸标注的方法和步骤。

(1)对组合体进行形体分析。如图 4-48(b)所示，该组合体可以分成 6 个部分：直立空心圆柱、肋、底板、扁空心圆柱、水平空心圆柱、半圆头搭子。

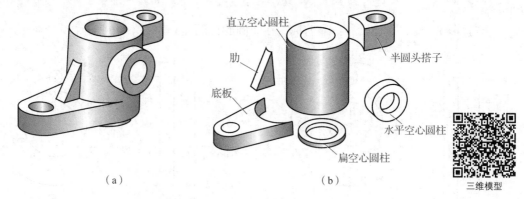

图 4-48　支架及其形体分析

(2)逐个注出各基本立体的定形尺寸。如图 4-49 所示，将支架分成 6 个基本立体后，分别注出其定形尺寸。由于每个基本立体的尺寸一般只有少数几个，因而比较容易考虑，如直立空心圆柱的定形尺寸 $\phi72$、$\phi40$、80，底板的定形尺寸 $R22$、$\phi22$、20。至于这些尺寸标注在哪个视图上，则要根据具体情况而定，如直立空心圆柱的尺寸 $\phi40$ 和 80 注在主视图上，但 $\phi72$ 在主视图上标注比较困难，故将其标注在左视图上。底板的尺寸 $R22$、$\phi22$ 标注在俯视图上最为合适，而厚度尺寸 20 只能注在主视图上。其余各形体的定形尺寸，读者可以自行分析标注。

(3)标注出确定各基本立体之间相对位置的定位尺寸。图 4-49 中虽然标注了各基本立体的定形尺寸，但对整个支架来说，还必须再加上定位尺寸，这样尺寸才能完整。如图 4-50 所示，表示了这些立体之间的 5 个定位尺寸，如直立空心圆柱与底板孔、肋、搭子孔之间在左右方向的定位尺寸 80、56、52，水平空心圆柱与直立空心圆柱在上下方向的定位尺寸 28 以及前后方向的定位尺寸 48。一般来说，两形体之间在左右、上下、前后方向均应考虑是否有定位尺寸。但当形体之间为简单结合(如肋与底板的上下结合)或具有公共对称面(如直立空心圆柱与水平空心圆柱在左右方向对称)的情况下，在这些方向就不再需要定位尺寸。

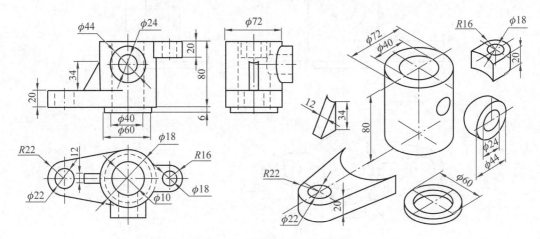

图 4-49　支架的定形尺寸分析

将图 4-49 与图 4-50 的分析结合起来，则支架上所必需的全部尺寸都标注完整了。

(4) 为了表示结合体外形的总长、总宽和总高，一般应标注出相应的总体尺寸。按上述分析，尺寸虽然已经标注完整，但考虑总体尺寸后，为了避免重复，还应适当调整。如图 4-51 所示，尺寸 86 为总体尺寸，注上这个尺寸后就与直立空心圆柱的高度尺寸 80、扁空心圆柱的高度尺寸 6 重复，因此应将尺寸 6 省略。有时，物体的端部为同轴线的圆柱和圆孔，则有了定位尺寸后，一般就不再注其总体尺寸。如图 4-51 中注了 80 和 52，以及圆弧半径 R22 和 R16 后，就不再注总长尺寸。

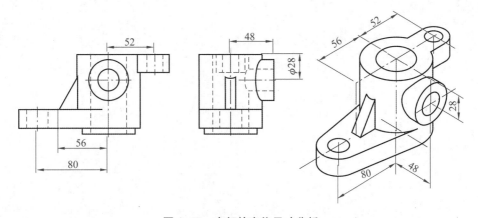

图 4-50　支架的定位尺寸分析

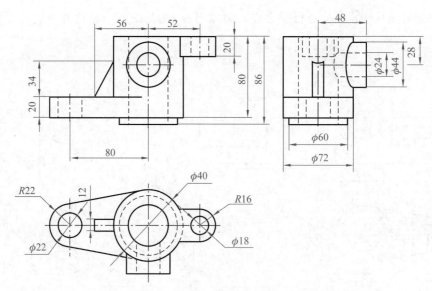

图 4-51　经过调整后的支架尺寸标注

第 5 章
轴测图

 知识目标 ▶▶ ▶

掌握轴测图知识及绘制轴测图的方法。

 能力目标 ▶▶▶ ▶

学会用不同的方法去解决问题，从不同的方向思考问题。

　　多面正投影图能用多个投影图准确地反映出物体的长、宽、高 3 个方向的表面真实形状，标注尺寸方便，且作图简便，所以它是工程上常用的图样，如图 5-1（a）所示。但这种图样缺乏立体感，必须有一定读图能力才能看懂。为了帮助看图，工程上还会采用轴测图，它用单面投影即能同时反映物体的三维方向的表面形状，因此富有立体感，如图 5-1（b）所示。但是，轴测图不能确切地表达出零件原来的形状和大小，而且作图较复杂，因此它在工程上一般仅用作辅助图样，如图 5-1（c）所示。

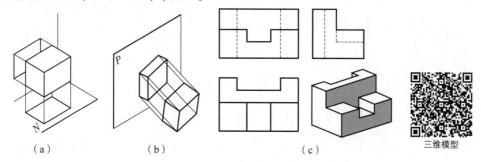

（a）　　　　　　　　　（b）　　　　　　　　　（c）　　　　　三维模型

图 5-1　多面正投影图与轴测图的比较

5.1 轴测投影的基本概念

5.1.1 轴测投影的形成

轴测投影是一种具有立体感的单面投影图。如图 5-2 所示，用平行投影法将物体连同确定其空间位置的直角坐标系按不平行于坐标面的方向一起投影到一个平面 P 上，得到的投影称为轴测投影，又称轴测图。平面 P 称为轴测投影面。

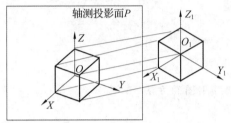

图 5-2　轴测投影的形成

在形成轴测图时，应注意避免直角坐标系 3 根坐标轴中的任意一根垂直于所选定的轴测投影面。因为当投射方向与坐标轴平行时，轴测投影将失去立体感，变成前面所描述的三视图中的一个视图，如图 5-3 所示。

5.1.2 轴间角及轴向伸缩系数

设想将图 5-2 中的物体抽掉，如图 5-4 所示。空间直角坐标轴 O_1X_1、O_1Y_1、O_1Z_1 在轴测投影面 P 上的投影 OX、OY、OZ 称为轴测投影轴，简称轴测轴，轴测轴之间的夹角 $\angle XOY$、$\angle XOZ$、$\angle YOZ$ 称为轴间角。

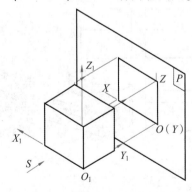

图 5-3　投射方向与坐标轴平行

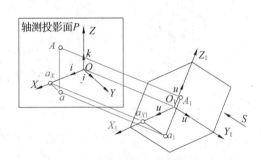

图 5-4　轴间角及轴向伸缩系数

设在空间 3 个直角坐标轴上各取相等的单位长度 u，投影到轴测投影面上，得到相应的轴测轴上的单位长度分别为 i、j、k，它们与原来坐标轴上的单位长度 u 的比值称为轴向伸缩系数。

设 $p_1=i/u$、$q_1=j/u$、$r_1=k/u$，则 p_1、q_1、r_1 分别称为 O_1X_1、O_1Y_1、O_1Z_1 轴的轴向伸缩

系数。

　　轴测投影采用的是平行投影，因此两平行直线的轴测投影仍平行，且投影长度与原来的线段长度成定比。凡是平行于 O_1X_1、O_1Y_1、O_1Z_1 轴的线段，其轴测投影必然相应地平行于 OX、OY、OZ 轴，且具有和 O_1X_1、O_1Y_1、O_1Z_1 轴相同的轴向伸缩系数。由此可见，凡是平行于原坐标轴的线段长度乘以相应的轴向伸缩系数，就等于该线段的轴测投影长度。换言之，在轴测图中只有沿轴测轴方向测量的长度才与原坐标轴方向的长度有一定的对应关系，轴测投影也是由此而得名。在图 5-4 中，空间点 A_1 的轴测投影为 A，其中 $\overline{Oa_X} = p_1 \cdot \overline{O_1a_{X1}}$、$\overline{a_Xa} = q_1 \cdot \overline{a_{X1}a_1}$（由于 $a_{X1}a_1 \parallel O_1Y_1$，所以 $a_Xa \parallel OY$）、$\overline{aA} = r_1 \cdot \overline{a_1A_1}$（由于 $a_1A_1 \parallel O_1Z_1$，所以 $aA \parallel OZ$）。

　　应当指出：一旦轴间角和轴向伸缩系数确定后，就可以沿相应的轴向测量物体各边的尺寸或确定点的位置。

5.1.3　轴测投影的分类

　　轴测图根据投射方向和轴测投影面的相对位置关系可分为两类：投射方向与轴测投影面垂直的，称正轴测投影；投射方向与轴测投影面倾斜的，称为斜轴测投影。

　　在这两类轴测投影中，按 3 轴的轴向伸缩系数的关系又分为 3 种：

　　（1）$p_1 = q_1 = r_1$——称正（或斜）等轴测投影，简称正（或斜）等测；

　　（2）$p_1 = q_1 \neq r_1$——称正（或斜）二轴测投影，简称正（或斜）二测；

　　（3）$p_1 \neq q_1 \neq r_1$——称正（或斜）三轴测投影，简称正（或斜）三测。

　　为了作图简便，又能保证轴测图有较强的立体感，一般采用正等轴测图或斜二轴测图的画法，如图 5-5 所示。

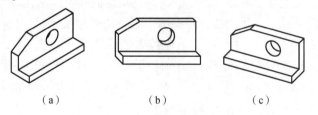

三维模型

（a）　　　　　　　（b）　　　　　　　（c）

图 5-5　轴测图立体感的比较

（a）正等轴测图；（b）正二轴测图；（c）斜二轴测图

5.2　正等轴测图

5.2.1　正等轴测的轴间角和轴向伸缩系数

　　根据理论分析，正等轴测的轴间角 $\angle XOY = \angle XOZ = \angle YOZ = 120°$。作图时，一般使 OZ 轴处于垂直位置，则 OX 和 OY 轴与水平线成 30°，可利用 30° 三角板方便地作出，如图 5-6 所示。正等轴测的轴向伸缩系数 $p_1 = q_1 = r_1 \approx 0.82$。如图 5-7（a）所示，长方块的长、宽和高分别为 a、b 和 h，按上述轴间角和轴向伸缩系数作出的正等轴测图如图 5-7（b）所示。但在实际作图时，按上述轴向伸缩系数计算尺寸却是相当麻烦。由于绘制轴测图的主要目的是表达物体的直观形状，因此为了作图方便起见，常采用一组简化轴向伸缩系数，即在正等轴测中取 $p_1 = q_1 = r_1 = 1$。这样，就可以将视图上的尺寸 a、b 和 h 直接度量到相应的 X、Y 和 Z 轴上，这样作出的长方块的正等轴测如图5-7(c)所示。将它与图5-7(b)比较，其形状不变，仅是图形按一定比例放大，图形放大的倍数为 $1/0.82 \approx 1.22$ 倍。

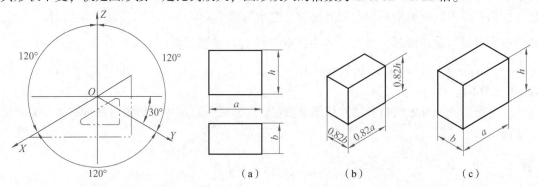

图5-6　正等轴测图的轴间角　　　　图5-7　长方块的正等轴测图

5.2.2　平面立体的正等轴测画法

画轴测图的基本方法是坐标法。但在实际作图时，还应根据物体的形状特点不同，灵活采用各种不同的作图步骤。下面举例说明平面立体轴测图的几种具体作法。

例5-1　作出如图5-8所示正六棱柱的正等轴测。

分析：由于作物体的轴测图时，习惯上是不画出其虚线的，如图5-7所示。因此，作六棱柱的轴测图时，为了减少不必要的作图线，先从顶面开始作图比较方便。

作图：取坐标轴原点 O 作为六棱柱顶面的中心，按坐标尺寸 a 和 b 求得轴测图上的点1、4和7、8，如图5-9(a)所示；过点7、8分别作 X 轴的平行线，按 X 坐标尺寸求得2、3、5、6点，作出六棱柱顶面的轴测投影，如图5-9(b)所示；再向下画出各垂直棱线，量取高度 h，连接各点，作出六棱柱的底面，如图5-9(c)所示；最后擦去多余的作图线并描深，即完成正六棱柱的正等轴测，如图5-9(d)所示。

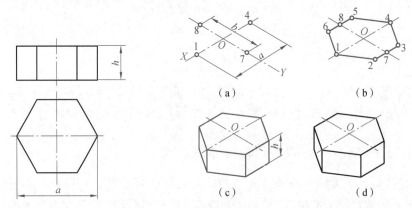

图5-8　正六棱柱的主、俯视图　　　图5-9　正六棱柱体的正等轴测图的作图步骤

例5-2　作出如图5-10所示垫块的正等轴测。

分析：垫块是一个简单的组合体，由一个基本立体(长方体)通过切割和结合而形成。画轴测图时，可先画出基本立体，再切割和结合。

作图：先按垫块的长、宽、高画出其外形长方体的轴测图，并将长方体切割成 L 形，如图 5-11(a)、(b)所示；再在左上方斜切掉一个角，如图 5-11(b)、(c)所示；然后在右端再加上一个三角形的肋，如图 5-11(c)所示；最后擦去多余的作图线并描深，即完成垫块的正等轴测，如图 5-11(d)所示。

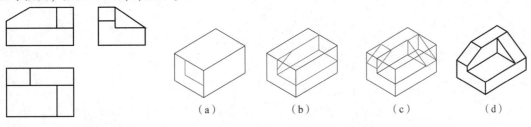

（a）　　　　　　　　（b）　　　　　　　　（c）　　　　　　　　（d）

图 5-10　垫块的三视图　　　　　　图 5-11　垫块的正等轴测图的作图步骤

5.2.3　圆的正等轴测画法

1. 性质

从正等轴测的形成过程可知，各坐标面相对于轴测投影面都是倾斜的，因此平行于坐标面的圆的正等轴测是椭圆。图 5-12(a)是按轴向伸缩系数为 0.82 作的圆的正等轴测，图 5-12(b)是按轴向伸缩系数为 1 作的圆的正等轴测。以立方体为例，当以立方体上 3 个不可见平面为坐标面时，其余 3 个平面内切圆的正等轴测投影如图 5-12 所示。

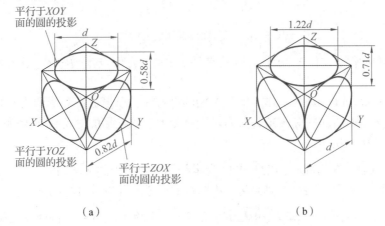

平行于 XOY 面的圆的投影

平行于 YOZ 面的圆的投影

平行于 ZOX 面的圆的投影

（a）　　　　　　　　　　　　（b）

图 5-12　平行于坐标面的圆的正等轴测图

（a）轴向伸缩系数为 0.82；（b）轴向伸缩系数为 1

从图 5-12 中可以得出以下结论。

(1)3 个椭圆的形状和大小是一样的但方向各不相同。

(2)各椭圆的短轴与相应菱形(圆的外切正方形的轴测投影)的短对角线重合，其方向与相应的轴测轴一致，该轴测轴就是垂直于圆所在平面的坐标轴。由此可以得出：在轴线平行于坐标轴的圆柱体和圆锥体的正等轴测中，其上下底面椭圆的短轴与轴线在一条线上，如图 5-13 所示。

(3)在正等轴测中，如采用 0.82 的轴向伸缩系数，则椭圆的长轴为圆的直径 d，短轴为

0.58d，如图 5-12（a）所示；如按简化轴向伸缩系数为 1 来作图，其长、短轴长度均放大 1.22 倍，即长轴长度等于 1.22d，短轴长度为 1.22 × 0.58d ≈ 0.71d，如图 5-12（b）所示。为了作图方便，一般采用后一种轴向伸缩系数。

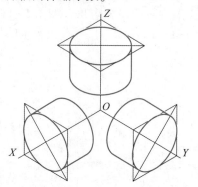

图 5-13　轴线平行于坐标轴的圆柱的正等轴测图

2. 画法

为了简化作图，轴测投影中的椭圆通常采用近似画法。如图 5-14 表示直径为 d 的圆在正等轴测中 XOY 面上的作图过程，具体作图步骤如下。

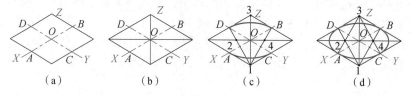

图 5-14　正等轴测椭圆的近似画法

（1）通过椭圆中心 O 作 X、Y 轴，并按直径 d 在轴上量取点 A、B、C、D，如图 5-14（a）所示。

（2）过点 A、B 与 C、D 分别作 Y 轴与 X 轴的平行线，所形成的菱形即为已知圆的外切正方形的轴测投影，而所作的椭圆则必然内切于该菱形。该菱形的对角线即为椭圆长、短轴的位置，如图 5-14（b）所示。

（3）分别以点 1、3 为圆心，以 $\overline{1B}$ 或 $\overline{3A}$ 为半径作出两个椭圆弧 $\overarc{BD}$ 和 $\overarc{AC}$，连接点 $1D$ 和 $1B$ 与长轴相交于两点 2 和 4，2、4 即为两个小圆弧的中心，如图 5-14（c）所示。

（4）以点 2、4 为圆心，以 $\overline{2D}$ 或 $\overline{4B}$ 为半径作两个小圆弧，并与大圆弧相连接，即完成该椭圆，如图 5-14（d）所示。显然，点 A、B、C、D 正好是大、小圆弧的切点。

XOZ、YOZ 面上的椭圆，仅长、短轴的方向不同。两者的画法与 XOY 面上的椭圆画法完全相同。

5.2.4　曲面立体的正等轴测画法

掌握了圆的正等轴测画法后，就不难画出圆柱体的正等轴测。如图 5-15 所示，轴线垂直于水平面的圆柱体的正等轴测的作图步骤如下。

（1）选定坐标原点 O 和坐标轴 OX、OY、OZ，如图 5-15（a）所示。

（2）作上、下底圆的正等轴测投影，其中心距等于高度 h，如图 5-15（b）所示。

（3）作两个椭圆的外公切线，如图 5-15（c）所示。

（4）擦去多余的线条并加深，完成圆柱体正等轴测图，如图 5-15（d）所示。

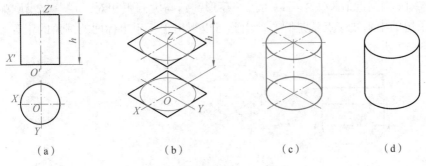

（a）　　　　　　　　（b）　　　　　　　　（c）　　　　　　　　（d）

图 5-15　圆柱体的正等轴测的画法

图 5-16（a）所示为从圆柱体上部切去两块后形成的立体的主视图，该圆柱体正等轴测的作图步骤如图 5-16（b）~图 5-16（d）所示。

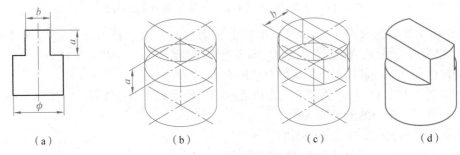

（a）　　　　　　　　（b）　　　　　　　　（c）　　　　　　　　（d）

图 5-16　切挖式立体的正等轴测的画法

圆台和球体的正等轴测画法与圆柱体的正等轴测画法相同，如表 5-1 所示。

表 5-1　圆台和球体的正等轴测画法

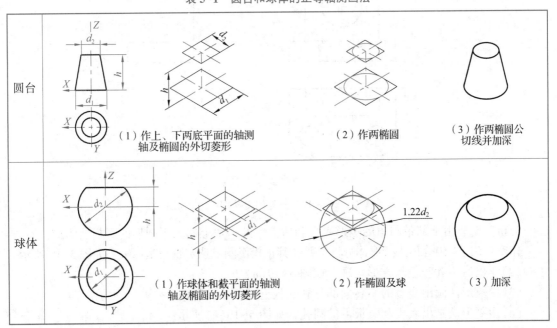

5.2.5　圆角的正等轴测画法

从图5-14椭圆近似画法中可以看出：菱形钝角与大圆弧相对，锐角与小圆弧相对；菱形相邻两条边的中垂线交点就是圆心。由此可以得出平行于坐标面的圆角的正等轴测图的画法，如图5-17所示。

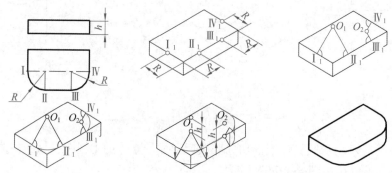

图5-17　平行于坐标面的圆角的正等轴测图的画法

（1）由角顶在两条夹边上量取圆角半径得到切点 Ⅰ、Ⅱ、Ⅲ、Ⅳ，过切点 Ⅰ、Ⅱ、Ⅲ、Ⅳ 作相应边的垂线，得交点 O_1、O_2 即为上底面的两圆心。用移心法从 O_1、O_2 向下量取板厚的高度尺寸 h，即得到下底面的对应圆心 O_3、O_4。

（2）以 O_1、O_2、O_3、O_4 为圆心，由圆心到切点的距离为半径画圆弧，作两个小圆弧的外公切线，即得两圆角的正等轴测图。

下面举例说明曲面立体正等轴测的具体作法。

例5-3　作出如图5-18所示支座的正等轴测。

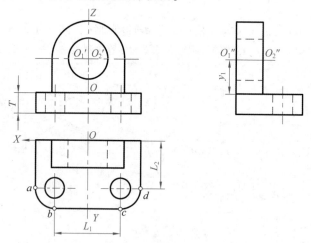

图5-18　支座的三视图

分析：支座由下部带圆角的矩形底板和后上方的一块上部为半圆形的竖板所组成。

作图：（1）对组合体进行形体分析，并在其正投影图上选定直角坐标轴，如图5-18所示。

（2）作出底板和竖板的方形轮廓，如图5-19（a）所示。

（3）用菱形法画出竖板的回转面部分和底板上的圆角，如图5-19（b）所示。

（4）用菱形法画出底板和竖板上的圆孔，如图5-19（c）所示。

（5）检查后擦去多余的线条，并进行加深，如图 5-19(d) 所示。

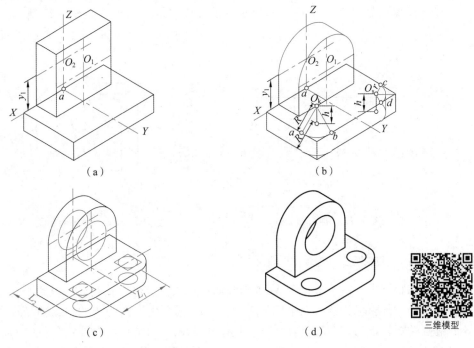

（a）　　　　　　　　　　（b）

（c）　　　　　　　　　　（d）

三维模型

图 5-19　支座的正等轴测作图步骤

5.3　斜二轴测图

5.3.1　斜二轴测的轴间角和轴向伸缩系数

在斜轴测投影中通常将物体放正，即使 $X_1O_1Z_1$ 坐标平面平行于轴测投影面 P，如图 5-20 所示。由此 XOZ 坐标面或与其平行面上的任何图形在 P 面上的投影都反映实形，这样得到的投影图，称为正面斜轴测投影图。最常用的一种正面斜轴测投影图为正面斜二轴测（简称斜二轴测），其轴间角 $\angle XOY = 90°$、$\angle XOZ = \angle YOZ = 135°$，轴向伸缩系数 $p_1 = r_1 = 1$，$q_1 = 0.5$。作图时，一般使 OZ 轴处于垂直位置，则 OX 轴为水平线，OY 轴与水平线成 $45°$，可利用 $45°$ 三角板方便地作出，如图 5-21 所示。

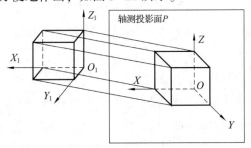

图 5-20　斜二轴测的形成示意图

作平面立体的斜二轴测时，只要采用上述轴间角和轴向伸缩系数，其作图步骤和正等轴测图作图步骤完全相同。图5-7（a）所示的长方块，其斜二轴测如图5-22所示。

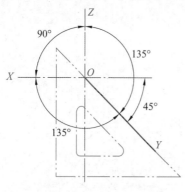

图5-21　斜二轴测的轴间角

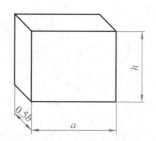

图5-22　长方块的斜二轴测

5.3.2　曲面立体的斜二轴测画法

在斜二轴测中，由于平行于 XOZ 坐标面的轴测投影仍反映实形，因此平行于 XOZ 坐标面的圆的轴测投影仍为圆，而平行于 XOY、YOZ 两个坐标面的圆的斜二轴测投影则为椭圆，这些椭圆的短轴不与相应轴测轴平行，且作图较烦琐。因此，斜二轴测一般用来表达只在相互平行的一组平面内有圆或圆弧的立体，这时总是把这些平面选为平行于 XOZ 坐标面。

例5-4　作出如图5-23所示轴座的斜二轴测。

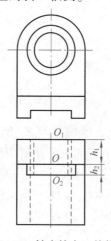

图5-23　轴座的主、俯视图

分析：轴座的正面（即 XOZ 面）有3各不同直径的圆和圆弧，在斜二轴测中都能反映实形。

作图：先作出轴座下部平面立体部分的斜二轴测，并在竖板的前表面上确定圆心 O 的位置，然后画出竖板上的半圆及凸台的外圆。过点 O 作 Y 轴，取 $\overline{OO_1} = 0.5h_1$，O_1 即为竖板背面的圆心；再自点 O 向前取 $\overline{OO_2} = 0.5h_2$，O_2 即为凸台前表面的圆心，如图5-24（a）所示。以 O_2 为圆心作出凸台前表面的外圆及圆孔，作 Y 轴方向的公切线即完成凸台的斜二轴测。以 O_1 为圆心，作出竖板后表面的半圆和圆孔，再作出两个半圆的公切线即完成竖板的斜二轴测，如图 5-24(b)所示。最后擦去多余的作图线并描深，即完成轴座的斜二轴测，如图 5-24(c)所示(作图时，特别需要注意：$q_1 = 0.5$)。

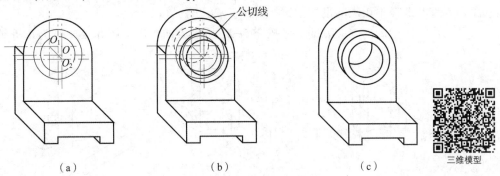

公切线

（a）　　　　　　（b）　　　　　　（c）

三维模型

图 5-24　轴座斜二轴测的作图步骤

图 5-25(a)是一个轮盘的主、左视图，这类零件的轴测图通常是采用斜二轴测来表达的，作图时，应注意分层定出各圆所在平面的位置，具体步骤如图 5-25(b)~图 5-25(e)所示。

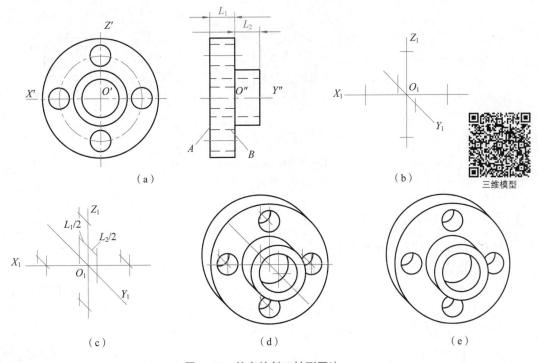

三维模型

图 5-25　轮盘的斜二轴测画法

5.4　轴测剖视图

5.4.1　轴测图的剖切方法

在轴测图上，为了表达零件的结构形状，可假想用剖切平面将零件的一部分剖去，这种剖切后的轴测图称为轴测剖视图。一般用两个相互垂直的轴测坐标面(或其平行面)进行剖切，能够较完整地显示该零件内、外形状，如图5-26(a)所示。尽量避免用一个剖切平面剖切整个零件和选择不正确的剖切位置，如图5-26(b)、(c)所示。

轴测剖视图中剖面线的方向，应按图5-27所示方向画出。图5-27(a)为正等轴测，图5-27(b)为斜二轴测。

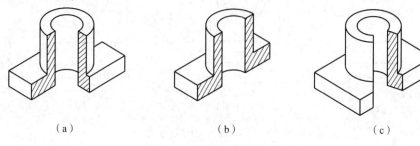

（a）　　　　　　　　（b）　　　　　　　　（c）

图5-26　轴测图的剖切方法

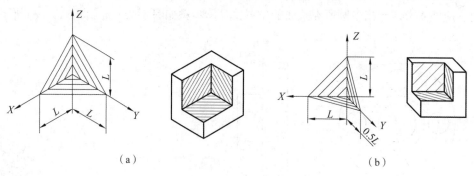

（a）　　　　　　　　　　　　（b）

图5-27　轴测剖视图中剖面线的方向

(a)正等轴测；(b)斜二轴测

5.4.2　轴测剖视图的画法

轴测剖视图一般有以下两种画法。

(1)先把物体完整的轴测外形图画出，然后沿轴测轴方向用剖切平面将它剖开。如图5-28(a)所示的底座，要求画出它的正等轴测剖视图。先画出它的外形轮廓，如图5-28(b)所示，然后沿OX、OY轴向分别画出其剖面形状，并画上剖面线，最后擦去多余的作图线，并将其描深，即完成该底座的轴测剖视图，如图5-28(c)所示。

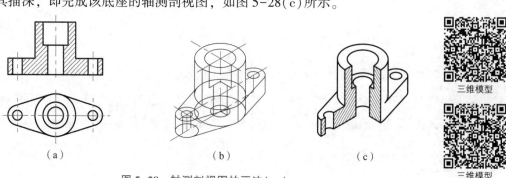

（a）　　　　　　　　（b）　　　　　　　　（c）

三维模型

三维模型

图5-28　轴测剖视图的画法（一）

（2）先画出剖面的轴测投影，然后画出剖面外部看得见的轮廓，这样可减少很多不必要的作图线，使作图更为迅速。如图 5-29（a）所示的端盖，要求画出它的斜二轴测剖视图。由于该端盖的轴线处在正垂线位置，故采用通过该轴线的水平面和侧平面将其左上方剖切掉 1/4。如图 5-29（b）所示，先分别画出水平剖切平面及侧平剖切平面剖切所得剖面的斜二轴测图，用点画线确定前后各表面上各个圆的圆心位置。然后过各圆心作出各表面上未被剖切的 3/4 部分的圆弧，并画上剖面线，最后擦去多余的作图线，并将其描深，即完成该端盖的轴测剖视图，如图 5-29（c）所示。

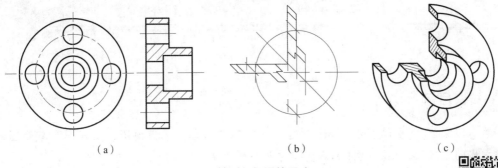

（a）　　　　　　　　　　（b）　　　　　　　　（c）

图 5-29　轴测剖视图的画法（二）

三维模型

第6章
零件的表达方法

知识目标 ▶▶ ▶

熟悉国家标准《机械制图》零件表达方法的基本内容；掌握视图、剖视图、断面图的画法；掌握国家标准《机械制图》的各种规定与简化画法。

能力目标 ▶▶ ▶

能够熟练掌握零件的各种表达方法；能够综合运用合理的表达方法表达零件的结构；具备优化选择零件表达方案的能力。

在工程实践中，为适应不同的功能和用途，零件的结构形状是复杂多样的。为了完整、清晰地表达零件的结构形状，便于看图和画图，需要采用合理的表达方法。为此，在 GB/T 4457.5—2013《机械制图　剖面区域的表示方法》、GB/T 4458.1—2002《机械制图　图样画法　视图》、GB/T 17453—2005《技术制图　图样画法　剖面区域的表示法》、GB/T 16675.1—2012《技术制图　简化表示法　第 1 部分：图样画法》中，规定了零件的各种表达方法。

本章将分别介绍视图、剖视图、断面图、局部放大图和国家标准中的一些规定与简化画法。

6.1 视　图

在机械制图中，将零件向投影面作正投影所得的图形称为视图，主要用来表达零件的外部结构形状。视图通常分为基本视图、向视图、局部视图和斜视图。

6.1.1 基本视图

当零件的外部结构形状在各个方向（上下、左右、前后）都不相同时，三视图通常不能清晰表达其完整结构。因此，必须增加投影面来提高视图数量，从而完整、清晰地表达零件的内外结构特征。

将零件向基本投影面投影所得视图称为基本视图。GB/T 17451—1998《技术制图 图样画法 视图》规定采用正六面体的表面为基本投影面，零件放在其中，如图 6-1 所示。

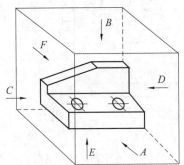

图 6-1 基本投影面及投射方向

规定采用第一分角画法(零件的位置在观察者与投影面之间)，零件向各基本投影面投影得到 6 个基本视图，分别为主视图 (A 向)、俯视图(B 向)、左视图(C 向)、右视图(D 向)、仰视图(E 向)、后视图(F 向)。基本投影面的展开方法如图 6-2 所示。各视图若按照基本视图位置配置时，一律不标注视图的名称。在配置各基本视图时，要注意以下问题。

(1)投影规律。6 个基本视图之间依然遵循"长对正、高平齐、宽相等"的投影规律，即主、俯、仰、后视图长对正，主、左、右、后视图高平齐，俯、仰、左、右视图宽相等。

(2)位置关系。6 个基本视图的配置应反映零件的上下、左右和前后的位置关系，如图 6-3 所示。

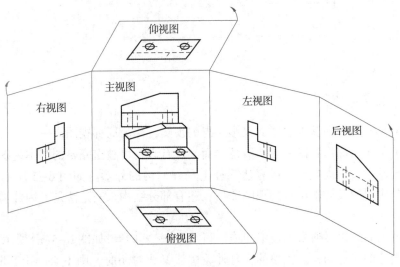

图 6-2 基本投影面的展开方法

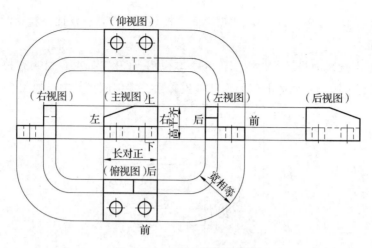

图 6-3　6 个基本视图的配置

6.1.2　向视图

向视图是可以自由配置的基本视图。

在实际设计绘图中，有时为了合理利用图纸幅面，综合考虑图纸布局，基本视图可以不按规定位置布置，但要在向视图上方标注视图的名称（如 *A*、*B*、*C*、…），并在相应视图附近用箭头指明投射方向，并标注相同的字母，如图 6-4 所示。

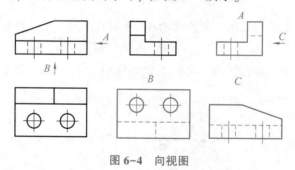

图 6-4　向视图

6.1.3　局部视图

将零件的某一部分向基本投影面投影所得的视图，称为局部视图。

当物体上某一局部形状尚未表达清楚，而又没有必要再画出完整的基本视图时，可将这一部分单独向基本投影面投影，以表达零件上局部结构的外形。如图 6-5 所示是一个压紧杆，当画出其主视图及倾斜结构的视图 *A* 后，还有部分结构未表达清楚，因此需要增加两个局部视图。

局部视图的断裂边界通常用波浪线或双折线绘制，可参考如图 6-5(a) 所示的 *B* 向局部视图。当所表达的局部结构是完整的，且外轮廓线又成封闭时，则不必画出其断裂边界线，可参考如图 6-5(b) 所示的 *C* 向局部视图。

为了看图方便，局部视图应尽量配置在箭头所指的方向，并与原有视图保持投影关系。有时为了合理布图，也可把局部视图放在其他适当位置。画局部视图时，一般在局部视图的上方标出视图的名称(如 A、B、C、…),在相应的视图附近用箭头指明投射方向,并注上同样的字母,可参考如图 6-5(b)所示的 C 向局部视图。当局部视图按投影关系配置,中间又没有其他图形隔开时,可省略标注,可参考如图 6-5(b)所示的俯视图。在实际画图时,用局部视图表达机件可使图形重点突出,清晰明确。

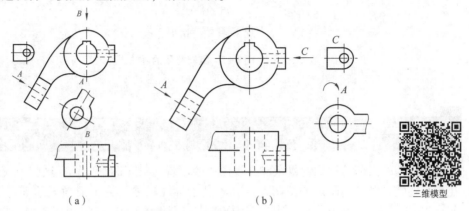

（a）   （b）

图 6-5　压紧杆的局部视图

6.1.4　斜视图

零件向不平行于基本投影面的平面投影所得的视图称为斜视图。

当零件上某一部分的结构形状是倾斜的,且不平行于任何基本投影面时,无法在基本投影面上表达该部分的实形和标注真实尺寸。这时,可选择一个与机件倾斜部分平行,且垂直于一个基本投影面的辅助投影面,将该部分的结构形状向辅助投影面投射,然后将此投影面按投射方向旋转重合到与其垂直的基本投影面上,如图 6-6 所示。

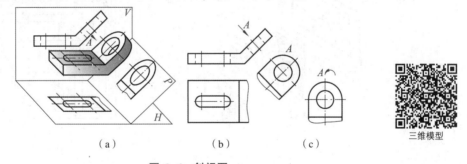

（a）   （b）   （c）

图 6-6　斜视图

斜视图的画法、配置及标注如下。

(1)斜视图仅仅表达零件倾斜部分的结构形状,其余部分省略不画,因此需要用波浪线或双折线将局部结构与整体断开,如图 6-6(a)所示。

(2)斜视图一定要标注。在斜视图的上方用大写拉丁字母标注出视图名称,在相应视图附近用箭头注明投射方向,并注上相同字母,如图 6-6(b)所示。

(3)有时为了合理地利用图纸或画图方便,可将图形旋转,但要画出旋转符号,其箭头方向应与视图旋转方向一致,如图 6-6(c)所示。旋转符号的画法如图 6-7 所示,表示视图名称的大写拉丁字母应靠近旋转符号的箭头端,也允许将旋转角度标注在字母之后。

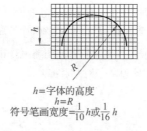

$h=$字体的高度
$h=R$
符号笔画宽度$=\frac{1}{10}h$或$\frac{1}{16}h$

图 6-7　旋转符号的画法

6.2　剖视图

当零件的内部结构比较复杂时，视图中会出现比较多的细虚线，这些虚线通常与实线相互交错重叠，既影响图形的清晰度，又不利于标注尺寸。为了清晰表达零件的内部结构特征，GB/T 17452—1998《技术制图　图样画法　剖视图和断面图》和 GB/T 4458.6—2002《机械制图　图样画法　剖视图和断面图》规定了剖视图的表达方法。

6.2.1　剖视图的画法及标注

1. 剖视图的形成

假想用一个或几个剖切面把零件剖开，将观察者和剖切面之间的部分移去，而将其余部分向投影面投射，并在剖面区域内画上剖面符号，所得的图形称为剖视图，如图 6-8 所示。

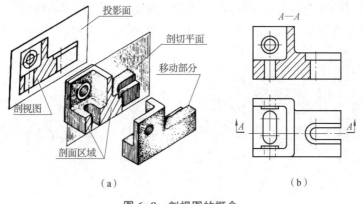

（a）　　　　　　　　　　　（b）

三维模型

图 6-8　剖视图的概念

（a）剖视图的形成；（b）剖视图

2. 剖视图的画法

1）确定剖切平面位置

画剖视图的目的在于清晰地表达零件的内部结构形状。因此，通常让剖切面平行于投影面且尽量通过较多的内部结构（孔或沟槽）的轴或对称中心线，如图 6-8（b）所示。

2）画剖视图方法

剖切平面与零件实体接触的部分称为剖面（也称为断面）。零件的断面轮廓和剖切面后方的可见轮廓线一律用粗实线画出，同时在剖切面内需要画出剖面符号。国家标准《机械制图》中规定了常用材料的剖面符号，如表 6-1 所示。

表 6-1 常用材料的剖面符号

材料	剖面符号	材料		剖面符号	材料	剖面符号
金属材料（已有规定剖面符号者除外）		玻璃及供观察用的其他透明材料			混凝土	
线圈绕组元件		木材	纵剖面		钢筋混凝土	
转子、电枢、变压器和电抗器等的叠钢片			横剖面		砖	
非金属材料（已有规定剖面符号者除外）		木质胶合板（不分层数）			格网（筛网、过滤网等）	
型砂、填砂、粉末冶金、砂轮、陶瓷刀片、硬质合金刀片等		基础周围的泥土			液体	

其中，规定金属材料的剖面符号用与水平方向成 45°且间隔均匀的细实线画出，左右倾斜均可，但同一零件的所有剖面线的倾斜方向和间隔必须一致，如图 6-9（a）所示。特殊情况下，剖面线可以画成与主要轮廓线成 30°或 60°，倾斜方向需与其他剖面线方向一致，如图 6-9（b）所示。

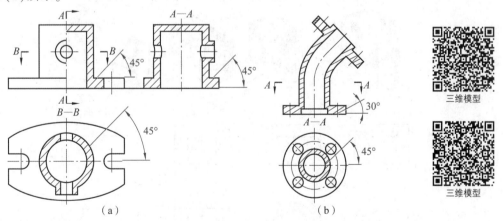

图 6-9　剖面线的画法

3. 剖视图的标注

为了确定剖视图的剖切位置和投射方向，通常需对剖视图进行标注，一般要标注出剖切符号和名称。国家标准规定的剖切符号由粗短画和箭头组成：粗短画（线宽 1~1.5b，长 5~10 mm）表示剖切位置；箭头（与粗短画垂直，且画在粗短画外侧）表示投射方向。在剖视图的正上方用大写拉丁字母以"A—A、B—B、C—C、…"的形式注出名称，同时在剖切符号外侧也要注写相同的字母，如图6-9所示。

当剖视图按投影关系配置，中间又没有其他图形隔开时，可以省略箭头。如果单一剖切平面通过零件的对称或基本对称平面且剖视图按投影关系配置，中间又没有其他图形隔开，此时可以完全省略标注。

4. 画剖视图需要注意的问题

(1)在剖视图中，对于已经表达清楚的内部结构，细虚线可以省略不画。对于尚未表达清楚的结构，在不影响视图表达清晰且又可减少视图数量的前提下，可以画少量的细虚线，如图6-10所示。

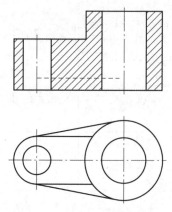

图6-10 剖视图中少量细虚线画法

(2)剖切面是假想的，虽然零件的某个图形画成了剖视图，但零件仍是完整的，因此零件的其他视图仍按完整的零件轮廓绘制。

(3)剖切平面后方的可见轮廓线应全部画出，不能遗漏，也不能多画，如图6-11所示。

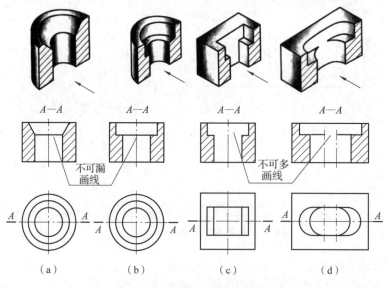

图6-11 剖视图中的可见轮廓线

6.2.2　剖视图种类

按照单一剖切平面剖切零件范围的不同，剖视图可以分为全剖视图、半剖视图和局部剖视图 3 种。

1. 全剖视图

用剖切平面把零件完全剖开后所得的剖视图，称为全剖视图，如图 6-8、图 6-10 所示。全剖视图主要用于表达外形简单、内形复杂的不对称零件。

2. 半剖视图

当零件具有对称或基本对称平面时，在垂直于对称平面的投影面上投影所得图形，以对称中心线为界，一半画成视图，另一半画成剖视图，这样的图形称为半剖视图，如图 6-12 所示。

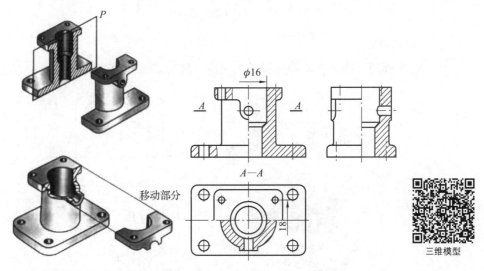

图 6-12　半剖视图

半剖视图主要用于内、外形状均需要表达的对称零件，视图(一半)主要表达外形，剖视图(一半)主要表达内形，这样既兼顾了零件内、外形的表达，又减少了视图的数量。画半剖视图时需要注意以下几点。

(1)在半剖视图中，视图与剖视图的分界线应画成细点画线，如果对称零件视图的轮廓线与半剖视图的分界线重合，则不宜采用半剖视图进行表达，如图 6-13 所示。

(2)半剖视图中，因为剖视图那一半已经表达清楚了内形，所以视图那一半的细虚线就不必画出。标注尺寸时，只在表达了该结构的那一半画出尺寸界线和箭头，尺寸线应略超过中心线，如图 6-12 中的尺寸 18 和 $\phi 16$。

(3)半剖视图的标注与全剖视图的标注规则相同，如图 6-12 所示。

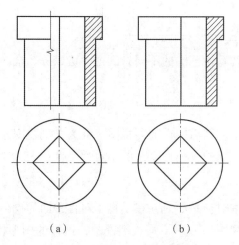

（a）　　　　　（b）

图6-13　不宜采用半剖视图
（a）正确；（b）错误

3. 局部剖视图

用剖切平面局部地剖开零件所得的剖视图，称为局部剖视图，如图6-14所示。

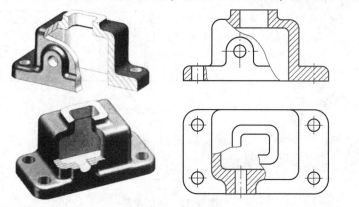

三维模型

图6-14　局部剖视图

局部剖视图重点用于表达零件内部的局部结构，不受结构是否对称的限制。局部剖切的位置及范围的大小，可根据零件的具体结构而定，应用比较灵活。局部剖视图主要用在以下情况。

（1）当零件只有局部的内部结构需要表达，而不宜采用全剖视图时，可采用局部剖视图，如图6-14所示。

（2）在表达纵向剖切的实心杆件，如轴、手柄等，对于局部的内部结构，可采用局部剖视图。

（3）当零件的轮廓线与中心线重合，不宜采用半剖视图时，可采用局部剖视图，如图6-13所示。

局部剖视图比较灵活，若运用恰当，则可使图形简明清晰。但是，一个视图中局部剖的数量不宜过多，否则会使图形过于破碎，不利于看图。画局部剖视图时，零件断裂处的轮廓线用波浪线表示。为了不引起读图的误解，波浪线不能与图形中其他图线重合，也不能超出视图的轮廓线。另外，波浪线不能穿过孔的中空处，也不能画在其他图线的延长线上，如图

6-15 所示。

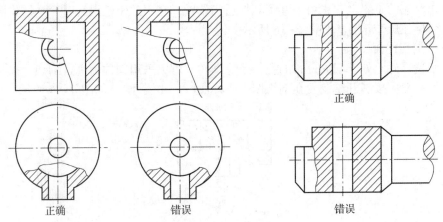

正确　　　　　错误　　　　　错误

正确

图 6-15　局部剖视图波浪线画法示例

6.2.3　剖切面的种类和剖切方法

剖切面是指假想剖切零件的平面或柱面。根据剖切面相对于投影面的位置及剖切面的数量可以进行分类。国家标准中将剖切面分为单一剖切面、几个平行的剖切平面、几个相交的剖切平面。在实际画剖视图时，可根据零件的具体结构灵活地加以选用。

1. 单一剖切面

1）单一平行剖切平面

单一平行剖切平面是平行于基本投影面的单一剖切面，如图 6-8、图 6-10 所示。

2）单一斜剖切平面

单一斜剖切平面是不平行于任何基本投影面的单一剖切面，即投影面的垂直面，用于表达物体倾斜部分的内部结构。用一个与倾斜部分平行，且与某一基本投影面垂直的剖切平面对零件进行剖切，将剖切平面后面的部分向与剖切平面平行的辅助投影面上投影，即可得到该倾斜部分的实形，如图 6-16 所示。

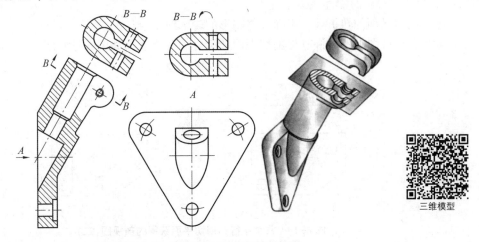

三维模型

图 6-16　单一斜剖切平面获得的剖视图

在标注剖视图名称时，字母一律水平书写。画斜剖视图时，一般按照投影关系配置在与剖切符号相对应的位置上，也可平移到其他适当位置。在不致引起误解时，允许将图形旋转配置，但要标注旋转符号，如图6-16所示。

3）单一剖切柱面

为了表达零件上处于圆周分布的孔、槽等结构，可以采用圆柱面进行剖切。采用柱面进行剖切时，一般应按展开绘制，在剖视图上方标注"A—A展开"，如图6-17所示。

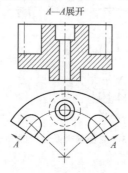

图6-17　单一剖切柱面

2. 几个平行的剖切平面

当零件内部结构复杂，且它们的中心线排列在几个互相平行的平面内时，可用几个互相平行的剖切平面将零件剖开得到其剖视图，称为阶梯剖，如图6-18所示。

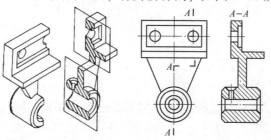

三维模型

图6-18　几个平行的剖切平面获得的剖视图（一）

画阶梯剖视图时需注意以下几点。

（1）剖切平面的转折处，不允许与图形的轮廓线重合。

（2）在剖视图上不允许画出剖切平面转折处的分界线，如图6-19所示。

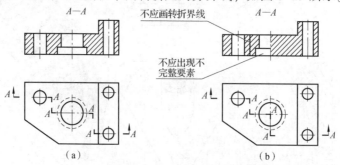

图6-19　几个平行的剖切平面获得的剖视图（二）

（a）正确；（b）错误

（3）在剖视图上不应出现不完整的结构要素，如图6-19(b)所示。但是，当两要素在图形上具有公共对称中心线或轴线时，可以对称中心线或轴线为界各画一半，如图6-20所示。

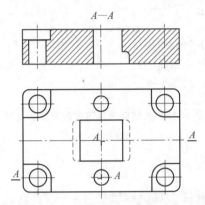

图6-20 几个平行的剖切平面获得的剖视图（三）

3. 几个相交的剖切平面

用两个相交的剖切平面(交线垂直于某一基本投影面)剖开零件，将倾斜结构绕交线旋转到与选定的投影面平行后再投影而得到的剖视图，称为旋转剖视图，如图6-21所示。

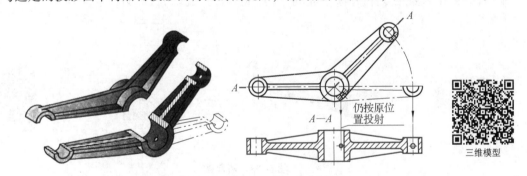

图6-21 旋转剖视图（两个相交的剖切平面）

当物体具有回转轴线并且需要表达倾斜部分的实形时，可以采用旋转剖视图。在画旋转剖视图时，必须进行标注，在剖切平面的起、讫和转折处标出剖切符号表示剖切位置，并注写大写拉丁字母，用箭头标明投射方向，并在剖视图上方标注名称"×—×"。

画旋转剖视图时，需要注意以下问题。

（1）位于剖切平面后，与被剖切结构直接联系并密切相关的特征，或不一起旋转难以表达清楚的结构，按照"先旋转后投影"的原则绘制；与主体结构联系不太紧密的其他结构，一般仍按照原来的位置投影，如图6-21所示。

（2）采用旋转剖时，剖切平面的交线通常垂直于基本投影面。

（3）当剖切后产生不完整要素时，此部分按不剖绘制，如图6-22所示。

（4）旋转剖视图必须进行标注，如图6-22所示。但是，当剖视图按照投影关系配置，中间又无其他图形隔开时，允许省略箭头。

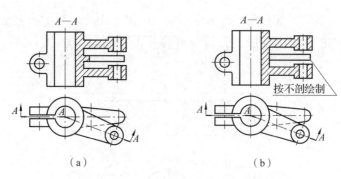

（a） （b）

图6-22 剖切后产生不完整要素的画法
（a）错误；（b）正确

6.3 断面图

6.3.1 断面图的概念

假想用剖切平面将零件的某处切断，仅画出断面的图形称为断面图，如图6-23所示。断面图主要用来表达零件(肋板、轮辐、轴上的键槽和孔等)截断面的结构形状。

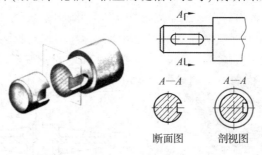

断面图　　剖视图　　　　　　　三维模型

图6-23 断面图

GB/T 17452—1998和GB/T 4458.6—2002中规定采用断面图对零件内部结构进行表达。在断面图中，零件和剖切面接触的部分称为剖切区域，一般需要画上剖面符号。

断面图和剖视图的主要区别如下：

(1)断面图主要表达零件断面的轮廓形状，而剖视图是表达零件内部整体的轮廓形状；

(2)断面图仅仅画出零件断面形状的图形，而剖视图不仅要画出断面部分图形，还需画出剖切面之后的可见轮廓线，如图6-23(b)所示。

6.3.2 断面图的种类及画法

根据断面图配置位置不同，可分为移出断面图和重合断面图两种。

1. 移出断面图

画在视图之外的断面图称为移出断面图，如图6-24所示。

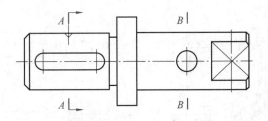

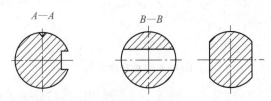

图 6-24　移出断面图

（1）移出断面图的轮廓线用粗实线绘制，并尽量配置在剖切平面的延长线上，必要时也可以配置在其他适当位置，如图 6-24 所示。

（2）当剖切平面通过由回转面形成的孔或凹坑的轴线时，这些结构按照剖视图绘制，如图 6-24 中移出断面图 A—A 所示。

（3）当剖切平面通过非圆孔，导致出现两个完全分离的断面时，则这些结构也应该按照剖视图绘制，如图 6-25 所示。

（4）当断面图图形对称时，可将移出断面图画在视图中断处，如图 6-26 所示。

（5）标注移出断面图，通常用剖切符号表示剖切位置，箭头表示投射方向，并注写字母，在断面图上方注出相应的名称"X—X"，如图 6-24 中的"A—A"。

通常情况下，移出断面图的剖切位置和标注要严格遵守国家标准的规定。在不产生分歧的情况下，移出断面图允许省略剖切符号。

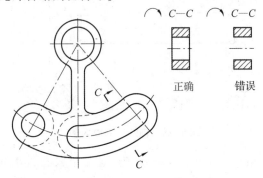

图 6-25　移出断面图按照剖视图绘制

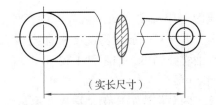

图 6-26　移出断面图画在视图中断处

2. 重合断面图

画在视图之内的断面图称为重合断面图，如图 6-27 所示。

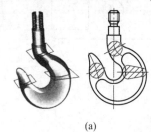
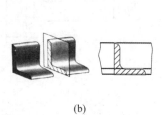

三维模型　　　　　　　　　　　(a)　　　　　　　　　(b)　　　　　　　　　三维模型

图 6-27　重合断面图

（1）重合断面图的轮廓线用细实线绘制，当与视图中的轮廓线重叠时，视图中的轮廓线仍应连续画出，不可间断。

（2）画重合断面图时，可省略标注，如图 6-27(a)所示。

6.4　局部放大图及简化画法

6.4.1　局部放大图

零件按照一定比例绘制视图后，如果其中一些细微结构尚未表达清晰，或者标注尺寸和注写技术要求有困难，可将该细微结构用大于原图形所采用的比例单独画出，这种图形称为局部放大图，如图 6-28 中轴上的退刀槽和挡圈。

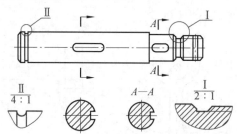

图 6-28　轴的局部放大图

局部放大图可以画成视图、剖视图或断面图，它与被放大部分的表达方法无关。局部放大图应尽量配置在被放大部位的附近。必要时，允许采用几个视图来表达同一个被放大部分的结构。

画局部放大图时，应在原图上用细实线圈出被放大的部位。如果图上有几处放大部位时，要用罗马数字按顺序标出，并在局部放大图的上方标出相应的罗马数字和采用的比例。罗马数字与比例之间的横线用细实线画出。当零件上仅有一个需要放大的部位时，在局部放大图上方只需标注采用的比例即可。

应特别注意的是，局部放大图上标注的比例是指该图形与零件的实际大小之比，而不是与原图形的大小之比。

6.4.2 规定和简化画法

1. 相同结构的简化画法

当零件上具有若干相同结构(如齿、槽等),并按一定规律分布时,只需画出几个完整的结构,其余用细实线连接,但在零件图中必须注明该结构的总数,如图 6-29 所示。

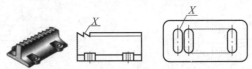

图 6-29 零件相同结构的简化画法(一)

若干直径相同且按照一定规律分布的孔,可仅画出一个或几个,其余孔用细实线表示其中心位置,在标注尺寸时,注明孔的总数,如图 6-30 所示。

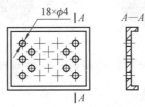

图 6-30 零件相同结构的简化画法(二)

2. 肋板、轮辐的规定画法

零件上的肋板、轮辐等结构,若沿其纵向剖切时,不用画剖面符号,而用粗实线将其与邻接部分分开,如图 6-31 所示。

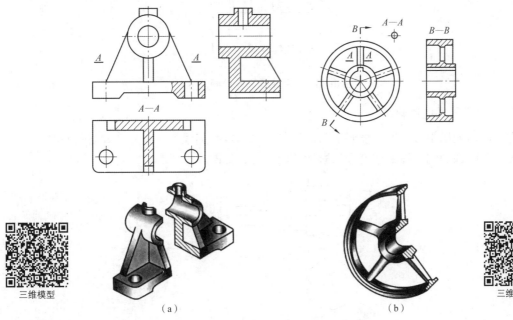

三维模型

(a)

(b)

三维模型

图 6-31 肋板、轮辐等结构的剖切画法

　　零件上均匀分布的肋、轮辐、孔等结构，当其不处在剖切平面上时，可将这些结构旋转到剖切平面上画出，如图6-32所示。

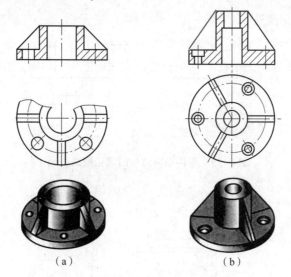

三维模型　　　　　（a）　　　　　　　（b）　　　　　三维模型

图 6-32　肋板、轮辐等结构的旋转画法

3. 圆柱形法兰上均布孔的画法

　　圆柱形法兰和类似零件上均匀的孔，可由零件外向该法兰端面方向投射画出，如图6-33所示。

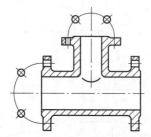

图 6-33　法兰上均布孔的画法

4. 移出断面图的简化画法

　　在移出断面图中，一般需要画出断面符号。当不致引起误解时，允许省略断面符号，但剖切位置和断面图的标注必须遵守国家标准的规定，如图6-34所示。

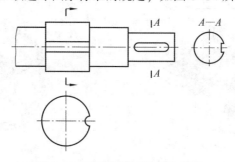

图 6-34　移出断面图的简化画法

5. 对称视图的简化画法

对称零件的视图允许只画一半或 1/4，并在对称中心线的两端画两条与其垂直的平行细实线，如图 6-35 所示。

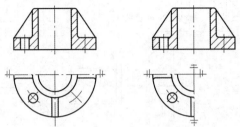

图 6-35　对称视图的简化画法

零件上对称结构的局部视图，可按照图 6-36 所示的方法绘制。

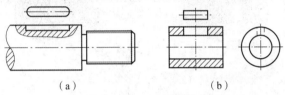

（a）　　　　　　　　　　（b）

图 6-36　对称局部视图的画法

6. 交线投影的简化画法

零件上较小结构所产生的交线，如在一个图形中已表达清楚，其他图形可以简化或省略，如图 6-37(a) 所示。零件上斜度不大的结构，其投影可按小端画出，如图 6-37(b) 所示。

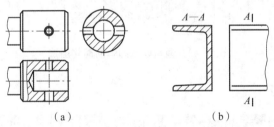

（a）　　　　　　　　　　（b）

图 6-37　交线投影的简化画法

7. 较长零件的断开画法

较长的零件，如轴、杆等，沿长度方向形状一致或按照一定规律变化时，可将零件断开后缩短绘制，但仍按结构的实际长度标注尺寸，如图 6-38 所示。

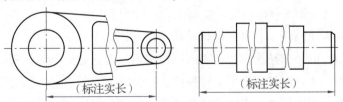

图 6-38　较长零件的断开画法

8. 其他简化画法

零件上的滚花部分，可在轮廓线附近用细实线示意画出一部分，并在零件图上注明其具体要求，如图 6-39 所示。

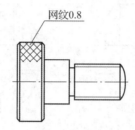

图 6-39　零件上滚花的简化画法

与投影面倾斜角度小于或等于 30° 的圆或圆弧，其投影可用圆或圆弧代替，如图 6-40 所示。

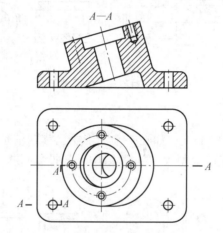

图 6-40　倾斜圆或圆弧的简化画法

6.5　表达方法综合应用

在绘制零件图时，通常需要根据零件的结构形状，选择合理的表达方法，确保完整、正确、清晰、简便地表达零件。同时，还要考虑尺寸标注的问题，便于画图和看图。下面举例说明表达方法的综合应用。

例 6-1　综合确定图 6-41（a）所示支架的表达方案。

分析： 如图 6-41（b）所示，经过形体分析，确定用 4 个视图进行表达。主视图确定工作位置，用以表达零件的外部结构形状；局部剖视图用来表达圆筒上大孔和斜板上小孔的内部形状；局部视图用来表达圆筒与十字支撑板的连接关系；为了表达十字支撑板的形状，采用了一个移出断面图；为了反映斜板的实形和 4 个小孔的分布情况，采用了一个旋转配置的斜视图。

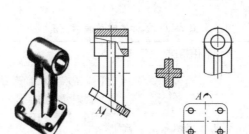

三维模型

图 6-41 支架的表达方案

（a）支架模型；（b）表达方案

例 6-2 综合确定图 6-42（a）所示四通接头的表达方案。

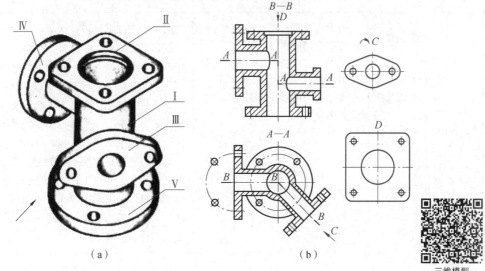

三维模型

图 6-42 四通接头的表达方案

（a）四通接头模型；（b）表达方案

分析：四通接头的主体部分是轴线铅垂的四通管体 I，它的顶部和底部分别为正方形凸缘 II 和圆形凸缘 V，左上部有一圆形凸缘 IV，右前部有一腰形凸缘 III，各凸缘上均有与主体 I 相通的光孔。

综合考虑表达方案时，主视图按照工作位置确定，并按图 6-42（a）箭头所示方向作为主视图的投射方向。因为四通接头的内部结构复杂，并且不对称，因而主视图采用阶梯剖，俯视图采用旋转剖进行表达。右前部凸缘的形状用斜视图表达，如图 6-42（b）中 C 向旋转视图所示。上方的方形凸缘形状和四角孔的分布情况，用图 6-42（b）中 D 向局部视图表达。左部凸缘形状和连接孔的分布，采用图 6-42（b）的俯视图中左侧的简化画法表示。

零件的表达方法有很多，常用表达方法如表 6-2 所示。

表6-2　零件的常用表达方法

分类		适用情况	注意事项
视图	基本视图	用于表达零件的外形	按规定位置配置各视图时，不加任何标注，否则要标注
	向视图	在6个基本视图布图基础上的灵活应用	—
	局部视图	用于表达零件的局部的外形	—
	斜视图	用于表达零件倾斜部分的外形	用字母和箭头表示要表达的部位和投射方向，在所画的局部视图或斜视图的上方中间用相同的字母写上名称"×"
剖视图	全剖视图	用于表达零件的整个内形(剖切面完全切开机件)	用平行于基本投影面的单一平面剖切、用几个剖切平面剖切(旋转剖、阶梯剖、复合剖)、用不平行于基本投影面的单一剖切平面剖切(斜剖)等剖切方法，都可用这3种剖视图表示　除单一剖切平面通过零件的对称面或剖切位置明显，且中间又无其他图形隔开时，可省略标注外，其余剖切方法都必须标注　标注方式为在剖切平面的起、讫、转折处画出剖切符号，并注上同一个字母，在起、讫处的剖切符号外则画出箭头表示投射方向。在所画的剖视图的上方中间位置用相同的字母标注出其名称"×—×"
	半剖视图	用于表达具有对称或接近对称的外形与内形的零件(以中心线分界)	
	局部视图	用于表达零件的局部内形和保留机件的局部外形(局部地剖切)	
断面图	移出剖面(用粗实线表示)	用于表达零件局部结构的断面形状	如果画在剖切位置的延长线上：剖面为对称，不标注；剖面不对称，画剖切符号、箭头　如果画在其他地方：剖面为对称，画剖切符号、注字母；剖面不对称，画剖切符号、箭头、注字母
	复合剖(用细实线表示)	用于表达零件局部结构的断面形状，且不影响图形清晰的情况	同画在剖切位置的延长线上的移出断面

6.6　第三角投影简介

目前世界各国的工程图样有两种画法：第一角画法和第三角画法。我国国家标准技术图样采用正投影法，并优先采用第一角画法，而美国、日本等国家主要采用第三角画法。为便于国际贸易和技术交流，GB/T 14692—2008《技术制图　投影法》规定，必要时(如按合同规定等)允许使用第三角画法。下面对第三角画法作一个简单介绍。

　　V、H 两个投影面把空间划分为 4 个部分,每一部分称为一个分角。如图 6-43 所示,H 面的上半部分和 V 面的前半部分之间是第一分角。H 面的下半部分和 V 面的后半部分之间是第三分角,其余为第二、四分角。

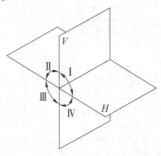

图 6-43　第一、二、三、四分角

　　第一角画法是按照"观察者-物体-投影面"的相对位置关系作正投影,若将物体放在第三分角,则是按照"观察者-投影面-物体"的相对位置作正投影,获得视图,如图 6-44 所示。

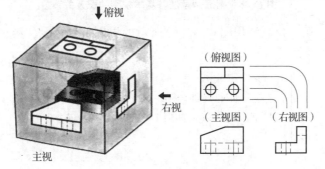

图 6-44　第三角画法的三视图

　　第三角画法是把投影面看成透明的平面,得到物体投影后,观察者用平行的视线在透明平面上观察物体得到视图。第三角画法投影面展开方式如图 6-45 所示。

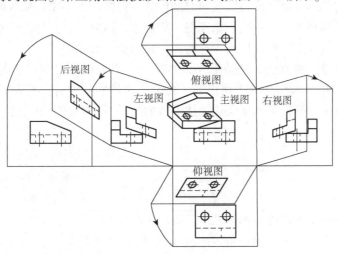

图 6-45　第三角画法投影面展开方式

第三角投影也是用正六面体的6个面作为基本投影面，得到6个基本视图，展开后各基本视图的配置关系如图6-46所示。其右视图位于主视图的右侧，俯视图位于主视图的正上方，而左视图位于主视图的左方，仰视图位于主视图的下方，后视图位于右视图的右方。

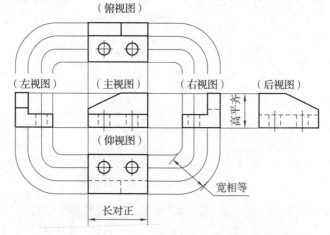

图6-46　第三角画法各基本视图的配置关系

国家标准规定，第一角画法用图6-47(a)所示的识别符号表示，第三角画法用图6-47(b)所示的识别符号表示。

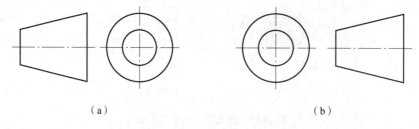

（a）　　　　　　　　　　　　（b）

图6-47　不同分角画法的识别符号

(a)第一角画法识别符号；(b)第三角画法识别符号

第三角画法与第一角画法的投影规律相同，其主视图配置一样，其他视图的配置一一对应相反。俯视图、仰视图、右视图、左视图，靠近主视图的一边，均表示零件的前面；而远离主视图的一边，均表示零件的后面，这与第一角画法正好相反。

我国优先采用第一角画法，无须标注识别符号。当采用第三角画法时，必须在图样中(标题栏附近)画出第三角画法的识别符号。在表达零件的结构时，首先需要根据结构特点选择合理的表达方案，在完整清晰表达物体形状的前提下，力求绘图简便。

第7章
标准件和常用件

　　掌握螺纹的规定画法和标注方法；掌握常用螺纹紧固件的画法及装配画法；掌握直齿圆柱齿轮及其啮合的规定画法；熟悉键、销、滚动轴承、弹簧的画法。

能力目标 ▶▶ ▶

　　能够识读、选择常用的标准件；能够掌握螺纹紧固件的连接画法；具备选择不同型号和规格标准件的能力。

　　机器或者部件都是由若干个零件组成的。其中，结构、尺寸和技术要求等全部进行了标准化的零件称为标准件，如螺栓、螺柱、螺钉、螺母、垫圈、键、销、滚动轴承等；而只有部分结构和参数进行了标准化的零件称为常用件，如齿轮、弹簧等。

　　本章将主要介绍螺纹、螺纹紧固件、键和销、滚动轴承、齿轮、弹簧等的规定画法、代号及标注，为绘制和阅读机械图样打下基础。标准件和常用件一般由标准件厂进行批量生产，使用时按照相应的规格和型号选用或更换。

7.1 螺 纹

7.1.1 螺纹的形成和结构

1. 螺纹的形成

　　螺纹是零件上常见的一种结构，可看成是由平面图形(三角形、梯形、锯齿形等)绕着和它共面的轴线做螺旋运动的轨迹，按其所处位置可分为外螺纹和内螺纹两种。在圆柱或圆锥外表面上加工形成的螺纹称为外螺纹，如螺栓、管接头外表面的螺纹；在圆柱或圆锥内表面上加工形成的螺纹称为内螺纹，如螺母内表面的螺纹等。

　　螺纹的加工方法很多。图7-1为在车床上加工螺纹的方法：夹持在车床卡盘上的工件做等角速度旋转，车刀沿轴线方向做匀速直线移动，当刀尖切入工件达一定深度时，就在工件表面车削出螺纹。

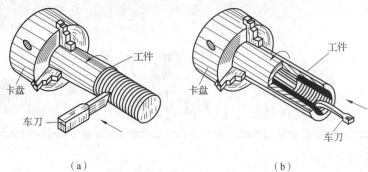

（a）　　　　　　　　　　　（b）

图7-1　在车床上加工螺纹的方法

（a）车外螺纹；（b）车内螺纹

除车削螺纹的加工方法之外，还有碾搓机碾制螺纹、板牙套制螺纹和丝锥攻制螺纹等，如图7-2所示。

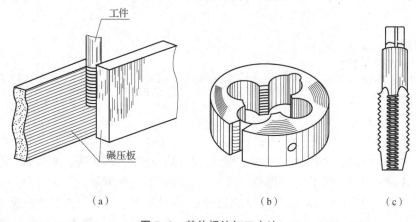

（a）　　　　　　　　　　　（b）　　　　　　　　　（c）

图7-2　其他螺纹加工方法

（a）碾搓机碾制螺纹；（b）板牙套制螺纹；（c）丝锥攻制螺纹

2. 螺纹的结构

1）倒角或倒圆

螺纹的表面可分为凸起和沟槽两部分。凸起部分的顶端称为牙顶，沟槽部分的底部称为牙底。为了装配方便，同时保护螺纹的端部结构，通常需在螺纹起始处加工出倒角或者倒圆，如图7-3所示。

三维模型

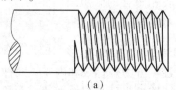

（a）

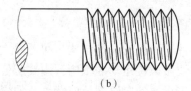

（b）

三维模型

图7-3　螺纹端部结构

（a）倒角；（b）倒圆

2）螺尾和退刀槽

加工螺纹时，为便于退刀，通常会在螺纹收尾处形成一段不完整的螺纹，称为螺尾。螺尾只在需要时按照与轴线成30°角画出，不需要标注。为避免产生螺尾，可预先在工件上加工出比螺纹稍深的槽，以方便退刀，称为退刀槽，如图7-4所示。

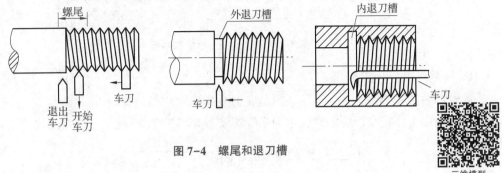

图 7-4　螺尾和退刀槽

三维模型

3）不通螺孔

在不通螺孔的底部，钻孔深度要大于螺纹深度，锥坑的角度为120°。

7.1.2　螺纹的基本要素

螺纹的基本要素主要包括牙型、直径、线数、旋向、螺距和导程。

1. 牙型

螺纹牙型是指在通过螺纹轴线的剖面上螺纹的轮廓形状。常见的牙型有三角形、梯形、矩形、锯齿形、方形等，部分螺纹牙型如图7-5所示。不同牙型的螺纹有不同用途，如三角形螺纹用于连接，梯形螺纹用于传动等。

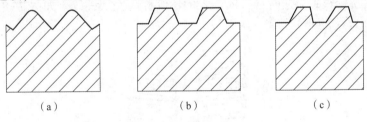

（a）　　　　　　　（b）　　　　　　　（c）

图 7-5　部分螺纹牙型
（a）三角形；（b）梯形；（c）锯齿形

2. 直径

螺纹的直径分大径（d、D）、小径（d_1、D_1）和中径（d_2、D_2）3种，如图7-6所示。

（1）大径：指一个与外螺纹牙顶或内螺纹牙底相重合的假想圆柱体的直径。大径又称为公称直径。外螺纹的大径用小写字母 d 表示，内螺纹的大径用大写字母 D 表示。

（2）小径：指一个与外螺纹的牙底或内螺纹的牙顶相重合的假想圆柱体的直径。外螺纹的小径用小写字母 d_1 表示，内螺纹的小径用大写字母 D_1 表示。

（3）中径：是一个假想圆柱体的直径，该圆柱体的母线通过牙型上牙底和牙顶之间相等的位置，该假想圆柱体的直径，称为中径。外螺纹的中径用小写字母 d_2 表示，内螺纹的中径用大写字母 D_2 表示。

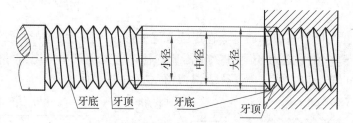

图7-6　螺纹大径、小径和中径

3. 线数

螺纹有单线和多线之分。沿一条螺旋线形成的螺纹称单线螺纹，如图7-7(a)所示；沿两条或两条以上螺旋线形成的螺纹称为多线螺纹，如图7-7(b)所示。线数的代号用n表示。

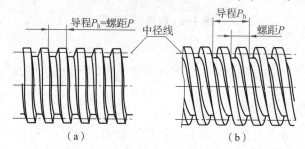

三维模型　　　　　　　　（a）　　　　　　　　　（b）　　　　　　　　三维模型

图7-7　螺纹的线数、螺距和导程

4. 旋向

内、外螺纹旋合时的旋转方向称为旋向。螺纹旋向有左旋和右旋之分，沿顺时针方向旋入的螺纹称为右旋螺纹；沿逆时针方向旋入的螺纹称为左旋螺纹，如图7-8所示。实际中的螺纹绝大部分为右旋螺纹。

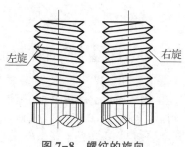

三维模型

图7-8　螺纹的旋向

5. 螺距和导程

(1)螺距：相邻两牙在中径线上对应点之间的轴向距离称为螺距，用大写字母P表示。

(2)导程：同一条螺旋线上某一点沿螺旋线中径旋转一周，沿轴向移动的距离称为导程，用大写字母P_h表示。

螺距、导程和线数之间的关系是：$P=P_h/n$。对于单线螺纹，则$P=P_h$。

当内、外螺纹配合使用时，只有上述5个要素完全相同时才能正确旋合使用。

凡螺纹牙型、大径和螺距符合标准的称为标准螺纹；螺纹牙型符合标准，而大径、螺距不符合标准的称为特殊螺纹。若螺纹牙型不符合标准，则称为非标准螺纹。

7.1.3 螺纹的种类

螺纹按其用途可分为两大类：连接螺纹和传动螺纹。起连接作用的螺纹称为连接螺纹，起传递动力作用的螺纹称为传动螺纹。表 7-1 为常见标准螺纹的种类及用途。

表 7-1 常见标准螺纹的种类及用途

螺纹种类			特征代号	外形	用途
连接螺纹	普通螺纹	粗牙	M	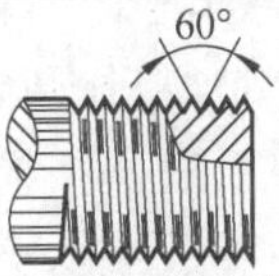	用于一般零件连接
		细牙			用于精密零件，薄壁零件或负荷大的零件连接
	管螺纹	非螺纹密封的管螺纹	G	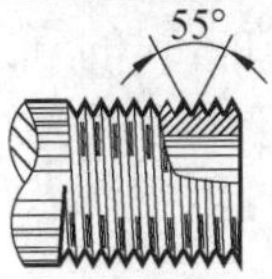	用于非螺纹密封的低压管路的连接
		用螺纹密封的管螺纹 圆锥外螺纹	R	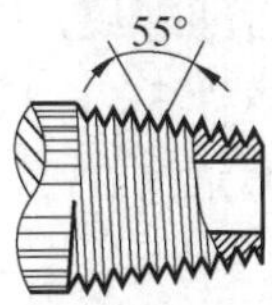	常用于压力在 1.57 MPa 以下的螺纹密封的中高压管路的连接，如日常生活中用的水管、煤气管等
		圆锥内螺纹	Rc	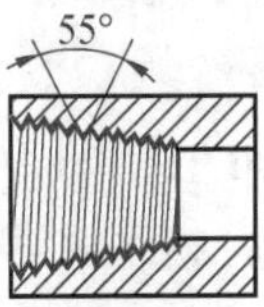	
		圆柱内螺纹	Rp	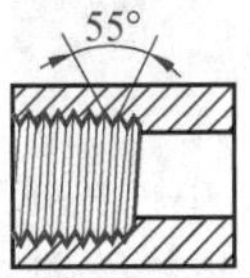	
		60°密封管螺纹	NPT	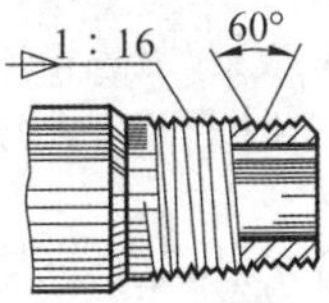	常用于汽车、航空、机床行业的中、高压液压、气压系统中
传动螺纹	梯形螺纹		Tr	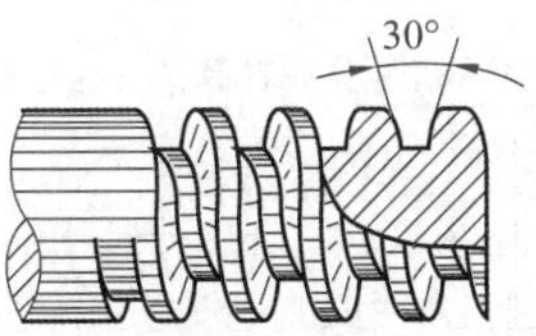	可双向传递运动和动力，用于各种机床的丝杠
	锯齿形螺纹		B	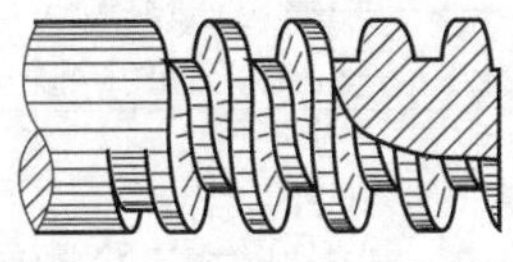	只能传递单向动力

1. 连接螺纹

常见的连接螺纹有普通螺纹和管螺纹两种，其中普通螺纹又分为粗牙普通螺纹和细牙普通螺纹,代号为M,牙型为三角形,牙型角为60°。同一公称直径的普通螺纹,一般有几种螺距,螺距较大的一种称为粗牙普通螺纹,其余称细牙普通螺纹。粗牙不需标注螺距,细牙的螺距比粗牙的螺距小,必须标注螺距,主要用于精密零件和薄壁零件上。

管螺纹主要用于各种管路的连接,分为螺纹密封的管螺纹和非螺纹密封的管螺纹。螺纹密封的管螺纹,其种类代号有3种:圆锥内螺纹(锥度1:16),代号为Rc;圆柱内螺纹,代号为Rp;圆锥外螺纹,代号为R。这种螺纹可以是圆锥内螺纹与圆锥外螺纹相连接,其内、外螺纹旋合后有密封能力,常用于压力在1.57 MPa以下的管道,如日常生活中用的水管、煤气管、润滑油管等。还有60°密封圆锥管螺纹,这种螺纹牙型为三角形,牙型角为60°,螺纹种类代号为NPT,常用于汽车、航空、机床行业的中、高压液压、气压系统中。

非螺纹密封的管螺纹代号为G,其内、外螺纹均为圆柱螺纹,内、外螺纹旋合后本身无密封能力,常用于电线管等不需要密封的管路系统中的连接。非螺纹密封管螺纹如另加密封结构后,密封性能很可靠,可用于具有很高压力的管路系统。

2. 传动螺纹

传动螺纹包括梯形螺纹和锯齿形螺纹,主要用于传递运动或动力。梯形螺纹为常用的传动螺纹,牙型为等腰梯形,牙型角为30°,代号为Tr,能传递双向动力,如机床丝杠。锯齿形螺纹的牙型为不等腰梯形,牙型角为33°,代号为B,只能传递单向动力,如螺旋压力机的传动丝杠等。

7.1.4　螺纹的规定画法

螺纹是由空间曲面构成的,其真实投影绘制十分烦琐,在加工制造时也无须画出它的真实投影,因而GB/T 4459.1—1995《机械制图　螺纹及螺纹紧固件表示法》中规定了螺纹的简化画法。

1. 外螺纹的画法

外螺纹的大径用粗实线表示,小径用细实线表示,螺纹终止线画粗实线。小径在倒角或倒圆部分也应画出。小径通常画成大径的0.85倍。当螺纹直径较大时,小径可取稍大于0.85倍大径的数值绘制。在螺纹投影为圆的视图中,大径用粗实线画出,表示牙底的细实线圆只画出约3/4圈,轴或孔上的倒角圆省略不画。外螺纹的规定画法如图7-9(a)所示,图7-9(b)为剖切画法。

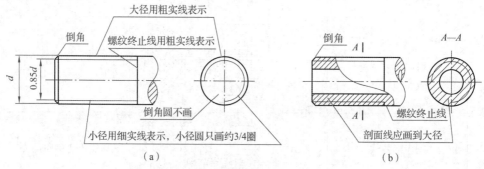

图7-9　外螺纹的画法

(a)规定画法;(b)剖切画法

2. 内螺纹的画法

如图 7-10 所示，内螺纹一般画成剖视图。小径画成粗实线，大径画成细实线，剖面线画到粗实线截止。在投影为圆的视图上，小径画成粗实线圆，大径画成约 3/4 圈的细实线圆，倒角圆省略不画，如图 7-10(a) 所示。对于不穿通的螺孔(也称盲孔)，钻孔深度比螺孔深度大 0.5D，锥尖角画成 120°，如图 7-10(b) 所示。

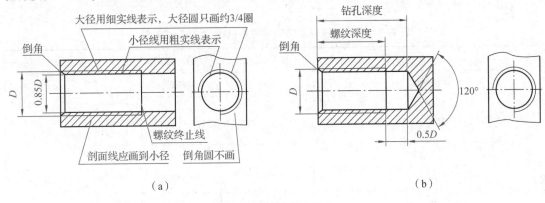

（a）　　　　　　　　　　　　　　　　（b）

图 7-10　内螺纹的画法

（a）通孔；（b）盲孔

3. 螺纹连接的画法

螺纹要素全部相同，内、外螺纹才能正确旋合。用剖视图表示内、外螺纹的连接时，旋合部分应按外螺纹的画法绘制，未旋合部分仍按各自的画法表示，如图 7-11 所示。

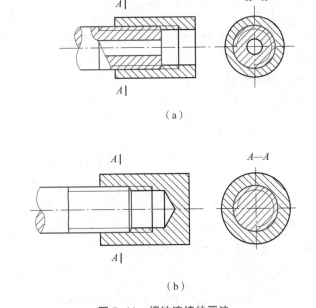

（a）

（b）

图 7-11　螺纹连接的画法

（a）通孔螺纹连接的画法；（b）盲孔螺纹连接的画法

必须注意，因为只有牙型、直径、线数、螺距及旋向等结构要素都相同的螺纹才能正确旋合在一起，所以在剖视图上，表示大、小径的粗实线和细实线应分别对齐。

7.1.5 螺纹的标记

螺纹采用统一规定的画法后，为了便于识别螺纹的种类及其要素，对螺纹标记必须按国家标准规定格式在图上进行标注。螺纹标记的标注方法分标准螺纹和非标准螺纹两种，下面分别进行说明。对于标准螺纹的标记，GB/T 197—2018《普通螺纹　公差》规定了相应的符号，如表7-2所示。

表7-2　常用标准螺纹的规定符号（GB/T 197—2018）

螺纹种类		种类代号	标记示例	说明
普通螺纹		M	M10-5g6g-S	标记含义见表7-3。G1″表示英制螺纹（1″ = 25.4 mm），未示例者一般不常用
小螺纹		S		
梯形螺纹		Tr	Tr40×7-7e	
锯齿形螺纹		B		
米制螺纹		ZM	ZM10	
608 密封管螺纹		NPT	NPT3/4	
558 非密封性管螺纹		G	G1″、G1/2″	
558 密封管螺纹	圆锥外螺纹	R		
	圆锥内螺纹	Rc	Rc1/2	
	圆柱内螺纹	Rp	Rp1/2	
自攻螺钉用螺纹		ST		
自攻锁紧螺钉用螺纹		M		

1. 普通螺纹的标记

单线时，普通螺纹的一般标记格式为：

$\boxed{\text{螺纹种类代号}}\ \boxed{\text{螺纹大径}}×\boxed{\text{螺距}}-\boxed{\text{螺纹公差带代号}}-\boxed{\text{旋合长度代号}}\ \boxed{\text{旋向}}$

多线时，普通螺纹的一般标记格式为：

$\boxed{\text{螺纹种类代号}}\ \boxed{\text{螺纹大径}}×\boxed{\text{导程}}\ \boxed{\text{P(螺距)}}-\boxed{\text{螺纹公差带代号}}-\boxed{\text{旋合长度代号}}\ \boxed{\text{旋向}}$

（1）螺纹公差带代号。普通螺纹的标记必须标注螺纹的公差带代号，它由用数字表示的螺纹公差等级和用拉丁字母（大写字母代表内螺纹、小写字母代表外螺纹）表示的基本偏差代号组成。公差等级在前，基本偏差代号在后，说明螺纹允许的尺寸公差（分为中径公差和顶径公差两种，如果中径、顶径公差相同，则只标注一个）。

（2）旋合长度代号。旋合长度是指两个相互旋合的螺纹，沿螺纹轴线长度方向旋合部分的长度。螺纹的旋合长度分为短、中、长 3 组，分别用 S、N、L（即 Short、Nomal、Long 的第一个字母）表示。一般情况下，可不加标注，按中等旋合长度考虑。

表7-3为常用标准螺纹的标记示例。

表 7-3　常用标准螺纹的标记示例

螺纹类别		标记示例	标记含义
普通螺纹 M	粗牙	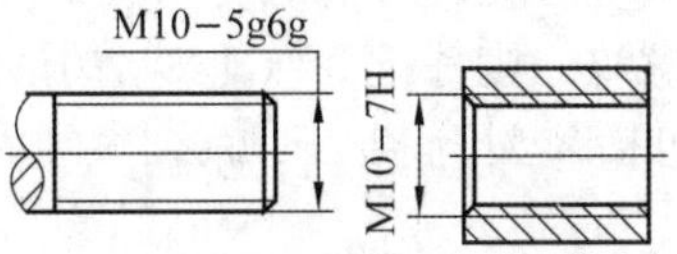 M10-5g6g　M10-7H	普通螺纹，公称直径为 10 mm，粗牙，右旋；外螺纹中径公差带代号为 5g，顶径公差带代号为 6g；内螺纹中径和顶径公差带代号都是 7H；中等旋合长度
	细牙	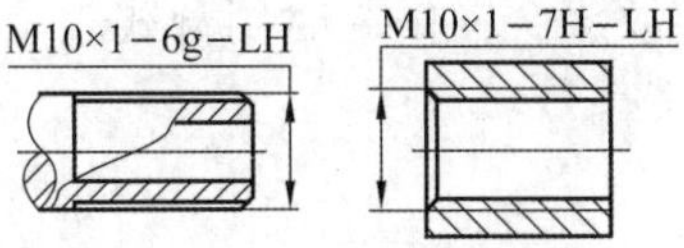 M10×1-6g-LH　M10×1-7H-LH	普通螺纹，公称直径为 10 mm，细牙，螺距为 1 mm，左旋；外螺纹中径和顶径公差带代号为 6g；内螺纹中径和顶径公差带代号为 7H；中等旋合长度
梯形螺纹 Tr		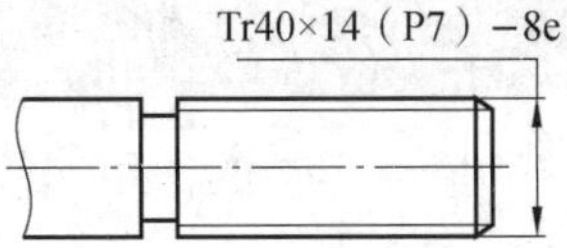 Tr40×14（P7）-8e	梯形螺纹，公称直径为 40 mm，导程为 14 mm，螺距为 7 mm，右旋；中径公差带代号为 8e，中等旋合长度
锯齿形螺纹 B		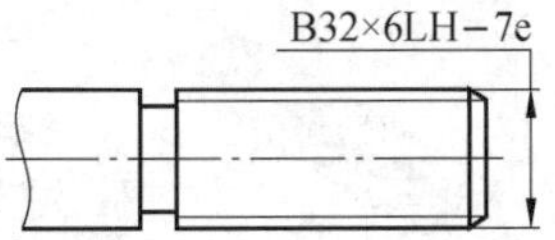 B32×6LH-7e	锯齿形螺纹，公称直径为 32 mm，单线，螺距为 6 mm，左旋；中径公差带代号为 7e，中等旋合长度
管螺纹	55°非密封管螺纹 G	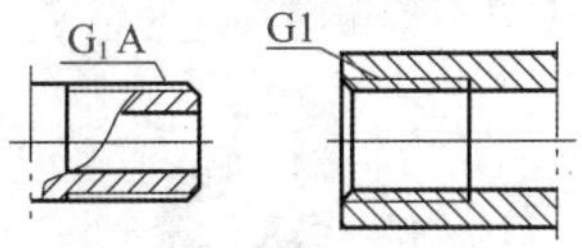 G_1 A　G1	55°非密封管螺纹，尺寸代号为 1，右旋，外螺纹公差等级为 A 级
	55°密封管螺纹	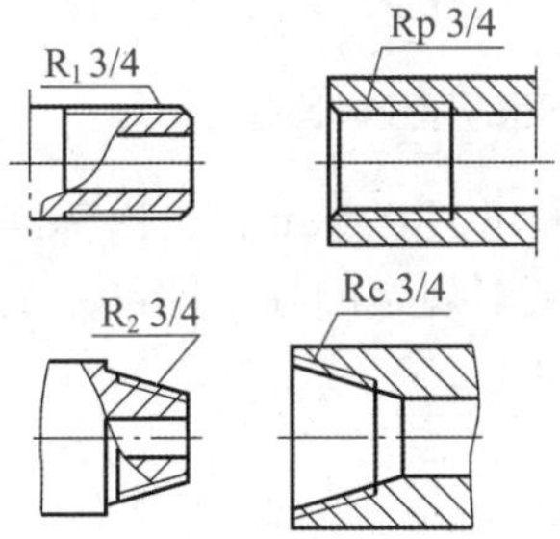 R_1 3/4　Rp 3/4　R_2 3/4　Rc 3/4	55°密封管螺纹，尺寸代号为 3/4，右旋，其中： R_1 表示与圆柱内螺纹相配合的圆锥外螺纹； R_2 表示与圆锥内螺纹相配合的圆锥外螺纹； Rc 表示圆锥内螺纹； Rp 表示圆柱内螺纹
矩形螺纹（非标准螺纹）		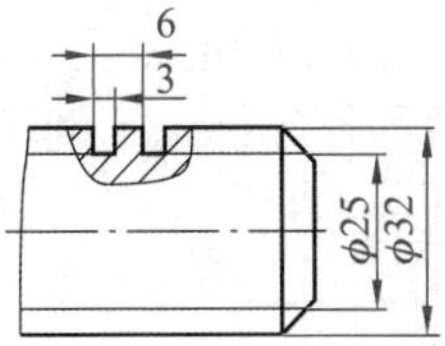 注法一 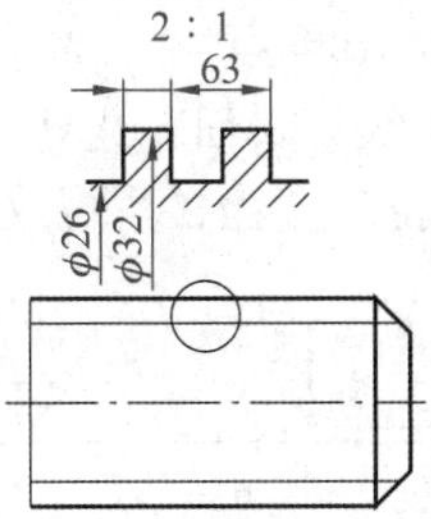　注法二	矩形螺纹，单线，右旋，螺纹尺寸如左图所示

2. 管螺纹与梯形螺纹的标记

管螺纹的标记应标注出螺纹符号、尺寸代号和公差等级。必须注意,管螺纹必须采用指引线标注,指引线从大径线引出。公差等级代号为:外螺纹分 A、B 两级标记,内螺纹则不标记(见表 7-2 的示例)。若为英制 55°管螺纹,则标记为"G1/2""的形式。

梯形螺纹的标记应标注:螺纹代号(包括牙型符号 Tr、螺纹大径和螺距等)、旋向、公差带代号及旋合长度。

对于非标准螺纹的标记,需要画出牙型并标注全部尺寸。特殊螺纹则应在普通螺纹代号前加写"特"字,如"特 M22×2"。内、外螺纹旋合在一起时用分式表示,其中分子表示内螺纹的公差带代号,分母表示外螺纹的公差带代号。

7.2　螺纹紧固件

螺纹紧固件主要通过螺纹的旋合起到连接和紧固零件的作用,常用的螺纹紧固件主要有螺栓、螺柱、螺钉、螺母和垫圈等,如图 7-12 所示。

开槽盘头螺钉　内六角圆柱头螺钉　开槽锥端紧定螺钉　六角头螺栓

双头螺柱　1型六角螺母　平垫圈　弹簧垫圈

图 7-12　常用的螺纹紧固件

螺纹紧固件的种类很多,它们的结构和尺寸都已标准化,由标准件厂进行生产。设计时无须画出零件图,只要在装配图的明细栏内填写规定的标记即可。根据螺纹紧固件的规定标记,就能在相应的国家标准中查出其对应尺寸。

7.2.1　螺纹紧固件的标记

螺纹紧固件有完整标记和简化标记两种标记方法。如图 7-13 所示,六角头螺栓完整标记为:螺栓 GB/T 5782—2016 M8×40-10.9-A-O,表示螺栓的公称直径为 M8,公称长度为40,性能等级 10.9 级,产品等级为 A 级,表面氧化处理。简化标记为:GB/T 5782 M8×40,只列出名称、标准编号和规格即可。表 7-4 为常用螺纹紧固件的标记示例。

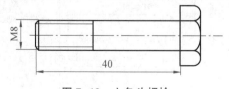

图 7-13　六角头螺栓

表 7-4　常用螺纹紧固件的标记示例

名称及标准	简图	标记示例	说明
六角头螺栓 GB/T 5782—2016	M10 50	螺栓 GB/T 5782 M10×50	螺纹规格为 M10，公称长度为 50 mm，性能等级为 8.8 级，表面氧化，产品等级为 A 级
双头螺柱 GB/T 897—1988	M10 50	螺柱 GB/T 897 M10×50	两端螺纹规格为 M10，公称长度为 50 mm，性能等级为 4.8 级，不经表面处理的 B 型双头螺柱
开槽沉头螺钉 GB/T 68—2016	M10 70	螺钉 GB/T 68 M10×70	螺纹规格为 M10，公称长度为 70 mm，性能等级为 4.8 级，不经表面处理的开槽沉头螺钉
1 型六角螺母 GB/T 6170—2015	M12	螺母 GB/T 6170 M12	螺纹规格为 M12，性能等级为 8 级，不经表面处理，产品等级为 A 级的 1 型六角螺母
平垫圈-A 级 GB/T 97.1—2002	φ17	垫圈 GB/T 97.1 16	公称直径为 16 mm，性能等级为 140HV，不经表面处理的平垫圈
标准型弹簧垫圈 GB/T 93—1987	d	垫圈 GB/T 12	公称直径为 12 mm，材料为 65Mn，表面氧化的标准弹簧垫圈

7.2.2　螺纹紧固件的装配图画法

螺纹紧固件的装配图画法有两种：一种是查表画法，另一种是比例画法。查表画法是根据螺纹紧固件的公称直径就可在相应国家标准中查出其真实尺寸进行绘制。为了提高绘图效率，国家标准规定了比例画法，即当螺纹大径确定后，除了紧固件的有效长度需要根据实际情况选定外，其余各部分尺寸都取与紧固件的螺纹大径 d（或 D）成一定比例数值进行作图。绘图时一般采用比例画法。

画螺纹紧固件装配图的一般规定如下。

(1) 两零件表面接触时，画一条粗实线，不接触时画两条粗实线，间隙过小时应夸大画出。

(2) 当剖切平面通过螺杆的轴线时，对于螺栓、螺柱、螺钉、螺母及垫圈等均按不剖切绘制，螺纹连接件的工艺结构如倒角、退刀槽、缩颈、凸肩等均可不画。

(3) 常用的螺栓、螺钉的头部及螺母等可采用简化画法。

(4) 在剖视图中，相邻两零件的剖面线方向必须相反。剖面线方向一致时，用间距不等来区分。对于同一个零件，其在各剖视图中剖面线的方向和间距必须一致。

1. 螺栓连接装配图画法

螺栓连接由螺栓、螺母和垫圈组成，一般用于被连接的两零件厚度不大、容易加工成通孔且受力较大的情况。螺栓穿过零件通孔后套上垫圈，并拧紧螺母即完成螺栓连接，如图7-14(a)所示。螺栓连接装配图通常根据公称直径按比例关系画出，如图7-14(b)所示。

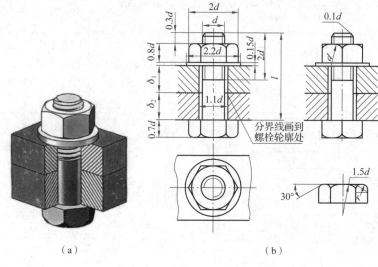

图 7-14 螺栓连接及装配图画法

(a)螺栓连接；(b)螺栓连接装配图画法

画螺栓连接装配图时，需要注意以下几点。

(1)螺栓公称长度可以按照公式 $l=(t_1+t_2)$(两被连接件厚度)+0.15d(垫圈厚度)+0.8d(螺母厚度)+0.3d(螺栓伸出螺母长度)进行估算，然后根据估算值查附表C-1，根据螺栓的有效长度 l 的系列数值，取与估算值相近(大于或等于 l)的标准值作为螺栓的公称长度。

(2)螺栓的螺纹终止线应低于通孔的顶面，从而保证拧紧螺母时有足够的螺纹长度。

(3)绘制螺栓连接时可先画俯视图，遵从投影关系绘制，特别注意螺母及螺栓头的3个视图一定要符合投影关系。

2. 双头螺柱连接装配图画法

双头螺柱连接由双头螺柱、螺母和垫圈组成，连接时一端直接拧入被连接零件螺孔中，另一端用螺母拧紧，通常用于一个被连接零件较厚或不允许钻成通孔的情况，如图7-15(a)所示。双头螺柱连接装配图的比例画法如图7-15(b)所示。

画双头螺柱连接装配图时，需要注意以下几点。

(1)双头螺柱的有效长度 l 应按照公式 $l=t_1+0.15d$(垫圈厚度)+0.8d(螺母厚度)+0.3d(螺柱伸出螺母长度)进行估算。然后根据估算出的数值查附表C-2中双头螺柱的有效长度 l 的系列值，取与估算值相近(大于或等于 l)的标准值作为双头螺柱的公称长度。

(2)螺柱连接的旋入深度 b_m 与被旋入零件的材料有关。材料是钢和青铜时，$b_m=d$；材料是铸铁时，$b_m=1.25d$ 或 $1.5d$；材料是铝时，$b_m=2d$。

(3)双头螺柱的旋入端必须完全旋入螺孔内，即画图时旋入端的螺纹终止线应与两个被连接零件的接触面平齐。

(4)绘图时螺孔的螺纹深度可按 $b_m+0.5d$ 画出，钻孔深度可按 $b_m=d$ 画出。

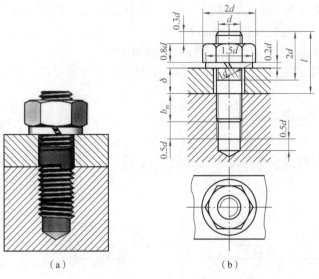

三维模型

图 7-15　双头螺柱连接及装配图画法

(a)螺柱连接；(b)双头螺柱连接装配图画法

3. 螺钉连接装配图画法

螺钉连接的特点为：不用螺母，仅靠螺钉与一个零件上的螺孔旋配连接，依靠螺钉头部压紧被紧固零件。螺钉连接多用于受力不大，而被连接件之一较厚的情况，如图 7-16(a)所示。螺钉按照头部形状可分为圆柱头内六角、半圆头、沉头圆柱头等。被连接件按照不通的螺纹孔画法绘制，旋入螺钉，螺钉顶部的一字槽俯视图投影必须按照顺时针方向旋转 45°。

图 7-16(b)为常见螺钉连接装配图的比例画法。

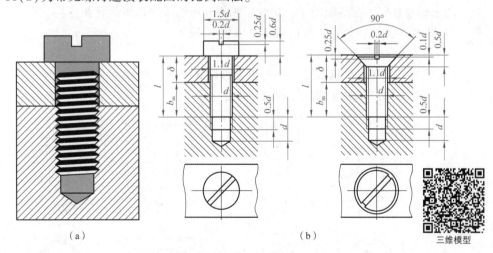

三维模型

图 7-16　螺钉连接及装配图画法

(a)螺钉连接；(b)螺钉连接装配图画法

画螺钉连接装配图时，要注意以下几点。

(1)螺钉的旋入深度 b_m 与螺柱相同，可根据被旋入零件的材料决定(见双头螺柱)。螺钉的有效长度 l 可按公式 $l = t + b_m$ 计算。然后根据螺钉的标记查出相应螺钉有效长度 l 的系列值，选取一个相近的标准数值。

（2）螺钉连接部分的画法与螺柱拧入金属端的画法接近，所不同的是，螺钉的螺纹终止线应画在被旋入螺孔零件顶面投影线之上。

（3）通孔直径取 $1.1d$，有间隙，不接触面画两条线。

（4）在投影为圆的视图上，螺钉头部的一字槽不符合投影关系，应画成与对称中心线向顺指针方向倾斜 $45°$。

4. 紧定螺钉连接装配图画法

紧定螺钉用来定位并固定两零件间的相对位置，分为柱端、锥端和平端等。图 7-17（a）、（b）分别为柱端、锥端紧定螺钉连接装配图画法。平端紧定螺钉则依靠其端平面与零件的摩擦力起定位作用。

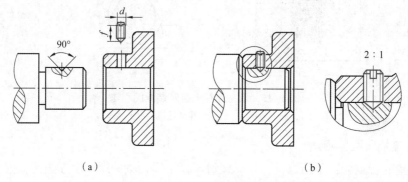

（a）   （b）

图 7-17　紧定螺钉连接装配图画法

（a）柱端；（b）锥端

5. 螺纹紧固件装配图的简化画法

国家标准规定，在装配图中，螺纹紧固件还可以采用以下简化画法：

（1）螺栓、螺柱、螺钉头部的倒角可以省略不画；

（2）不穿通的螺孔可以仅按螺纹的深度画出；

（3）螺钉头部的一字槽和十字槽的投影可以涂黑表示。

图 7-18 为螺纹紧固件装配图的简化画法。

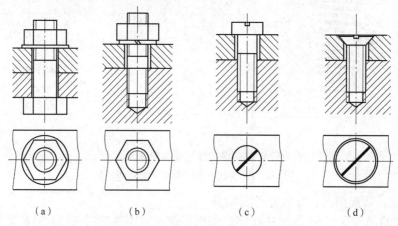

（a）　　　　　　（b）　　　　　　（c）　　　　　　（d）

图 7-18　螺纹紧固件装配图的简化画法

（a）螺栓连接；（b）螺柱连接；（c）开槽圆柱头螺钉连接；（d）开槽沉头螺钉连接

7.3 键和销

键和销都是标准件，它们的结构、型式和尺寸都有规定，使用时可从有关手册查阅选用，本节将重点介绍键和销的连接及装配图画法。

7.3.1 键及其连接

键主要用来连接轴及轴上的传动零件，如齿轮、皮带轮等，起传递扭矩和运动的作用。如图 7-19 所示，键嵌入到键槽中，与带有键槽的齿轮安装在一起，轴转动时通过键带动齿轮同步转动。键连接是一种可拆卸连接，具有结构简单、工作可靠等特点，在机械工程领域的应用十分广泛。

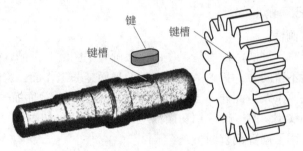

图 7-19 键连接

1. 键的种类和标记

常用的键有普通平键、半圆键和钩头楔键等，如图 7-20 所示。普通平键又分为 3 种结构形式：A 型(圆头)、B 型(平头)、C 型(半圆头)。设计时，可根据实际工况选用。

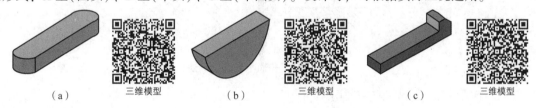

（a） 三维模型 （b） 三维模型 （c） 三维模型

图 7-20 常用的键
（a）普通平键；（b）半圆键；（c）钩头楔键

常用键的简图和标记如表 7-5 所示。

表 7-5 常用键的简图和标记

名称及标准	简图	标记示例及说明
普通平键 GB/T 1096—2003		标记：GB/T 1096 键 8×7×26 说明：普通 A 型平键，宽度 $b = 8$ mm，高度 $h = 7$ mm，长度 $L = 26$ mm

名称及标准	简图	标记示例及说明
半圆键 GB/T 1099.1—2003		标记：GB/T 1099.1 键 6×10×25 说明：半圆键，宽度 $b=6$ mm，高度 $h=10$ mm，直径 $d=25$ mm
钩头楔键 GB/T 1565—2003		标记：GB/T 1565 键 8×7×28 说明：钩头楔键，宽度 $b=8$ mm，高度 $h=7$ mm，长度 $L=28$ mm

2. 键连接的装配图画法

1）普通平键连接画法

用普通平键连接时，键的两侧面是工作面，在画装配图时，键的两侧面和下底面与轴上键槽的相应表面之间不留间隙，只画一条线。键的顶面是非工作面，与轮毂上键槽底面之间应留有间隙，必须画两条线。此外，当剖切平面通过键的纵向对称面时，键按照不剖绘制，当剖切平面垂直于轴线剖切时，键的剖切面内应画出剖面线，如图7-21所示。此处为了表示轴上的键槽，轴采用了局部剖视图。

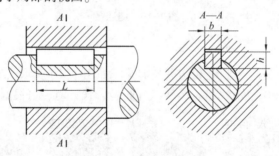

图7-21 普通平键连接画法

2）半圆键和钩头楔键连接画法

半圆键和钩头楔键连接的装配图画法分别如图7-22和图7-23所示。半圆键对中性较好，适用于轻载连接。

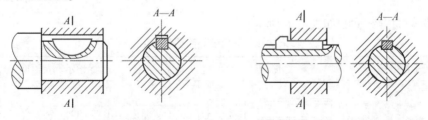

图7-22 半圆键连接画法　　　　图7-23 钩头楔键连接画法

钩头楔键的顶面有1：100的斜度，连接时将键打入键槽，因此键的顶面和底面同为工作面，与槽底和槽顶都没有间隙，主要用于定心精度要求不高、载荷平稳和低速场合。

3）花键

花键的齿形有矩形、三角形、渐开线形等。常用的是矩形花键。花键是把键直接做在轴和轮孔上，与它们形成一整体，因而具有传递扭矩大、连接强度高、工作可靠、同轴度和导向性好等优点，广泛应用于机床、汽车等的变速箱中。花键的画法和标记可查阅机械设计手册。

4）键槽画法及尺寸标注

键和键槽尺寸可根据轴的直径在附表 C-15 中查出。键槽画法及尺寸注法如图 7-24 所示。

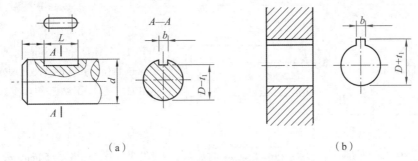

（a）　　　　　　　　　　　　　　　　　　　（b）

图 7-24　键槽画法及尺寸注法

（a）轴上键槽；（b）轮毂上键槽

7.3.2　销及其连接

销是一种标准件，主要用于零件间的连接和定位。

1. 销的分类和标记

常用的销有圆柱销、圆锥销和开口销等，如图 7-25 所示。圆柱销利用微量过盈固定在销孔中，不能多次装拆，用于不常拆卸的场合。圆锥销锥度为 1∶50，可以自锁，定位精度较高，允许多次装拆，应用广泛。开口销一般用于连接的锁紧装置中，将它穿过螺母的槽口和螺栓的孔，并在销的尾部叉开，起防松作用。用圆柱销和圆锥销连接或定位的两个零件上的销孔在装配时是同时加工的，在零件图上应注写"装配时配作"或"与××件配"。

（a）　　　　　　　　（b）　　　　　　　　（c）

图 7-25　常用的销

（a）圆柱销；（b）圆锥销；（c）开口销

国家标准规定了销的结构形式、大小和标记。规定标记为"名称 国标代号 公称直径×公称长度"，常用销的简图和标记如表 7-6 所示。查阅相关标准，可得销的各部分尺寸大小。

表 7-6 常用销的简图和标记

名称及标准	简图	标记示例及说明
圆柱销 GB/T 119.1—2000	ϕ8m6 32	标记：销 GB/T 119.1 8m6×32 说明：公称直径 $d=8$ mm，公差为 m6，公称长度 $L=32$ mm，材料为钢，不淬火，不经表面处理的圆柱销
圆锥销 GB/T 117—2000	1:50 ϕ8 32	标记：销 GB/T 117 8×32 说明：公称直径 $d=8$ mm，公称长度 $L=32$ mm，材料为 35 钢，热处理硬度为 28~38HRC，表面氧化处理的 A 型圆锥销
开口销 GB/T 91—2000	20 ϕ5	标记：销 GB/T 91 5×20 说明：公称规格 $d=5$ mm，公称长度 $L=20$ mm，材料为 Q235，不经表面处理的开口销

2. 销连接的装配图画法

销连接的装配图画法如图 7-26 所示。圆柱销、圆锥销与销孔的接触面不能留有间隙。当沿着销的轴线剖切时，销按不剖绘制。起连接作用时，轴一般采用局部剖视图表达装配关系。开口销一般与带孔螺栓和开槽螺母配合使用，用于螺纹连接的锁紧装置中，防止松动。表7-6 中的 3 种销在装配图中不标注尺寸，但需将销的标记写入装配图明细栏中，或在引出线端部编号位置上标出。

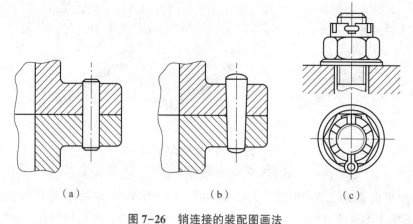

（a） （b） （c）

图 7-26 销连接的装配图画法

（a）圆柱销连接；（b）圆锥销连接；（c）开口销连接

7.4 滚动轴承

滚动轴承是用来支撑轴的部件,具有结构紧凑、摩擦阻力小、动能损耗少和旋转精度高等优点,在生产中应用极为广泛。滚动轴承是标准件,由专门的工厂生产,使用时根据要求确定型号进行选购即可,在画图时可按比例简化画出。

7.4.1 滚动轴承的结构和分类

滚动轴承的结构大致相似,一般由外圈、内圈、滚动体和保持架等部分组成,如图7-27所示。其外圈装在机座的孔内固定不动,内圈安装在轴上随轴一起转动。

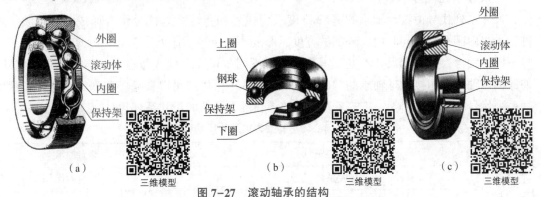

图7-27 滚动轴承的结构

(a)深沟球轴承;(b)推力球轴承;(c)圆锥滚子轴承

滚动轴承的种类很多,按承受载荷的方向可分为3类:

(1)向心轴承——主要承受径向载荷,如深沟球轴承,如图7-27(a)所示;

(2)推力轴承——只承受轴向载荷,如推力球轴承,如图7-27(b)所示;

(3)向心推力轴承——同时承受径向和轴向载荷,如圆锥滚子轴承,如图7-27(c)所示。

7.4.2 滚动轴承的标记和代号

根据国家标准的规定,滚动轴承的规定标记是"滚动轴承 基本代号 国标编号"。轴承代号能表示滚动轴承的结构、尺寸、公差等级和技术性能特征等特性。滚动轴承代号用字母加数字组成,由前置代号、基本代号和后置代号构成。前置代号和后置代号是轴承在结构形状、尺寸公差、技术要求等有改变时,在其基本代号左右添加的补充代号。

1. 基本代号

一般常用的轴承由基本代号表示,其顺序为"类型代号 尺寸系列代号 内径代号",表示轴承的基本类型、结构和尺寸。

1)类型代号

类型代号由阿拉伯数字或字母表示,如表7-7所示。

表 7-7 滚动轴承的类型代号

类型代号	轴承名称	类型代号	轴承名称
0	双列角接触球轴承	6	深沟球轴承
1	调心球轴承	7	角接触球轴承
2	调心滚子轴承和推力调心滚子轴承	8	推力圆柱滚子轴承
3	圆锥滚子轴承	N	圆柱滚子轴承(双列或多列用字母 NN 表示)
4	双列深沟球轴承	U	外球面球轴承
5	推力球轴承	QJ	四点接触球轴承

2) 尺寸系列代号

尺寸系列代号由滚动轴承的宽(高)度系列代号和直径系列代号组合而成,它反映了同种轴承在内圈孔径相同时内、外圈的宽度、厚度不同及滚动体大小不同。因此,尺寸系列代号不同的轴承,其外廓尺寸不同,承载能力也不同。尺寸系列代号在有些情况下可以省略,如深沟球轴承和角接触球轴承的"10"尺寸系列代号中的"1"可以省略;双列深沟球轴承的宽度系列代号"2"可以省略。表 7-8 为向心轴承和推力轴承的尺寸系列代号。

表 7-8 向心轴承和推力轴承的尺寸系列代号

直径系列代号	向心轴承								推力轴承			
	宽度系列代号								高度系列代号			
	8	0	1	2	3	4	5	6	7	9	1	2
	尺寸系列代号											
7	—	—	17	—	37	—	—	—	—	—	—	—
8	—	08	18	28	38	48	58	68	—	—	—	—
9	—	09	19	29	39	49	59	69	—	—	—	—
0	—	00	10	20	30	40	50	60	70	90	10	—
1	—	01	11	21	31	41	—	—	71	91	11	—
2	82	02	12	22	32	42	—	—	72	92	12	22
3	83	03	13	23	33	—	—	—	73	93	13	23
4	—	04	—	24	—	—	—	—	74	94	14	24
5	—	—	—	—	—	—	—	—	—	95	—	—

3) 内径代号

内径代号表示滚动轴承的公称内径,即轴承的内圈孔径。表 7-9 为滚动轴承的内径代号。

表7-9 滚动轴承的内径代号

轴承公称内径 d/mm		内径代号	示例
0.6~10（非整数）		用公称内径毫米数直接表示，在其与尺寸系列代号之间用"/"分开	深沟球轴承 618/2.5 d=2.5 mm
1~9（整数）		用公称内径毫米数直接表示，对深沟及角接触球轴承 7、8、9 直径系列，内径与尺寸系列代号之间用"/"分开	深沟球轴承 625、618/5 均为 d=5 mm
10~17	10	00	深沟球轴承 6200 d=10 mm
	12	01	
	15	02	
	17	03	
20~480 （22，28，32 除外）		公称内径除以 5 的商数，商数为个位数，需在商数左边加"0"，如 08	调心滚子轴承 23208 d=40 mm
≥500 以及 22，28，32		用公称内径毫米数直接表示，但在与尺寸系列之间用"/"分开	调心滚子轴承 230/500 d=500 mm 深沟球轴承 62/22 d=22 mm

2. 基本代号示例

（1）滚动轴承 6204 GB/T 276—2013："6"为类型代号，表示深沟球轴承；"2"为尺寸系列代号，"02"宽度系列代号中"0"省略，直径系列代号为"2"；"04"为内径代号，表示公称内径为 d=4×5 mm=20 mm。

（2）滚动轴承 51203 GB/T 301—2013："5"为类型代号，表示推力球轴承；"12"为尺寸系列代号，宽度系列代号为"1"，直径系列代号为"2"；"03"为内径代号，表示公称内径为 17 mm。

（3）滚动轴承 30204 GB/T 297—2013："3"为类型代号，表示圆锥滚子轴承；"02"为尺寸系列代号，宽度系列代号为"0"不省略，直径系列代号为"2"；"04"为内径代号，表示公称内径为 d=4×5 mm=20 mm。

7.4.3 滚动轴承的画法

滚动轴承是标准件，设计时不必画出零件图。GB/T 4459.7—2017《机械制图 滚动轴承表示法》中规定了滚动轴承的通用画法、特征画法和规定画法。

（1）通用画法、特征画法和规定画法中的各种符号、矩形线框和轮廓线均用粗实线绘制。

（2）采用通用画法或特征画法绘制滚动轴承时，在同一图样中一般只采用其中一种画法，通用画法中线框中央的十字形符号不与矩形线框接触。

（3）在装配图中，滚动轴承的保持架及倒角、圆角等可省略不画。

（4）滚动轴承一般可按规定画法或特征画法绘制。规定画法一般绘制在轴的一侧，另一侧按通用画法绘制。

表7-10 为常见滚动轴承的特征画法和规定画法。

表 7-10　常见滚动轴承的特征画法和规定画法

轴承类型及标准号	查表主要数据	特征画法	规定画法
深沟球轴承 （60000 型） GB/T 276—2013	D, d, b	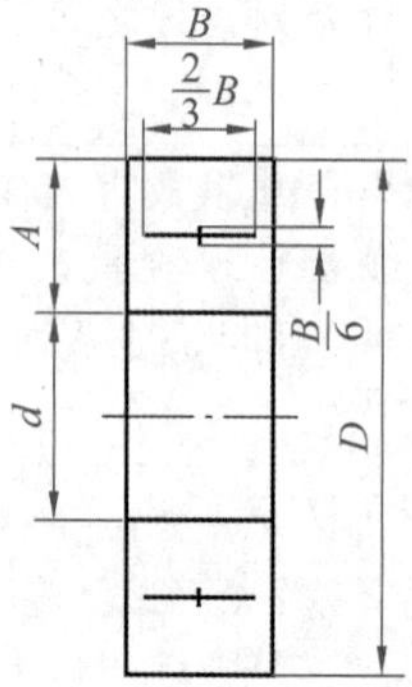	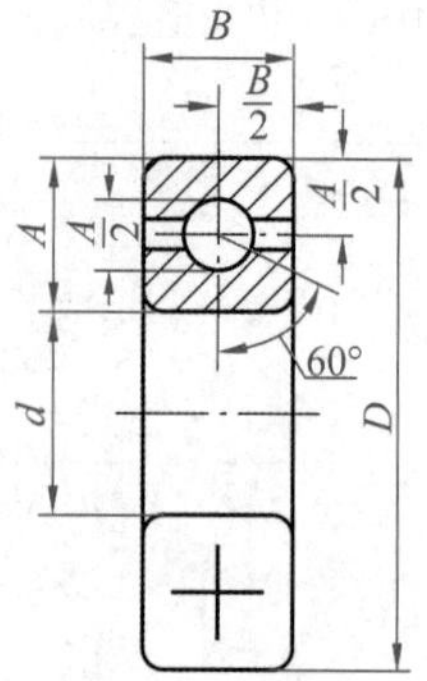
推力球轴承 （51000 型） GB/T 301—2015	D, d, H	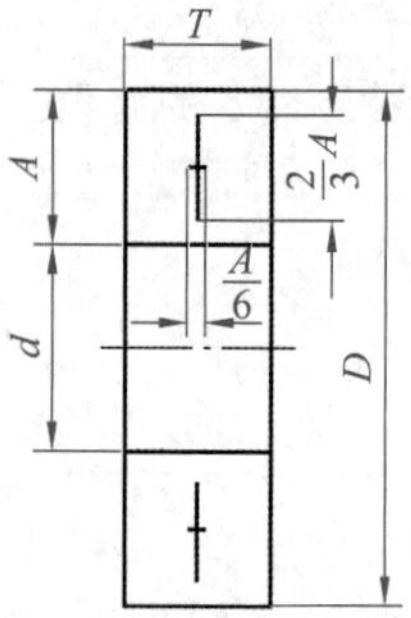	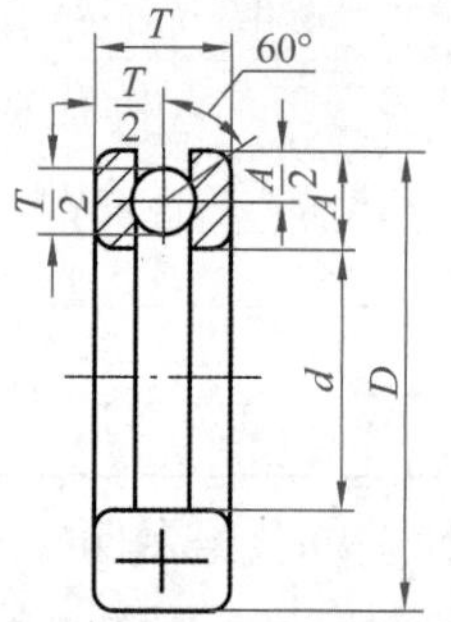
圆锥滚子球轴承 （30000 型） GB/T 297—2015	D, d, T, B, C	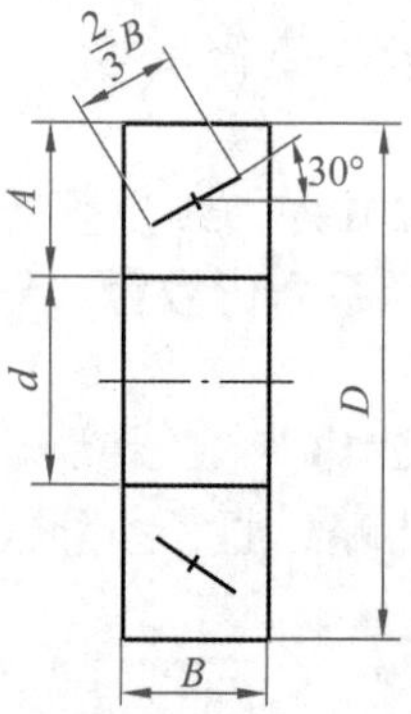	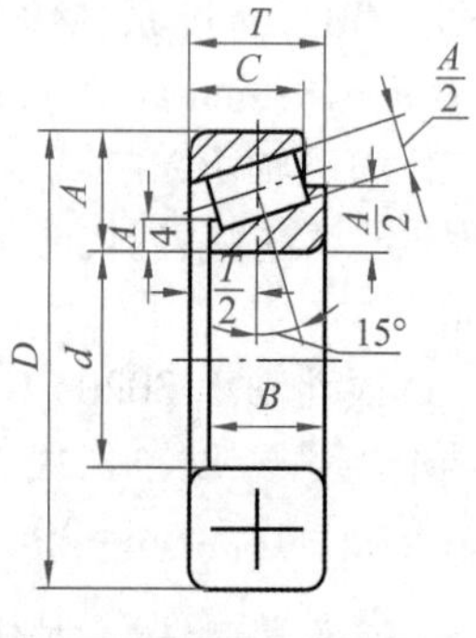

7.5　齿　轮

　　齿轮是机械传动中应用较广泛的传动零件，其部分结构参数已标准化，属于常用件。在工程实际中，常常通过它们把动力从一轴传递到另一轴上。它们还可以改变转速或转向，具有减速、增速及变向等功能。齿轮一般成对使用。

　　齿轮的种类很多，根据其传动情况可分为 3 类：

　　（1）圆柱齿轮——用于两平行轴间的传动，如图 7-28（a）所示。

　　（2）锥齿轮——用于两相交轴间的传动，如图 7-28（b）所示。

（3）蜗轮、蜗杆——用于两交叉轴间的传动，如图 7-28（c）所示。

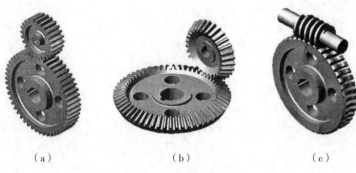

（a）　　　　　　　　　　（b）　　　　　　　　　　（c）

图 7-28　齿轮的种类

（a）圆柱齿轮；（b）圆锥齿轮；（c）蜗轮、蜗杆

齿轮上的齿称为轮齿，圆柱齿轮按轮齿的方向不同可分为直齿、斜齿和人字齿。当圆柱齿轮的轮齿方向与圆柱素线方向一致时，称为直齿圆柱齿轮。本节首先介绍直齿圆柱齿轮的基本知识与画法。

7.5.1　直齿圆柱齿轮概述

1. 直齿圆柱齿轮的基本概念

图 7-29 为互相啮合的一对标准直齿圆柱齿轮的装配图，图中给出了齿轮各部分的名称和代号。

（1）齿顶圆。通过轮齿顶部的圆称为齿顶圆，直径用 d_a 表示。

（2）齿根圆。通过轮齿根部的圆称为齿根圆，直径用 d_f 表示。

（3）分度圆。当标准齿轮的齿厚（s）与齿间弧长（e）相等时所在位置的圆称为分度圆，直径用 d 表示，作为计算轮齿各部分尺寸的基准圆。

（4）节圆。两齿轮啮合时，在中心 O_1、O_2 的连线上，两齿廓啮合点 C 所在的圆称为节圆，两节圆相切，其直径分别用 d_1'、d_2' 表示。在标准齿轮中，节圆直径与分度圆直径相等。

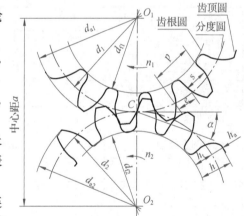

图 7-29　互相啮合的一对标准直齿圆柱齿轮的装配图

（5）齿高。分度圆将轮齿分为不相等的两部分，从分度圆到齿顶圆之间的径向距离，称为齿顶高，以 h_a 表示；从分度圆到齿根圆之间的径向距离，称为齿根高，以 h_f 表示。齿顶圆与齿根圆之间的径向距离称为齿高，以 h 表示，即 $h = h_a + h_f$。

（6）齿厚。每个齿廓在分度圆上的弧长，称为齿厚，以 s 表示。

（7）齿槽宽。两轮齿间的齿槽在分度圆上的弧长，以 e 表示。

（8）齿距。分度圆上相邻两齿的对应点之间的弧长称为齿距，以 p 表示。齿距、齿厚和齿槽宽之间满足关系式：$p = s + e$。

2. 直齿圆柱齿轮的基本参数

（1）齿数。齿轮上轮齿的个数，以 z 表示。

（2）压力角。如图 7-29 所示，在一般情况下，两个相啮合的轮齿齿廓在接触点 C 处的公法线与两分度圆的公切线所夹的锐角，称为压力角，以 α 表示。国家标准规定标准齿轮的压力角为 20°。

（3）模数。如果齿轮齿数为 z，则分度圆周长为 $\pi d = zp$，即 $d = (p/\pi)z$。

由于 π 是无理数，令 $m = p/\pi$，则 $d = mz$。

m 称为齿轮的模数，单位为 mm。模数是设计、制造齿轮的一个重要参数。m 的值越大，表示轮齿的承载能力越大。制造齿轮时，刀具的选择以模数为准。为了便于设计和制造，模数的数值已标准化，其值如表 7-11 所示。

表 7-11　齿轮模数标准系列（GB/T 1357—2008）

第一系列	1，1.25，1.5，2，2.5，3，4，5，6，8，10，12，16，20，25，32，40，50
第二系列	1.125，1.375，1.75，2.25，2.75，3.5，4.5，5.5，（6.5），7，9，11，14，18，22，28，36，45

注：选用模数时，优先选用第一系列，括号内的模数尽可能不用。

一对正确啮合的齿轮，它们的压力角、模数必须相等。在设计齿轮时，要先确定模数和齿数，其他各部分尺寸都可由模数和齿数计算出来。标准直齿圆柱齿轮的计算公式如表 7-12 所示。

表 7-12　标准直齿圆柱齿轮的计算公式

各部分名称	代号	计算公式	计算举例（已知 $m=2$，$z=29$）
分度圆直径	d	$d = mz$	$d = 2 \times 29$
齿顶高	h_a	$h_a = m$	$h_a = 2$
齿根高	h_f	$h_f = 1.25m$	$h_a = 1.25 \times 2$
齿顶圆直径	d_a	$d_a = m(z+2)$	$d_a = 2 \times (29+2)$
齿根圆直径	d_f	$d_m = m(z-2.5)$	$d_m = 2 \times (29-2.5)$
齿距	p	$p = \pi m$	$p = 2\pi$
齿厚	s	$s = p/2 = \pi m/2$	$s = 2\pi/2 = \pi$
中心距	a	$a = (d_1+d_2)/2 = m(z_1+z_2)/2$	适用于一对啮合齿轮

7.5.2　直齿圆柱齿轮画法

1. 单个圆柱齿轮的画法

齿轮的轮齿是在齿轮加工机床上用齿轮刀具加工出来的，一般不需画出它的真实投影，如图 7-30（a）所示。

GB/T 4459.2—2003《机械制图　齿轮表示法》规定了齿轮的画法，具体如下。

（1）齿顶圆和齿顶线用粗实线表示；分度圆和分度线用细点画线表示；齿根圆和齿根线用细实线表示，也可省略不画。在剖视图中齿根线用粗实线表示，如图 7-30（b）所示。

（2）在剖视图中，当剖切平面通过齿轮的轴线时，轮齿一律按不剖绘制，即轮齿上不画剖面线，如图 7-30（c）所示。

（3）对于斜齿或人字齿，还需在外形图上画出与轮齿方向一致的 3 条平行的细实线，用以表示齿向线和倾角，如图 7-30(d)所示。

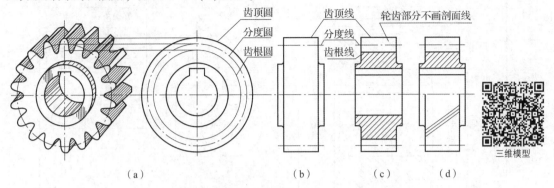

图 7-30　单个圆柱齿轮的画法

2. 圆柱齿轮啮合的画法

一对标准圆柱齿轮啮合时，其分度圆处于相切位置，啮合区域的规定画法如下。

（1）在垂直于圆柱齿轮轴线的投影面视图中，两齿轮节圆相切，用细点画线绘制；啮合区内齿顶圆用粗实线绘制[图 7-31(a)]或省略不画[图 7-31(b)]；齿根圆用细实线绘制或省略不画。

（2）在平行于圆柱齿轮轴线的投影面视图中，啮合区内的齿顶线和齿根线不需画出，节线用粗实线绘制，如图 7-31(b)所示。

（3）在通过轴线的剖视图中，在啮合区内，两节线重合，用细点画线画出；将一个齿轮（常为主动轮）的齿顶线用粗实线绘制，另一个齿轮（从动轮）的齿顶线被遮挡，用细虚线绘制，也可省略不画；两齿根线均画成粗实线，如图 7-31(a)所示。啮合区内 5 条线：主动齿的齿顶线、齿根线用粗实线绘制；从动齿的齿顶线用细虚线绘制，齿根线用粗实线绘制；节线用细点画线绘制。

（4）在剖视图中，当剖切平面通过啮合齿轮的轴线时，轮齿一律按不剖绘制。

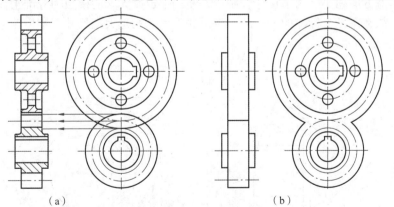

图 7-31　圆柱齿轮啮合的画法
(a)剖视画法；(b)不剖画法

图 7-32 为直齿圆柱齿轮的零件图，参数表一般配置在图样的右上角，参数项目可根据需要进行增减。

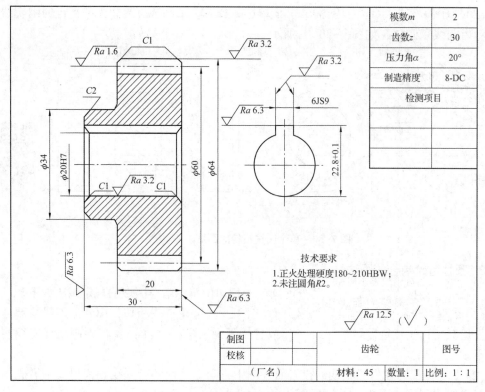

模数m	2
齿数z	30
压力角α	20°
制造精度	8-DC
检测项目	

技术要求

1.正火处理硬度180~210HBW；
2.未注圆角$R2$。

制图		齿轮	图号
校核			
（厂名）	材料：45	数量：1	比例：1：1

图 7-32 直齿圆柱齿轮的零件图

7.5.3 锥齿轮

圆锥齿轮又称为锥齿轮或伞齿轮，主要用于传递相交轴间的回转运动，其中两轴垂直相交的应用比较广泛。锥齿轮的轮齿是在圆锥面上加工出来的，因而一端大，一端小，在轮齿全长上的模数、齿数、齿厚、齿高及齿轮的直径等也都不相同，大端尺寸最大，其他部分的尺寸则沿着齿宽方向缩小。为了设计、制造方便，规定以大端的模数为标准来计算和确定各部分的尺寸，故在图纸上标注的分度圆、齿顶圆等尺寸均是大端尺寸。锥齿轮各部分的名称和代号如图 7-33 所示。

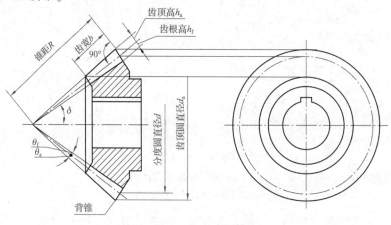

图 7-33 锥齿轮各部分的名称和代号

直齿锥齿轮各部分的尺寸都与大端模数和齿数有关。轴线垂直相交的直齿锥齿轮的计算公式如表 7-13 所示。

表 7-13 轴线垂直相交的直齿锥齿轮的计算公式

名称	代号	计算公式	名称	代号	计算公式
分度圆锥角	δ	$\tan\delta_1 = z_1/z_2$，$\tan\delta_2 = z_2/z_1$	齿顶角	θ_a	$\tan\theta_a = 2\sin\delta/z$
分度圆直径	d	$d_1 = mz_1$，$d_2 = mz_2$	齿根角	θ_f	$\tan\theta_f = 2.4\sin\delta/z$
齿顶高	h_a	$h_a = m$	顶锥角	δ_a	$\delta_a = \delta + \theta_a$
齿根高	h_f	$h_f = 1.2m$	根锥角	δ_f	$\delta_f = \delta - \theta_f$
齿高	h	$h = h_a + h_f$	外锥距	R	$R = mz/2\sin\delta$
齿顶圆直径	d_a	$d_a = m(z + 2\cos\delta)$	齿宽	b	$B = (0.2 \sim 0.35)R$
齿根圆直径	d_f	$d_f = m(z - 2.4\cos\delta)$			

注：角标 1、2 分别代表小齿轮、大齿轮，m、d_a、h_a、h_f 等均指大端。

单个直齿圆锥齿轮的画法和圆柱齿轮的画法基本相同。如图 7-34 所示，圆锥齿轮的主视图画成剖视图，在左视图（圆锥齿轮的端面视图）中，用粗实线表示出齿轮的大端和小端的齿顶圆，用细点画线表示出大端的分度圆，齿根圆则不画出。

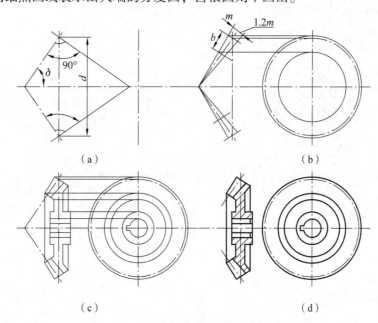

图 7-34 锥齿轮的画法

图 7-35 为锥齿轮啮合的画法，在啮合区内，将其中一个齿轮的齿作为可见，齿顶画成粗实线，另一个齿轮的齿被遮挡，齿顶画成细虚线，也可省略不画。

锥齿轮的零件图如图 7-36 所示。

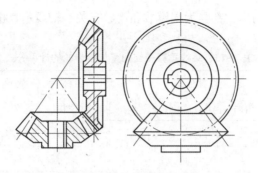

图 7-35　锥齿轮啮合的画法

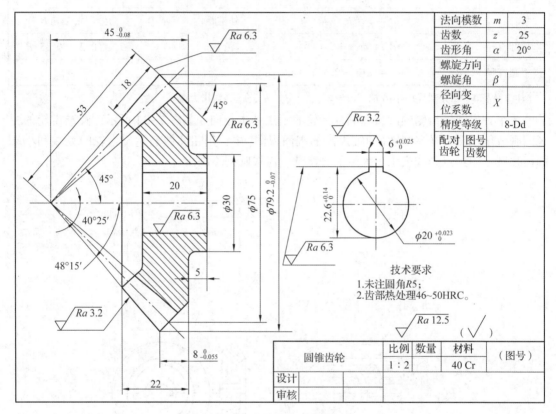

法向模数	m	3
齿数	z	25
齿形角	α	20°
螺旋方向		
螺旋角	β	
径向变位系数	X	
精度等级		8-Dd
配对齿轮	图号	
	齿数	

技术要求
1.未注圆角R5；
2.齿部热处理46~50HRC。

圆锥齿轮	比例	数量	材料	（图号）
	1:2		40 Cr	
设计				
审核				

图 7-36　锥齿轮的零件图

7.5.4　蜗轮和蜗杆

蜗轮与蜗杆常用于垂直交叉两轴之间的传动，蜗轮实际上是斜齿的圆柱齿轮。为了增加与蜗杆啮合时的接触面积，提高工作寿命，蜗轮的齿顶和齿根常加工成内环面。

蜗轮和蜗杆的传动能获得较大的传动比。传动时，一般蜗杆是主动件，蜗轮是从动件。蜗杆有单头蜗杆和多头蜗杆之分。当线数为1的蜗杆转动一圈时，蜗轮就跟着转过1个齿。因此，用蜗轮和蜗杆传动，可得到很大的传动比。互相啮合的蜗轮、蜗杆，不仅要求模数和压力角相同，还要求蜗轮的螺旋角 β 和蜗杆的螺旋升角 λ 大小相等（即 $\beta=\lambda$）、方向相同。

蜗轮和蜗杆各部分名称如图7-37所示。

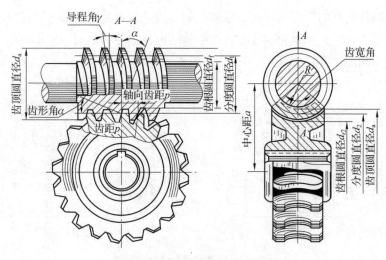

三维模型

图7-37 蜗轮和蜗杆各部分名称

蜗轮和蜗杆几何要素的代号和规定画法分别如图7-38和图7-39所示。

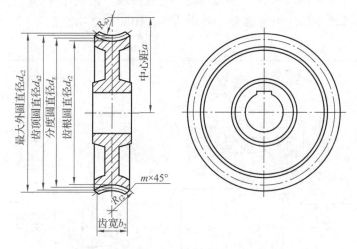

图7-38 蜗轮几何要素的代号和规定画法

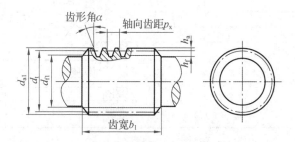

图7-39 蜗杆几何要素的代号和规定画法

蜗轮和蜗杆啮合的画法如图7-40所示。在蜗轮投影为圆的视图中，蜗轮的分度圆与蜗杆分度线相切；在蜗杆投影为圆的视图中，蜗轮被蜗杆遮住的部分不必画出；其他部分仍按投影画出，如图7-40(a)所示。在剖视图中，当剖切平面通过蜗轮轴线并垂直于蜗杆轴线时，在啮合区内将蜗杆的轮齿用粗实线绘制，蜗轮的轮齿被遮挡住部分可省略不画，当剖切平面通过蜗杆轴线并垂直于蜗轮轴线时，在啮合区内，蜗轮的外圆、齿顶圆和蜗杆的齿顶线可以省略不画，如图7-40(b)所示。

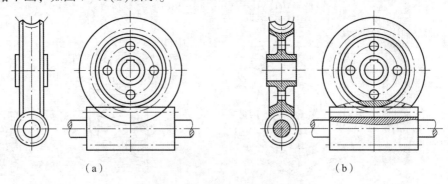

(a)　　　　　　　　　　　　　　　(b)

图7-40　蜗轮和蜗杆啮合的画法
(a)外形视图；(b)剖视图

蜗杆的零件图如图7-41所示，一般可用一个视图表示出蜗杆的形状，有时用局部放大图表示出轮齿的形状并标注相关参数。蜗轮的零件图如图7-42所示，其画法和圆柱齿轮相似。

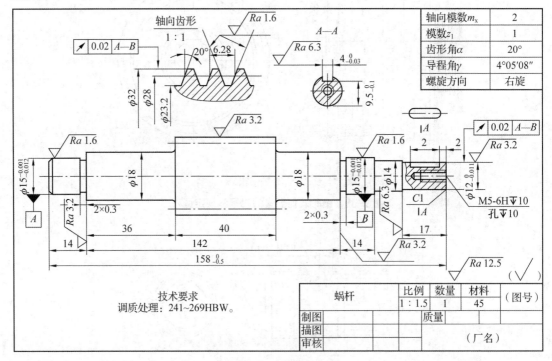

图7-41　蜗杆的零件图

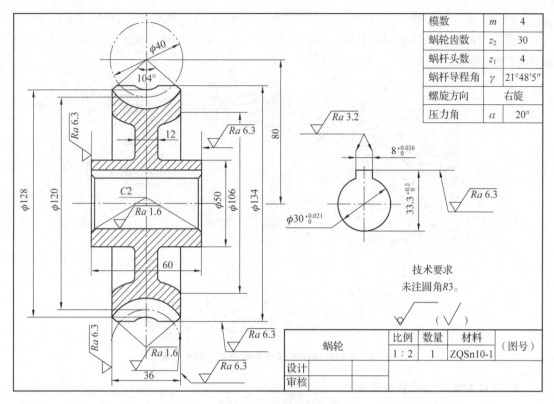

模数	m	4
蜗轮齿数	z_2	30
蜗杆头数	z_1	4
蜗杆导程角	γ	21°48′5″
螺旋方向		右旋
压力角	α	20°

技术要求
未注圆角$R3$。

蜗轮		比例	数量	材料	（图号）
		1∶2	1	ZQSn10-1	
设计					
审核					

图 7-42　蜗轮的零件图

7.6　弹　簧

在机械行业中，弹簧是一种常用零件，主要用于减振、夹紧、储能和测力等。弹簧的种类很多，常见的有螺旋压缩（或拉伸）弹簧、扭力弹簧、蜗卷弹簧和板弹簧等，如图7-43所示，其中螺旋弹簧又分为圆柱螺旋弹簧和圆锥螺旋弹簧。

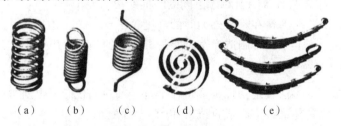

（a）　　（b）　　（c）　　（d）　　（e）

图 7-43　弹簧的种类
（a）压缩弹簧；（b）拉伸弹簧；（c）扭力弹簧；（d）蜗卷弹簧；（e）板弹簧

本节主要介绍圆柱螺旋压缩弹簧的基本知识。

圆柱螺旋压缩弹簧由钢丝绕成，一般将两端并紧后磨平，保证支承端面与轴线垂直，使压缩弹簧工作时受力均匀，便于支承。并紧磨平的圈数不产生弹性变形，仅起支承作用，称为支承圈。此外，弹簧中参与弹性变形进行有效工作的圈数，称为有效圈数，有效圈数加支承圈数称为总圈数。弹簧并紧磨平后在不受外力作用下的全部高度，称为自由高度。图7-44所示为圆柱螺旋压缩弹簧各部分名称和尺寸关系，其中节距 t 是指除支承圈外，相邻两圈的轴向距离。

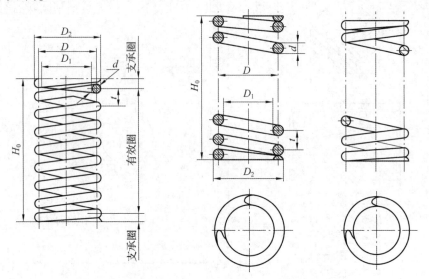

图7-44　圆柱螺旋压缩弹簧各部分名称和尺寸关系

1. 圆柱螺旋压缩弹簧的参数

（1）簧丝直径 d——制造弹簧的钢丝直径。

（2）弹簧外径 D_2——弹簧的最大直径。

（3）弹簧内径 D_1——弹簧的最小直径，即 $D_1 = D - 2d$。

（4）弹簧中径 D——弹簧的平均直径，即 $D = D_2 - d$。

（5）有效圈数 n——保持等节距且参与工作的圈数。

（6）支承圈数 n_2——为使弹簧受力均匀，保证中心线垂直于支承面，制造时需将两端并紧磨平的圈数。支承圈数有 1.5 圈、2 圈和 2.5 圈 3 种，较常见的是 2.5 圈。

（7）总圈数 n_1——有效圈数和支承圈数的总和，即 $n_1 = n + n_2$。

（8）节距 t——相邻两有效圈上对应点间的轴向距离。

（9）自由高度 H_0——弹簧在不受外力时的高度，$H_0 = n_1 + (n_2 - 0.5)d$。

（10）弹簧的展开长度 L——制造弹簧时所需金属丝的长度，$L \approx n_1$。

2. 圆柱螺旋压缩弹簧的规定画法

国家标准对弹簧的画法规定：螺旋弹簧在平行于轴线的投影面上所得的图形，可画成视图或剖视图，其各圈的轮廓线应画成直线，如图7-45所示。

（1）在平行于轴线的投影面的视图上，各圈的外轮廓线应画成直线。

（2）右旋弹簧在图上一定画成右旋。左旋弹簧也允许画成右旋，但不论画成右旋或左旋一律要加注"左"字。

（3）螺旋弹簧有效圈数大于 4 圈时，可只画两端的 1~2 圈（支承圈除外），中间各圈可省略不画，同时可适当缩短图形的长度，但标注尺寸时应按实际长度标注。

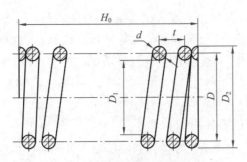

图 7-45　圆柱螺旋压缩弹簧的规定画法

（4）由于弹簧的画法实际上只起一个符号作用，因而螺旋压缩弹簧要求两端靠紧并磨平时，不论支承圈数多少，均可按 $n_0 = 2.5$ 圈的形式来画。

（5）在装配图中，被弹簧挡住的结构一般不画出，可见轮廓线只画到弹簧钢丝的剖面轮廓或中心线上。当弹簧被剖切时，如簧丝直径小于或等于 2 mm，簧丝剖面可全部涂黑，也可采用示意画法，如图 7-46 所示。

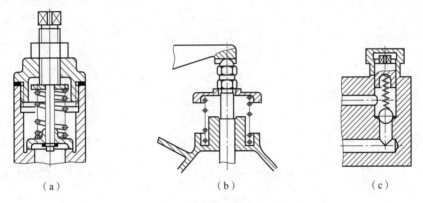

（a）　　　　　　　　　　　（b）　　　　　　　　　　　（c）

图 7-46　装配图中弹簧的规定画法

（a）不画挡住部分轮廓；（b）簧丝断面涂黑；（c）簧丝示意画法

3. 圆柱螺旋压缩弹簧的作图步骤

圆柱螺旋压缩弹簧的作图步骤如图 7-47 所示。

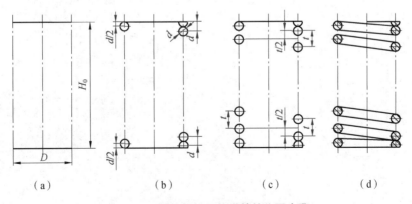

（a）　　　　　　　　（b）　　　　　　　　（c）　　　　　　　　（d）

图 7-47　圆柱螺旋压缩弹簧的作图步骤

（1）计算出弹簧中径 D 及自由高度 H_0，画出两端并紧圈，如图 7-47(a)、(b)所示。

（2）画出有效圈数部分直径与簧丝直径相等的圆，先在右边中心线处以节距 t 在右边画两个圆，以 $t/2$ 在左边画两个圆，如图 7-47(c)所示。

（3）按右旋方向作相应圆的公切线，完成全图，如图 7-47(d)所示。

（4）必要时，可画成剖视图或画出反映圆的视图。

4. 圆柱螺旋压缩弹簧的零件图

图 7-48 为圆柱螺旋压缩弹簧的零件图。在绘制零件图时，应注意以下两点。

（1）弹簧的参数应直接标注在图形上，当直接标注有困难时，可在技术要求中加以说明。

（2）当需要表明弹簧的负荷与高度之间的变化关系时，必须用图解表示。螺旋压缩弹簧的机械性能曲线均画成直线，其中 P_1 为弹簧的预加负荷、P_2 为弹簧的最大负荷、P_3 为弹簧的允许极限负荷。

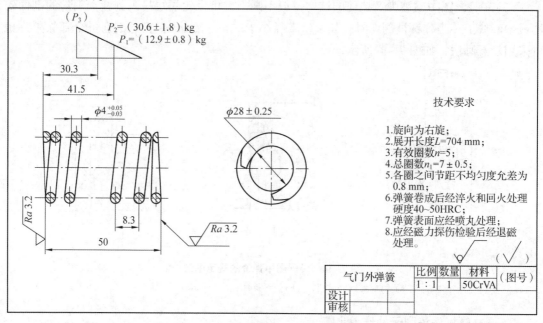

图 7-48　圆柱螺旋压缩弹簧的零件图

第8章
零件图

知识目标 ▶▶ ▶

掌握各类零件的表达方法、零件的工艺结构、零件图的尺寸标注、零件图的技术要求标注，以及读画零件图的方法和步骤。

能力目标 ▶▶▶ ▶

能够熟练掌握各类零件的表达方法和工艺结构，正确标注出零件图的尺寸、零件图的技术要求，以及绘制和读懂各类复杂的零件图。

机器零件是组成机器的不可分拆的最小单元。表示零件结构、尺寸大小及技术要求的图样称为零件图。它是设计和生产部门的重要的技术文件，反映了设计者的意图，表达了对零件性能结构和制造工艺性等的要求，是制造和检验零件的依据。

本章主要介绍零件的分类及零件图的作用与内容、零件表达方案的选择、零件的工艺结构、零件图中的尺寸标注和技术要求、零件的表面结构及其注法。

8.1 概　述

任何一台机器(部件)都由一组零件组装而成。一台新机器一般由设计部门进行产品设计，即先根据总体结构设计出机器的装配图，再根据装配图拆画出全部零件的零件图。生产部门先按提供的零件图加工零件，再按装配图将零件装配成机器。如果是仿制或修配一台已有的旧机器，则需要先根据实物测绘出实物装配示意图、零件草图；经过校核后由零件草图绘制出装配图和零件图；然后将其投入生产部门进行加工生产。图8-1为常见切削机床示意图。

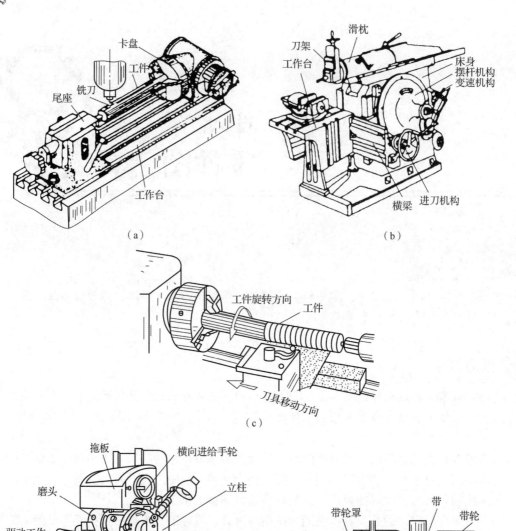

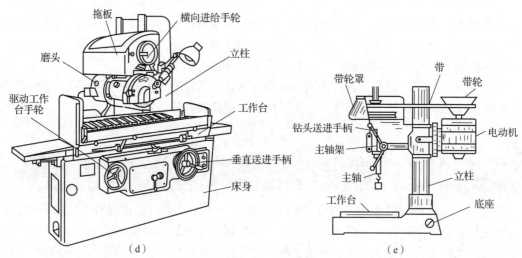

图 8-1 常见切削机床示意图

(a)铣削机床；(b)刨削机床；(c)车削机床；(d)磨削机床；(e)钻削机床

8.1.1 零件的分类

作为零件，不论其大小如何，也不论其结构形状是复杂还是简单，都是部件不可缺少的组成部分。零件的结构是与其在部件中所起的作用密不可分的。零件按其在部件中所起的作用及其结构是否标准化，大致可分为以下 3 类。

（1）标准件。常用的标准件有螺纹连接件（如螺栓、螺柱、螺母）、滚动轴承等，这一类零件的结构已经标准化，国家标准已规定了标准件的画法和标注方法。

（2）传动件。常用的传动件有齿轮、蜗轮、蜗杆、丝杆、胶带轮等，这类零件的结构已经标准化，并且有规定画法。

（3）一般零件。除上述两类零件以外的零件都可以归纳到一般零件中去，如轴套类零件［图 8-2(a)］、叉架类零件［图 8-2(b)］、盘盖类零件［图 8-2(c)］和箱体类零件［图 8-2(d)］等。它们的结构形状、尺寸大小和技术要求由相关部件的设计要求和制造工艺要求而确定。

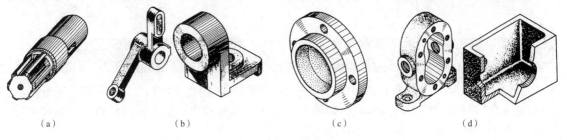

（a）　　　　　　　（b）　　　　　　　（c）　　　　　　　（d）

图 8-2　一般零件

（a）轴套类零件；（b）叉架类零件；（c）盘盖类零件；（d）箱体类零件

8.1.2　零件图的作用和内容

任何一台机器或部件都是由多个零件装配而成的。表达一个零件结构形状、尺寸大小和加工、检验等方面要求的图样称为零件图。它是工厂制造和检验零件的依据，是设计和生产部门的重要技术资料之一。图 8-3 为法兰盘的零件图。

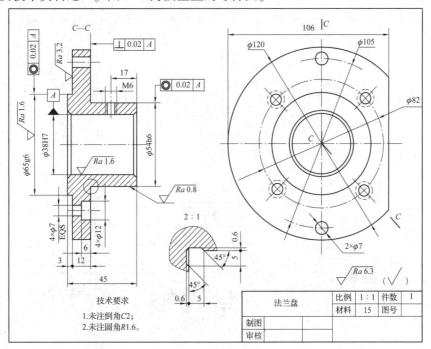

图 8-3　法兰盘的零件图

为了满足生产部门制造零件的要求，一张零件图必须包括以下内容。

(1)一组视图：唯一表达零件各部分的结构及形状。

(2)全部尺寸：确定零件各部分的形状大小及相对位置的定形尺寸和定位尺寸，以及有关公差。

(3)技术要求：说明在制造和检验零件时应达到的一些工艺要求，如尺寸公差、形位公差、表面粗糙度、材料及热处理要求等。

(4)图框和标题栏：填写零件的名称、材料、数量、比例、图号、设计者、零件图完成的时间等内容。

8.2 零件的表达方法

绘制零件图时，应正确地选用机件常用表达方法中的视图、剖视图、断面图、规定画法等方法，将零件的结构形状完整、清晰地表达出来，并要考虑到易于读图和画图。要合理地选择零件的表达方法，必须先从主视图入手。

1. 主视图的选择

主视图是表达零件最主要的一个视图，主视图选择是否合理直接影响看图、画图及其他视图的选择。因此，在选择主视图时应考虑以下两个方面。

1)主视图应反映零件的加工位置或工作位置

选择主视图时，零件的放置位置应尽量符合零件的主要加工位置或工作位置。一般轴套类零件和盘盖类零件按零件的主要加工位置放置，如图8-4所示；叉架类和箱体类零件按零件接在机器(部件)中的工作位置放置。

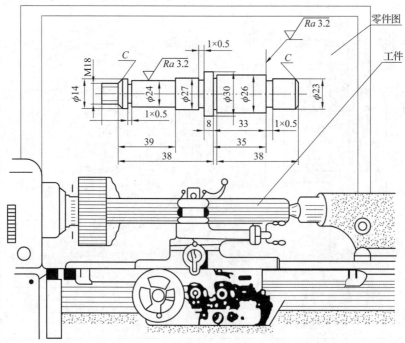

图8-4 轴类零件的加工示意图

2)主视图的投射方向应最能反映零件的结构形状特征

当零件的放置位置确定后,应选择最能反映零件结构形状特征及各组成部分之间的相互位置关系的方向为主视图的投射方向。

2. 其他视图的选择

主视图确定后,其他视图的选择应以主视图为基础,按零件的结构特点,首先选用基本视图或在基本视图上取剖视,表达主视图中尚未表达清楚的结构形状,使得每一个视图都有表达的重点。对于局部结构,可以用局部视图或局部剖视图进行表达。必须要注意,视图的选择要简洁,数量不宜过多。

3. 零件表达方案的分析比较

零件结构形状的表达方案并不是唯一的,可以有多个表达方案。有多种方案时要进行分析比较,择优而用。

8.3 典型零件的视图表达

1. 轴套类零件

1)零件的功用及结构分析

轴套类零件一般起支承、传递动力的作用。这类零件结构一般比较简单,由于轴上零件固定定位和拆装工艺的要求,其往往由若干段直径不等的同心圆柱组成,形成阶梯轴,且轴向尺寸比较大,径向尺寸相对较小,一般根据需要有键槽、倒角、退刀槽、螺纹等结构。

2)实例分析

如图 8-5(a)所示的轴,各部分均为同轴线的圆柱体,有两个键槽,在轴肩的两侧有砂轮越程槽,轴的两端有倒角。

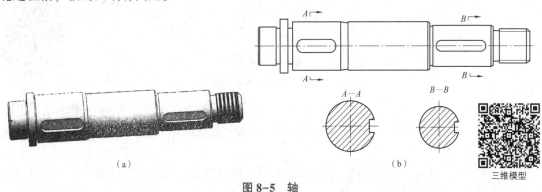

图 8-5 轴

(a)实物图;(b)视图表达

(1)选择主视图:轴套类零件一般在车床上加工,其主视图应按加工位置(轴线水平)放置,垂直轴线的方向作为主视图的投射方向,并将直径小的一端放置在右端;为表达键槽的形状和位置,键槽转向正前方。

(2)选择其他视图:键槽的深度用移出断面图表示,在不引起误会的情况下,移出断面图中的剖面线可以省略不画。主视图和两个移出断面图已将轴的结构形状全部表达清楚，如图 8-5(b)所示。

3)轴套类零件的视图表达原则

通过以上实例分析，根据轴套类零件的结构形状特点，其视图表达原则如下。

(1)一般只用主视图和一些断面图、局部放大图、局部剖视图等表达其结构形状特征。

(2)主视图按加工位置放置(即轴线水平放置)，垂直轴线的方向作为主视图的投射方向，并将直径小的一端放置在右端。

(3)如果有键槽、孔等结构形状，键槽和孔开口朝前。

2. 盘盖类零件

1)零件功用及结构分析

盘盖类零件主要包括齿轮、带轮、端盖、手轮等。这类零件的主体结构也是同轴线回转体或其他平板形，且厚度方向的尺寸比其他两个方向的尺寸小，其上有肋、轮辐、安装孔等结构。

2)实例分析

如图 8-6(a)中所示的端盖，主体结构为圆柱，并且有安装孔。

 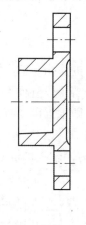 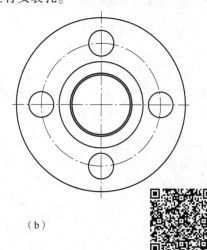

（a）　　　　　　　　　　　　　　　　　　　　　　　（b）

三维模型

图 8-6　端盖

(a)轴测图；(b)视图表达

(1)选择主视图：端盖主要在车床上加工，其主视图按加工状态将轴线水平放置。以图 8-6(a)中箭头 A 的指向作为主视图的投射方向，取全剖视图以表达零件的内形及由不同圆柱面组成的结构特点。

(2)选择其他视图：端盖上的孔沿圆周方向分布的情况用左视图表达，如图 8-6(b)所示。

3)盘盖类零件的视图表达原则

根据盘盖类零件的特点，其视图表达原则如下。

(1)选择主视图时，一般将轴线水平放置以反映其加工位置；以垂直轴线且最能反映其结构形状的方向作为主视图的投射方向，主视图一般采用剖视图表达其内部结构形状。

(2)通常采用两个视图，一个为主视图，另一个视图多为左视图(或右视图)，表示外部轮廓和其他各组成部分(如孔、轮辐等)的位置分布情况。如果有细小结构，则还需增加局部放大图。

3. 叉架类零件

1) 零件功用及结构分析

叉架类零件一般起连接、支承、操纵调节等作用。这类零件的结构差异很大，形状不规则，许多零件都有倾斜结构。常见的叉架类零件有连杆、拨叉、支架、摇杆等。

2) 实例分析

如图 8-7(a) 所示的拨叉，由叉口、圆柱套筒和凸台，以及连接它们的连接板、肋板组成。在机构中，用它来拨动其他零件，通常把带有键槽的圆筒安装在传动轴上，经过肋板的连接支承作用，使叉口进行工作；当用它来作支承时，则反过来固定叉口或底板，通过肋板支承圆筒，再由圆筒支承轴类零件。

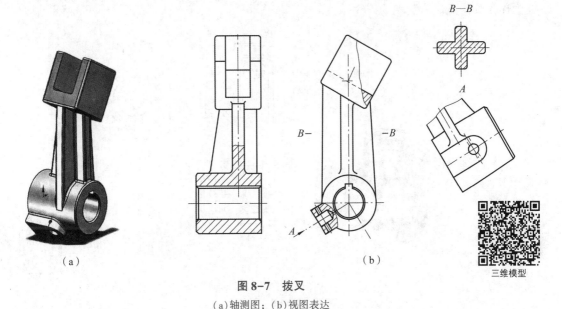

图 8-7　拨叉
(a) 轴测图；(b) 视图表达

选择主视图：这类零件加工位置不太固定，因此选择主视图时，以工作位置放置，并结合其主要结构特征选择图 8-7(b) 所示方向为主视图的投射方向。主视图采用局部剖视图表达圆筒的结构形状、叉口的结构形状、连接板的结构形状、肋板的厚度等。

选择其他视图：俯视图采用局部剖视图表达圆筒上面的凸台及孔、叉口与圆筒之间的相对位置、连接板的厚度等。另用一个向视图表达圆筒上面的凸台形状及孔的位置，用移出断面表达肋板截断面形状，如图 8-7(b) 所示。

3) 叉架类零件的视图表达原则

叉架类零件的结构比较复杂且形状不规则，其视图表达原则如下。

(1) 一般以工作位置放置，选择表达其形状特征、主要结构及各组成部分之间的相对位置关系最明显的方向作为主视图的投射方向。

(2) 结合主视图，选择其他视图，倾斜结构常用斜视图或斜剖视图来表示；安装孔、安装板、支承板、肋板等结构常采用局部剖视图、移出断面图来表示。

4. 箱体类零件

1)零件功用及结构分析

箱体类零件是组成机器(或部件)的主要零件之一,其内、外结构形状一般比较复杂,通常为铸件。这类零件主要用来支承、包容和保护运动零件或其他零件,因此多为有一定壁厚的中空腔体,壁上有支承孔和与其他零件装配的孔或螺孔等结构;为使运动零件得到润滑,箱体内常存放润滑油,因此,有注油孔、放油孔和观察孔等结构;为了防尘、密封,与其他零件或机座装配,有安装底板、安装孔等结构。

2)实例分析

如图 8-8(a)所示,阀体基本立体为球形壳体,内腔容纳阀芯和密封圈等零件;左边方形凸缘的 4 个螺钉孔,用于与阀盖连接;上端圆柱筒内孔安装阀杆、密封填料等;右端的螺纹为连接管子用。

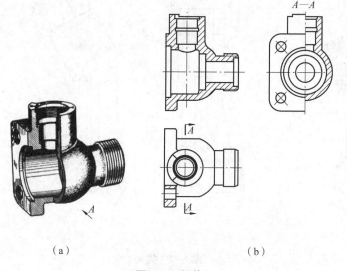

三维模型

图 8-8　阀体

(a)轴测图;(b)视图表达

选择主视图:阀体在加工时的装卡位置不定,其主视图应以图 8-8(a)所示位置的工作状态绘制,以箭头 A 所指的方向为主视图的投射方向,采用全剖视图表达其复杂的内部结构。

选择其他视图:主体部分的外形特征和左端凸缘的方形结构,采用半剖的左视图表达。经检查,阀体顶部的扇形凸缘还没表示清楚,同时为使阀体的外形表示得更为清晰,再加选一个俯视图。最后确定阀体的视图表达方案如图 8-8(b)所示。

3)箱体类零件的视图表达原则

箱体类零件的视图选择原则如下。

(1)以工作位置放置,选择反映其形状特征、主要结构其各组成部分之间的相对位置关系最明显的方向作为主视图的投射方向。

(2)根据零件的复杂程度,通常至少选用 3 个视图,并结合断面图、局部视图、剖视图等表达方法。

(3)以上视图的选择在选用视图数量最少的原则下，使得各个视图都有一个表达的重点，将零件的结构形状清晰地表达出来。

8.4 零件的工艺结构

设计零件时，零件的结构形状不仅要满足其在机器或部件中的作用，而且要便于加工制造，使得零件的结构既能满足设计要求，同时满足工艺要求。零件的加工手段通常有热加工（即铸造、锻造等）和机械加工，对于不同的加工手段，零件的工艺要求不同。下面介绍零件常见的铸造工艺结构和机械加工工艺结构的特点。

8.4.1 铸造工艺结构

1. 最小壁厚

为了防止金属熔液在未充满砂型之前就凝固，铸件的壁厚应不小于表 8-1 所列数值。

表 8-1 铸件的最小壁厚   单位：mm

铸造方法	铸件尺寸	灰铸铁	铸钢	球墨铸铁	可锻铸铁	铝合金	铜合金
砂型	<200×200	5~6	8	6	5	3	3~5
	200×200～500×500	7~10	10~12	12	8	4	6~8
	>500×500	15~20	15~20			6	

2. 铸造圆角

为避免在铸件表面相交处产生应力集中现象，防止产生裂纹、夹砂、缩孔等铸造缺陷，或防止金属熔液冲毁砂型转角处，铸件相邻表面相交处应以圆角过渡，称为铸造圆角，如图 8-9 所示。铸造零件的非加工表面一般都留有铸造圆角。

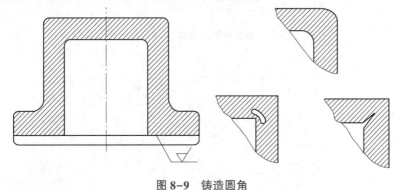

图 8-9 铸造圆角

铸造圆角半径一般小于 6 mm，不必在图中一一注出，可统一在技术要求中用文字注明，如"未注铸造圆角 R3 ~ R5"。

由于有铸造圆角存在，铸件表面间的交线（相贯线）变得不明显。为了清晰地表现形状特征，便于看图时分清不同表面的交界处，画零件图时，在表面间的圆角过渡处按没有圆角时的情况作出相贯线，但只画到理论交线的端点为止，并将其称为过渡线，如图 8-10 所示。

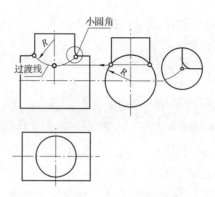

图 8-10　过渡线(两曲面立体相贯)

画过渡线时应注意:

(1)零件的相邻表面相交时,过渡线不应与轮廓线相接触;

(2)过渡线在切点附近应该断开。

如图 8-11 所示,平面立体与平面立体、平面立体与曲面立体相交时,过渡线在转角处应断开,并加画过渡圆弧,其弯曲方向与铸造圆角的方向一致。图 8-12 为两曲面立体相切产生的过渡线。

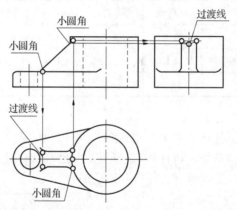

图 8-11　过渡线(平面与平面立体、平面与曲面立体相交)

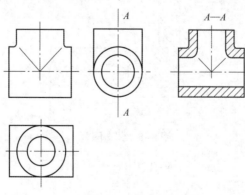

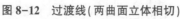

图 8-12　过渡线(两曲面立体相切)

3. 壁厚均匀

为了避免由于铸件的壁厚不均匀，浇注零件时各部分的冷却速度不一致，形成缩孔等铸造缺陷，在设计铸件时，铸件的壁厚应尽量均匀或逐渐变化，如图 8-13 所示。

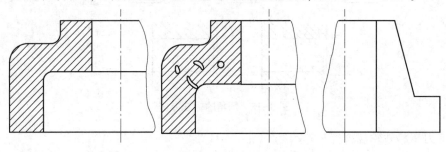

图 8-13　壁厚与缺陷

4. 起模斜度

铸造零件时，为了便于将木模顺利地从砂型中取出，在铸件的内、外壁沿起模方向设计一定的斜度，称为起模斜度。起模斜度通常取 1∶10~1∶20，比较小，所以零件图中可以不必画出，如图 8-14 所示。图 8-14(a)为起模示意图，图 8-14(b)标注出起模斜度，图 8-14(c)既没有标注出起模斜度，也没有画出斜度。

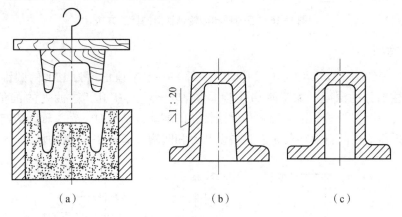

（a）　　　　　　　　（b）　　　　　　　　（c）

图 8-14　起模斜度的标注

8.4.2　机械加工工艺结构

零件上的机械加工结构有倒角和倒圆、退刀槽和砂轮越程槽、钻孔结构、凸台和凹坑等。

1. 倒角和倒圆

零件经切削加工后会形成毛刺、锐边，为了便于装配和去除毛刺、锐边，在轴端面或孔口加工成倒角。倒角与轴线的角度一般为 45°，有时也为 30°或 60°。图 8-15 所示为倒角的标注方法。

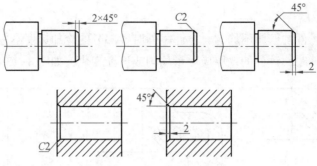

图 8-15　倒角的标注方法

2. 退刀槽和砂轮越程槽

加工时，为了方便刀具退出，或磨削时，为了使砂轮可稍微越过加工面，能够磨到根部或磨削端部，常在待加工面的末端预先车出退刀槽或砂轮越程槽。图 8-16 为退刀槽和砂轮越程槽的标注方法，一般按"槽宽×槽深"或"槽宽×直径"标出。

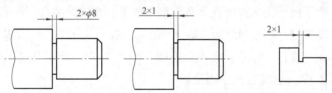

图 8-16　退刀槽和砂轮越程槽的标注方法

3. 钻孔结构

因钻头顶角约为 120°，加工不通孔时，底部有一个锥顶角约为 120° 的圆锥面，孔的有效深度为圆柱部分的深度；加工阶梯孔时，先钻小孔，再扩孔，过渡处的锥角也为 120°，如图 8-17(a) 所示；为避免钻头折断和保证钻孔的准确，钻孔时，钻头轴线应与被钻孔的表面垂直；如果需要在倾斜面钻孔时，宜增设凸台和凹槽，如图 8-17(b) 所示。

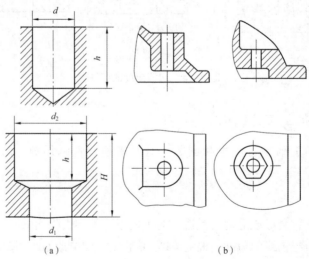

（a）　　　　　　　　　　　（b）

图 8-17　钻孔结构

4. 凸台和凹坑

为了使零件与零件表面接触良好，零件上的接触表面要经过机械加工，为了减少加工面积，保证加工精度，增加装配时的稳定性，在铸件上设计出凸台、凹坑，如图 8-18(a)所示。零件底面一般采用减少加工面积的方式，如图 8-18(b)所示。

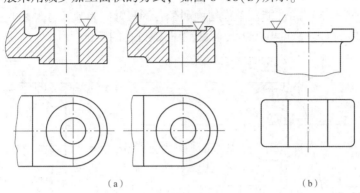

（a）　　　　　　　　　　　　　　　（b）

图 8-18　凸台和凹坑

8.5　零件图的尺寸标注

零件图上的尺寸是加工和检验零件的依据，因此尺寸标注必须正确、完整、清晰和合理。在第 6 章中已经对如何正确、完整、清晰地标注尺寸做了详细的介绍，这里着重介绍如何使零件的尺寸标注既达到设计时的要求(保证零件的工作性能)，又切合实际生产，便于生产加工和测量(保证能将零件加工制造出来)，这就是合理性问题。但是要达到这一要求，需要一定的专业知识和实际生产经验，这里只介绍合理地标注尺寸的基本原则和一般知识。

合理地标注尺寸，即标注尺寸既要满足设计要求，又要满足工艺要求。要达到这一要求，首先要正确地选择尺寸基准。

8.5.1　正确选择尺寸基准

确定零件上尺寸位置的几何要素称为尺寸基准，是标注尺寸和测量尺寸的起点。根据其作用的不同，可分为设计基准和工艺基准。

(1)设计基准。在设计零件时，为了保证零件的功能、确定其结构形状和相对位置时所选的基准为设计基准。通常情况下，选择确定零件在机器(或部件)中位置的点、线(对称中心线或回转面的轴线)或面(常为对称面或大形体的底面或端面)为设计基准。如图 8-19 所示，标注支架轴孔的中心高度尺寸 40±0.02，应以底面 D 为基准注出。标注底板两螺钉孔的定位尺寸 65 时，长度方向应以对称面 B 为基准，以保证两螺钉孔与轴孔的对称关系。标注轴孔宽度时，以轴孔的后端面 C 作为宽度方向的基准。B、C、D 面均为设计基准。

(2)工艺基准。在加工零件时，为了保证精度及加工、测量方便而选用的基准为工艺基准。工艺基准通常是零件在机床上加工时装夹的位置以及测量零件尺寸时所利用的点、线或面。如图 8-19 所示，凸台的顶面 E 是工艺基准，以此来测量螺孔的深度较方便。

每个零件都有长、宽、高 3 个方向的尺寸，每个方向至少要有一个基准。决定零件主要尺寸的基准称为主要基准，除主要基准以外的基准称为次要基准或辅助基准。因此，设计基准和工艺基准也分别称为主要基准和次要基准，两基准之间必须有联系尺寸，如图8-19中的尺寸58就是设计基准(主要基准)D和工艺基准(辅助基准)E之间的联系尺寸。

1. 重要尺寸直接标注出

重要尺寸是指影响产品性能、工作精度和配合的尺寸。重要尺寸必须直接标注出，如图8-19中轴孔的中心高度尺寸40±0.02，底板上两螺钉孔的定位尺寸65。

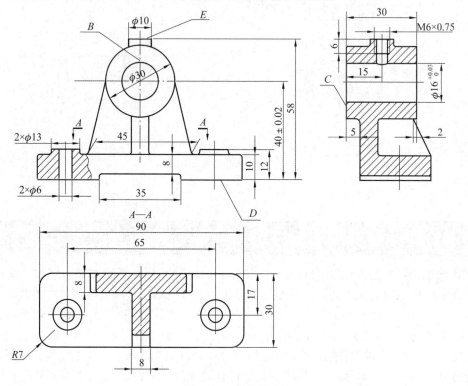

图8-19　尺寸基准

2. 避免标注成封闭的尺寸链

要避免零件某一方向上的尺寸首尾相互连接，构成封闭尺寸链。如图8-20(a)所示，由于$A = B + C + D$，尺寸A和尺寸B、C、D构成了封闭尺寸链，这是不合理的。标注时，应当去掉一个不重要的尺寸D才合理，如图8-20(b)所示。

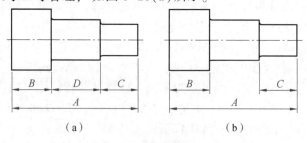

（a）　　　　　　　　　　　（b）

图8-20　避免封闭尺寸链

（a）不合理；（b）合理

3. 尺寸标注应符合加工顺序、便于测量

（1）标注尺寸应符合零件的加工顺序。如图 8-21 所示轴的加工顺序为：先按尺寸 35 定退刀槽位置，加工退刀槽 4×ϕ15［图 8-21(a)］，然后车 ϕ20 的外圆和轴端倒角［图 8-21(b)］。

因此，图 8-21(c)标注合理，而图 8-21(d)标注不合理。

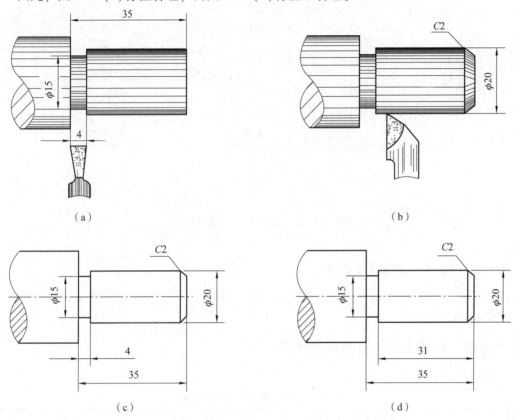

图 8-21　尺寸标注应符合加工顺序

(a)加工退刀槽；(b)车外圆；(c)合理；(d)不合理

（2）标注尺寸应便于测量。例如，套筒轴向尺寸应按图 8-22(a)标注，这样尺寸 B 便于测量，若按图 8-22(b)标注，则尺寸 B 不便于测量。

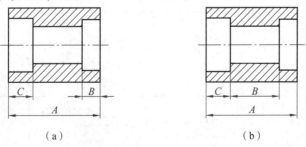

图 8-22　标注尺寸应便于测量

(a)合理；(b)不合理

4. 加工面与非加工面的标注

对于铸造零件或锻造零件，同一方向上的加工面、非加工面应选择一个基准分别标注有关尺寸，并且两个基准之间只允许有一个联系尺寸。如图 8-23 所示，沿铸件高度方向有 3 个非加工面 B、C、D。图 8-23(a)中只有面 B 与加工面 A 用尺寸 8 相联系，而图 8-23(b) 中，3 个非加工面 B、C、D 都与加工面 A 有联系，这样在加工面 A 时，就很难同时保证 3 个联系尺寸 8、42 和 34。

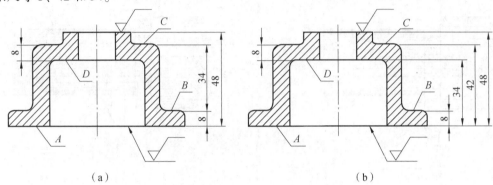

（a）   （b）

图 8-23　加工面与非加工面的标注

（a）合理；（b）不合理

5. 零件上标准结构按规定标注

零件上的标准结构，如螺纹、退刀槽、键槽、销孔、沉孔等，应查阅有关国家标准，按规定标注尺寸。

8.5.2　零件上常见孔的尺寸标注

零件上常见孔的尺寸标注如表 8-2 所示。

表 8-2　零件上常见孔的尺寸标注

类型	旁注法		普通注法	说明
光孔	$4\times\phi7\ \overline{\underline{\vee}}\ 18$	$4\times\phi7\ \overline{\underline{\vee}}\ 18$	$4\times\phi7$	4 个直径为 7 mm，深为 18 mm，均匀分布的孔
	$4\times\phi7H7$ $\overline{\underline{\vee}}18$	$4\times\phi7H7$ $\overline{\underline{\vee}}18$	$4\times\phi7H7$	4 个直径为 7 mm，公差为 H7，孔深为 18 mm，均匀分布的孔
螺纹孔	$4\times M10-6H$	$4\times M10-6H$	$4\times M10-6H$	4 个螺纹孔，大径为 M10，螺纹等级为 6H，均匀分布

类型	旁注法		普通注法	说明
螺纹孔	4×M6−6H ▽10	4×M6−6H ▽10	4×M6−6H 10	4 个螺纹孔，大径为 M6，螺纹公差等级为 6H，螺纹孔深为 10 mm，均匀分布
	4×M6−6H▽10 ▽12	4×M6−6H▽10 ▽12	4×M6−6H 10 12	4 个螺纹孔，大径为 M6，螺纹公差等级为 6H，螺纹孔深为 10 mm，光孔深为 12 mm，均匀分布
沉孔	6×ϕ7 ▽ϕ13×90°	6×ϕ7 ▽ϕ13×90°	90° ϕ13 6×ϕ7	6 个直径为 7 mm 的通孔，锥形沉孔的直径为 13 mm，锥角为 90°，均需标注
	6×ϕ6 ⊔ϕ12▽4.5	6×ϕ6 ⊔ϕ12▽4.5	ϕ12 4.5 4×ϕ6	柱形沉孔的直径为 12 mm，深度为 4.5 mm，均需标注
	4×ϕ9 ⊔ϕ20	4×ϕ9 ⊔ϕ20	ϕ20 4×ϕ9	锪孔直径为 20 mm 的深度无须标注，一般锪平到光面为止

8.6 零件图上的技术要求

现代工业的特点是规模大、分工细、协作单位多、互换性要求高。为了使生产中各部门协调一致和各环节衔接有序，必须有一种手段能使分散的生产部门和生产环节保持必要的技术统一，成为有机的整体，以实现互换性生产。标准与标准化正是实现这种联系的途径和手段，是互换性生产的基础。那么，什么叫互换性呢？一台机器在装配过程中，从制成的同一规格、大小相同的零部件中任取一件，不需经过任何挑选或修配，便能与其他零部件安装在一起，并能够达到规定的功能和使用要求，则说这样的零部件具有互换性。

尺寸公差标准、形状位置公差标准、国家对绘制工程图样颁布的所有标准，是工程设计当中组织生产的重要依据。有了标准，且标准得到正确的贯彻实施，就可以保证产品质量，缩短生产周期，便于开发新产品的协作配套过程。标准化是组织现代化大生产的重要手段，是联系设计、生产和使用等方面的纽带，是科学管理的重要组成部分。

在机械设计和制造中，确定合理的极限、配合、形状、位置公差是保证产品质量的重要手段之一。因此，极限与配合是尺寸标注中的一项重要技术要求。工程制图基于以下 3 个方面的原因引入了极限与配合的内容：

（1）零件加工制造时必须给尺寸一个允许变动的范围；

（2）零件之间在装配中要求有一定的松紧配合，这种要求应由零件的尺寸偏差来满足；

（3）零件或部件互换性的要求。

在设计中选择极限与配合时，要使其在制造与装配中既经济又方便，这样所确定的极限与配合才合理。

8.6.1　极限与配合及其标注

在实际生产制造中，由于机床的精度、振动、测量工具的误差及人为因素的影响，零件的尺寸不可能加工得绝对准确，在这种情况下，对零件（或部件）的有关尺寸、形状和位置等按规定给出一个允许的变动范围，并分别称为尺寸公差、形状公差、位置公差。零件的实际尺寸、形状、位置只要在这个变动范围内，就可以实现互换性，即为合格产品。

为了保证互换性和加工零件的需要，相关部门制定了极限与配合的国家标准。

1. 极限与配合的基本概念

（1）基本尺寸：设计时确定的尺寸，如图 8-24 所示。

（2）实际尺寸：加工成零件后实际测量获得的尺寸。

（3）极限尺寸：一个尺寸允许变动的两个极限值。实际尺寸应位于其中，也可达到极限尺寸。最大的尺寸称为最大极限尺寸，最小的尺寸称为最小极限尺寸，如图 8-24 所示。

（4）尺寸偏差：简称为偏差，是指某一尺寸减其基本尺寸所得的代数差。最大极限尺寸减其基本尺寸所得的代数差称为上极限偏差；最小极限尺寸减其基本尺寸所得的代数差称为下极限偏差，如图 8-24 所示。轴的上、下极限偏差代号用小写字母 es、ei 表示；孔的上、下极限偏差代号用大写字母 ES、EI 表示，如图 8-25 所示。上、下极限偏差可以为正数、负数，也可以为 0。

（5）公差：即尺寸公差，是指最大极限尺寸与最小极限尺寸之差，或上极限偏差与下极限偏差之差。它是允许尺寸的变动量，如图 8-26 所示。公差必须是大于 0 的数。

（6）公差带：由上极限偏差和下极限偏差或最大极限尺寸和最小极限尺寸的两条直线所限定的一个区域。它是由公差大小和其相对零线的位置（基本偏差）来确定的，如图 8-26 所示。

（7）零线：公差带图中由基本尺寸所决定的一条直线，以其为基准确定偏差和公差。通常，零线沿水平方向绘制，正偏差位于其上，负偏差位于其下，如图 8-26 所示。

（8）公差等级：确定尺寸精度的等级。在国家标准中，公差等级分为 IT01，IT0，IT1，…，IT18 共 20 个等级，在本标准极限与配合中，同一公差等级（如 IT7）对所有基本尺寸的一组公差被认为具有同等精度。对于同一基本尺寸，IT01 数值最小，其精度最高；IT18

数值最大，其精度最低。IT01～IT12 用于配合尺寸，IT12～IT18 用于非配合尺寸。公差等级反映了零件的精密程度。

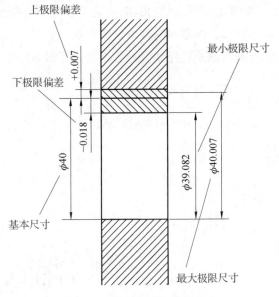

图 8-24　基本尺寸和极限尺寸

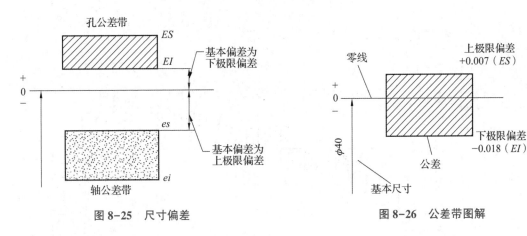

图 8-25　尺寸偏差　　　　　　　图 8-26　公差带图解

（9）标准公差（IT）：本标准极限与配合制中，由公差等级和基本尺寸所确定的公差。标准公差数值可根据基本尺寸和公差等级从 GB/T 1800.2—2020 中查出（见本书附表 A-1）。字母 T 为"国际公差"的符号。

（10）基本偏差：国家标准规定的轴和孔的偏差，各有 28 个，用拉丁字母表示。大写字母表示孔，小写字母表示轴。在标准极限与配合制中，用以确定公差带相对于零线位置的上偏差或下偏差，一般指靠近零线的那个偏差。它可以是上极限偏差或下极限偏差（图 8-25）。

其中，21 个基本偏差以单个拉丁字母为代号按顺序排列，7 个基本偏差以两个拉丁字母为代号，如图 8-27 所示。规定对孔用大写字母 A，…，ZC 表示，对轴用小写字母 a，…，20 表示。"H"表示基准孔，"h"表示基准轴。

若公差带位于零线之上，则下极限偏差为基本偏差；若公差带位于零线之下，则上极限偏差为基本偏差。轴的基本偏差 a~h 为上极限偏差，j~ze 为下极限偏差，js 的基本偏差为（+IT/2）或（−IT/2）；孔的基本偏差 A~H 为下极限偏差，J~ZC 为上极限偏差，JS 的基本偏差为（+IT/2）或（−IT/2），如图 8-27 所示。JS 和 js 公差带完全对称地分布于零线两侧。因此，$ES=es=$IT/2；$EI=ei=-$IT/2；H 和 h 的基本偏差为 0。

孔和轴公差带的代号由基本偏差代号和公差等级组成，如 H7、h6 等。

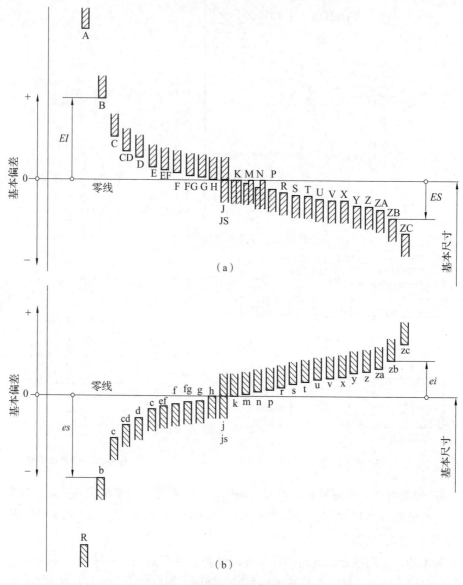

图 8-27　基本偏差系列示意图

(a)孔；(b)轴

2. 配合

配合是指基本尺寸相同，相互装配的孔和轴公差带之间的关系。配合反映了孔和轴之间的松紧程度。在实际生产中，由于孔和轴的实际尺寸不同，装配后可能出现不同的松紧程度，将产生"间隙"或"过盈"。当孔的尺寸减去相配合的轴的尺寸所得的代数差为正时产生间隙，为负时便产生了过盈。配合分为间隙配合、过渡配合、过盈配合 3 种。

（1）间隙配合。孔轴装配时，孔的尺寸减去相配合的轴的尺寸之差为正时为间隙配合，如图 8-28 所示。此时孔的公差带完全在轴的公差带之上，任取一对孔与轴配合，孔轴之间总有间隙(包括最小间隙为 0)。最小间隙为在间隙配合中，孔的最小极限尺寸减去轴的最大极限尺寸；最大间隙为孔的最大极限尺寸减去轴的最小极限尺寸。

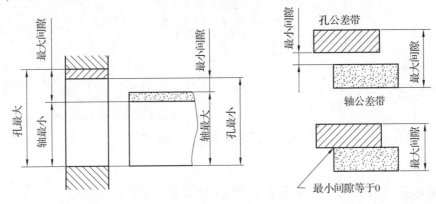

图 8-28　间隙配合孔、轴公差带关系

（2）过渡配合。孔轴装配时，孔的尺寸减去相配合的轴的尺寸之差约为 0 时为过渡配合，它是可能具有间隙也可能具有过盈的配合关系。此时，孔的公差带与轴的公差带相互交叠，如图 8-29 所示。

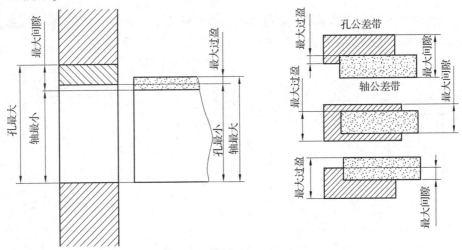

图 8-29　过渡配合孔、轴公差带关系

（3）过盈配合。孔轴装配时，孔的尺寸减去相配合的轴的尺寸之差为负时为过盈配合，如图 8-30 所示。此时孔的公差带完全在轴的公差带之下，任取一对孔与轴配合，孔轴之间总有过盈(包括最小过盈为 0)。此时，轴不能在孔中转动。最小过盈为在过盈配合中，孔的最大极限尺寸减去轴的最小极限尺寸；最大过盈为孔的最小极限尺寸减去轴的最大极限尺寸。

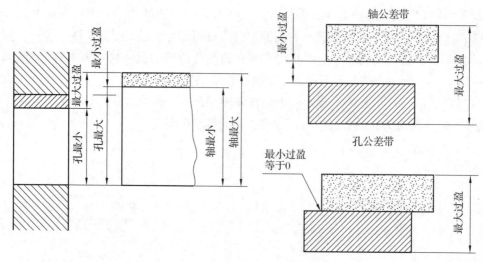

图 8-30　过盈配合孔、轴公差带关系

3. 配合制

配合制是同一级限制的孔和轴组成配合的一种制度。当基本尺寸确定后，为了得到孔与轴之间的各种不同性质的配合，需要制订其公差带。如果孔与轴都可以任意变动，则配合情况变化极多，不便于零件的设计和制造。为此，国家标准中规定了两种配合制：基轴制配合和基孔制配合。

（1）基轴制配合：基本偏差为一定的轴的公差带，与不同基本偏差的孔的公差带形成的各种配合。

基轴制配合中的轴称为基准轴，基准轴的最大极限尺寸与基本尺寸相等，用基本偏差代号"h"表示，即轴的上极限偏差为 0 的一种配合制，如图 8-31 所示。

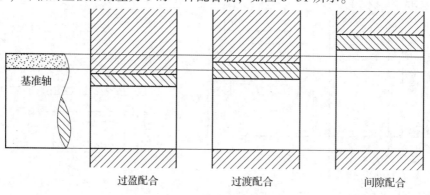

图 8-31　基轴制配合示意图

（2）基孔制配合：基本偏差为一定的孔的公差带，与不同基本偏差的轴的公差带形成的各种配合。

基孔制配合中的孔称为基准孔，基准孔的最小极限尺寸与基本尺寸相等，用基本偏差代号"H"表示，即孔的下极限偏差为 0 的一种配合制，如图 8-32 所示。

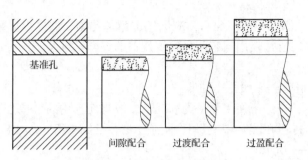

图 8-32 基孔制配合示意图

4. 优先配合与常用配合

一对相互配合的孔与轴具有相同的基本尺寸，但孔和轴可分别确定其公差等级及基本偏差系列，两者组合形成各自的公差带，孔和轴各自的公差带结合后成为各种配合。由于配合形式的数量过多，不便于使用，因此，国家标准规定了优先公差带和优先配合、常用公差带和常用配合及其一般用途的公差带，在选用时应考虑以下几个方面。

(1)选用优先公差带和优先配合。国家标准根据机械工业产品生产使用的需要，考虑到定制刀具、量具规格的统一，规定了一般用途孔公差带 105 种、轴公差带 119 种，以及优先选用的孔和轴公差带。

国标中规定了基孔制常用配合 59 种，其中优先选用配合 13 种，如图 8-33 所示；又规定了基轴制常用配合 47 种(框内配合)，其中优先选用配合 13 种(圆圈内配合)，如图 8-34 所示。

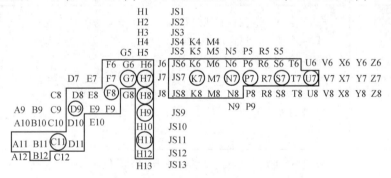

图 8-33 优先、常用和一般用途孔的公差带

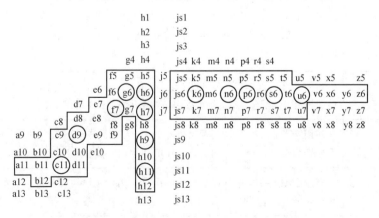

图 8-34 优先、常用和一般用途轴的公差带

（2）优先选用基孔制。一般情况下，应优先选用基孔制，这样可以限制定制刀具、量具的规格、数量。基轴制通常仅用于有明显经济效益的场合，以及结构设计要求不适合采用基孔制的场合。

（3）选用公差等级时，一般孔比轴低一级。

为降低加工成本，在保证使用要求的前提下，应当使选用的公差为最大值。因加工孔较困难，一般孔的公差等级在配合中选用比轴的公差等级低一级，如 H8/h7 等。各种基本偏差的应用实例如表 8-3 所示。

表 8-3　各种基本偏差的应用实例

配合	基本偏差	特点及应用实例
间隙配合	a（A） b（B）	可得到特别大的间隙，应用很少。主要用于工作时温度高、热变形大的零件的配合，如发动机中活塞与缸套的配合为 H9/a9
	c（C）	可得到很大的间隙。一般用于工作条件比较差（如农业机械）、工作时受力变形大及装配工艺性不好的零件的配合，也适用于高温工作的间隙配合，如内燃机排气阀杆与导管的配合为 H8/c7
	d（D）	与 IT7～IT11 对应，适用于轴承的间隙配合（如滑轮、空转的带轮与轴的配合），以及大尺寸滑动轴承与轴颈的配合（如涡轮机、球磨机等的滑动轴承），如活塞环与活塞槽的配合可用 H9/d9
	e（E）	与 IT6～IT9 对应，具有明显的间隙，用于大跨距及多支点的转轴与轴承的配合，以及高速、重载的大尺寸轴与轴承的配合，如大型电动机、内燃机的主要轴承处的配合为 H8/e7
	f（F）	多与 IT6～IT8 对应，用于一般转动的配合，受湿度影响不大，采用普通润滑油的轴与滑动轴承的配合，如齿轮箱、小电动机、泵等的转轴与滑动轴承的配合为 H7/f6
	g（G）	多与 IT5、IT6、IT7 对应，形成配合的间隙较小，用于轻载精密装置中的转动配合，用于插销的定位配合，滑阀、连杆销等处的配合，钻套孔多用 G
	h（H）	多与 IT4～IT11 对应，广泛用于无相对转动的配合、一般的定位配合。若没有湿度、变形的影响，也可用于精密滑动轴承，如车床尾座孔与滑动套筒的配合为 H6/h5
过渡配合	js（JS）	多用于 IT4～IT7 具有平均间隙的过渡配合，用于略有过盈的定位配合，如联轴节、齿圈与轮毂的配合，滚动轴承外圈与外壳孔的配合，多用 JS7。一般用手槌装配
	k（K）	多用于 IT4～IT7 平均间隙接近 0 的配合，用于定位配合，如滚动轴承的内、外圈分别与轴颈、外壳孔的配合。一般用木槌装配
	m（M）	多用于 IT4～IT7 平均过盈较小的配合，用于精密定位的配合，如蜗轮的青铜轮缘与轮毂的配合为 H7/m6

续表

配合	基本偏差	特点及应用实例
过渡配合	n(N)	多用于 IT4~IT7 平均过盈较大的配合，很少形成间隙。用于加键传递较大扭矩的配合，如冲床上齿轮与轴的配合。用木槌或压力机装配
过盈配合	p(P)	用于小过盈配合，与 H6 或 H7 的孔形成过盈配合，而与 H8 的孔形成过渡配合。碳钢和铸铁间零件形成的配合为标准压入配合，如卷扬机的绳子滚轮与齿圈的配合为 H7/p6。合金钢间零件的配合需要小过盈时可用 p(或 P)
	r(R)	用于传递大扭矩或受冲击负荷需要加键的配合，如蜗轮与轴的配合为 H7/r6
	s(S)	用于钢和铸铁零件的永久性和半永久性结合，可产生相当大的结合力，如套环压在轴、阀座上用 H7/s6 配合
	t(T)	用于钢和铸铁间零件的永久结合，不用键也可传递扭矩，须用热套法或冷轴法装配，如联轴节与轴的配合为 H7/t6
	u(U)	用于大过盈配合，最大过盈须验算，用热套法进行装配，如火车轮毂和轴的配合为 H6/u5
	v(V)，x(X) y(Y)，z(Z)	用于特大过盈配合，目前使用的经验和资料很少，须经试验后才能应用。一般不推荐

5. 极限与配合在图样上的标注方法

1）零件图中公差的标注

如图 8-35 所示，零件图中，极限标注方法有 3 种形式。

（1）注出公称尺寸和公差带代号[见图 8-35（a）]。这种标注方法公差带代号字高和公称尺寸字高相同。

（2）注出公称尺寸和极限偏差数值[见图 8-35（b）]。这种标注方法的标注规则如下。

①极限偏差值字高比公称尺寸字高小一号。上、下极限偏差数值以 mm 为单位分别注在公称尺寸的右上角、右下角，下极限偏差与公称尺寸数字底线对齐。

②上、下极限偏差数值中的小数点必须对齐，小数点后右端的"0"一般不标注出；如果为了小数点后的位数相同，可以用"0"补齐。

③某一极限偏差数值为 0 时，仍应标注出，并与另一个极限偏差小数点左面的个位数字对齐。

④上、下极限偏差绝对值相等时，只写一个数值，其字高与尺寸字高大小相同，数值前注写"±"，如 $\phi20\pm0.01$。

（3）同时注出公差带代号和极限偏差数值[图 8-35（c）]。这种注法是在公差带代号后面的括号内同时注出上、下极限偏差数值。尺寸中的尺寸偏差数值可根据公称尺寸及其公差带代号，查阅本书附录 A 确定。

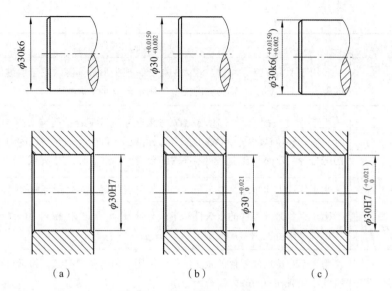

（a）　　　　　　　（b）　　　　　　　（c）

图8-35　零件图中公差的标注

2）装配图中公差的标注

在装配图中两零件的配合关系用配合代号进行标注，即在相同的基本尺寸右边以分数的形式注出孔和轴的公差带代号，分子为孔的公差带代号，分母为轴的公差带代号，如图8-36所示。根据配合代号可确定配合制：若分子中的基本偏差代号为 H，则孔为基准孔，轴孔的配合为基孔制配合；若分母中的基本偏差代号为 h，则轴为基准轴，轴、孔的配合为基轴制配合。

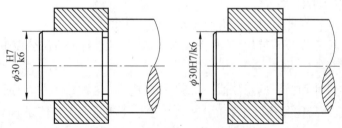

图8-36　装配图中公差的标注

8.6.2　形状和位置公差

1. 概述

零件加工过程中，由于加工中出现的受力变形、热变形，机床、刀具、夹具系统存在几何误差，以及磨损和振动等因素，使零件加工后的各几何要素的实际形状和位置、相对形状和位置产生一定的误差。

为了进一步使我国机械行业走向世界，使我国的形位公差标准与国际通用标准完全接轨，在研究分析了国际标准和世界各国标准，以及了解了国内生产情况和贯彻标准经验的基础之上，我国对原 GB/T 1182、GB/T1183 等形位公差国家标准进行了修订，制定了 GB/T 1182—2018 等一系列新的形位公差标准，同时代替原 2008 系列形位公差国家标准。

2. 形位公差项目及符号

按照 GB/T 1182—2018 的分类方法，形位公差项目按其特征分为形状公差、方向方差、位置公差和跳动公差。其中形状公差有 6 项：直线度、平面度、圆度、圆柱度、线轮廓度、面轮廓度；方向公差有 5 项：平行度、垂直度、倾斜度、线轮廓度、面轮廓度；位置公差有 6 项：位置度、同心度(用于中心点)、同轴度(用于轴线)、对称度、线轮廓度、面轮廓度；跳动公差有 2 项：圆跳动和全跳动。形位公差的符号及对基准的要求列于表 8-4 中，在图样中标注形位公差所用的有关符号列于表 8-5 中。

表 8-4　形位公差的符号及对基准的要求

公差类型	项目	符号	有无基准
形状公差	直线度	—	无
	平面度	▱	无
	圆度	○	无
	圆柱度	⌿	无
	线轮廓度	⌒	无
	面轮廓度	⌓	无
方向公差	平行度	//	有
	垂直度	⊥	有
	倾斜度	∠	有
	线轮廓度	⌒	有
	面轮廓度	⌓	有
位置公差	位置度	⊕	有或无
	同心度(用于中心点)	◎	有
	同轴度(用于轴线)	◎	有
	对称度	⚌	有
	线轮廓度	⌒	有
	面轮廓度	⌓	有
跳动公差	圆跳动	↗	有
	全跳动	⌿↗	有

表 8-5　标注形位公差所用的有关符号

说明	符号	说明	符号
被测要素的标注		最大实体要求	Ⓜ
		最小实体要求	Ⓛ

说明	符号	说明	符号
基准要素的标注	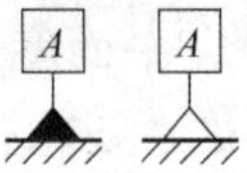 A A	可逆要求	ⓇR
基准目标的标注	 $\frac{\phi2}{A1}$	延伸公差带	ⓅP
理论正确尺寸	50	自由状态条件（非刚性零件）	ⓕF
包容要求	⒠E	全轴（轮廓）	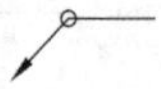

3. 零件的几何要素

零件的几何要素可按不同方式分类。

1) 按存在的状态分

(1) 理想要素：指具有几何学意义的要素，它是设计者要求的、由图样给定的没有几何误差的点、线、面。

(2) 实际要素：指零件上实际存在的要素，即加工后所得到的有几何误差的点、线、面。由于受到测量误差的影响，对于具体零件，其实际要素只能由测得要素来代替。但应该指出，此时的实际要素并非该要素的真实状况。

2) 按所处地位分

(1) 被测要素：根据零件的功能要求，某些要素需要给出形状或（和）位置公差，制造时，需要对这些要素进行测量，以判断其误差是否在公差范围内，国标中将上述给出的形状或（和）位置公差要素称为被测要素。

(2) 基准要素：指用来确定被测要素方向或（和）位置的要素。理想的基准要素简称基准。基准有点、直线和平面3种。

3) 按功能要求分

(1) 单一要素：指仅对要素本身提出功能要求，而给出的形状公差要素。

(2) 关联要素：指与零件上其他要素有功能关系的要素，图样上对关联要素规定出位置公差的要求。

4) 按结构特征分

(1) 轮廓要素：指构成零件外形并能被人们直接感觉到的要素，如圆、圆柱面、平面、棱线、曲面等。

(2) 中心要素：指零件上的轴线、球心、圆心、中心平面等，这样的要素虽然不能被人们直接感觉，但却随着相应的轮廓要素存在而客观存在。例如，有圆柱面的存在就有轴线的存在，有球面的存在就有球心的存在等。

4. 形位公差的标注

1) 公差框格的标注

(1) 公差要求在矩形框格中给出，该框格由两格或多格组成，如图8-37所示。框格中的内容应从左向右按以下次序填写。

① 公差特征项目的符号。

② 公差值，公差值为线性值。

③ 若需要，用一个或多个字母表示基准要素或基准体系，如表 8-6 所示。

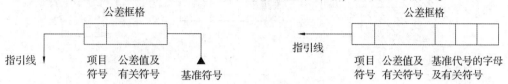

图 8-37 公差框格

表 8-6 基准符号(或代号)的画法

画法		图例	说明
结构	基准代号由基准符号、方框、指引线和相应的字母组成		基准符号为一涂黑(或空白)的等边三角形，无论基准符号的方向如何，其字母均水平书写
指引方法	基准代号从框格的另一端引出 基准符号用的引线亦可以与框格的侧边直接连接		

(2)当一个以上要素作为被测要素，应在框格的上方注明，如 6 个圆要素标注为 $6×\phi$；当需要对被测要素加注其他说明性内容时，应在框格下方注明，如图 8-38 所示。

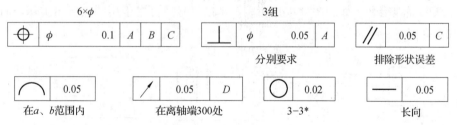

图 8-38 公差框格的标注

2)被测要素的标注

用箭头的指引线将框格与被测要素相连，按以下方式标注。

(1)当公差涉及轮廓线或表面时，将箭头置于要素的轮廓线或轮廓线的延长线上，但必须与尺寸线明显地错开，如图 8-39(a)、图 8-39(b)所示。

(2)当指向要素表面时，箭头可置于带点的参考线上，该点指向实际表面，如图 8-39(c)所示。

(3)当公差涉及轴线、中心平面或带尺寸要素确定的点时，带箭头的指引线应与尺寸线的延长线重合，如图 8-39(d)、图 8-39(e)、图 8-39(f)所示。

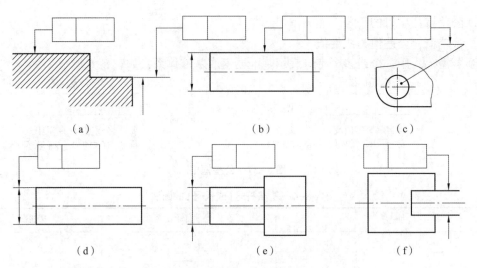

图 8-39　被测要素的标注

（4）指引线箭头指向被测要素时，其箭头的方向就是公差带的宽度或直径的方向，指的位置表示公差带的位置。

3）基准要素的标注

（1）相对于被测要素的基准，由基准字母表示。用带细实线正方形小方框的大写字母与涂黑（或空白）的等边三角形细实线相连，表示基准的字母也应在相应的公差框格内。

（2）带有基准字母的涂黑（或空白）的等边三角形应置于以下位置。

①当基准是尺寸要素确定的轴线、中心线、中心平面或中心点时，基准符号中的线与尺寸线方向一致，如图 8-40（a）、图 8-40（b）所示。当尺寸线处安排不下两个箭头时，另一箭头可用基准三角形代替，如图 8-40（c）所示。

②当基准要素是轮廓线或表面时，置于要素的外轮廓线上或外轮廓线的延长线上，但应与尺寸线明显地错开，如图 8-40（d）所示。基准符号还可置于用圆点指向实际表面的参考线上，如图 8-40（e）所示。

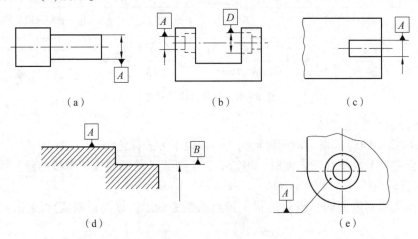

图 8-40　基准要素的标注

（3）表示基准的字母在公差框格内的标注方法如下。

①单一要素用大写字母表示，如图8-41（a）所示。

②2个要素组成的公共基准，用横线将2个大写字母隔开表示，如图8-41（b）所示。

③由2个或3个要素组成的基准体系（如多基准组合），表示基准的大写字母应按基准的优先级从左至右分别置于框格中，如图8-41（c）所示。

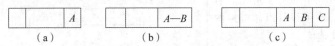

图8-41 基准要素在公差框格内的标注

为了便于学习参考，表8-7~表8-9、图8-42列举了形状、位置公差的标注示例及其符号、代号的基本规定和意义。

表8-7 形状、位置公差注法

示例	说明
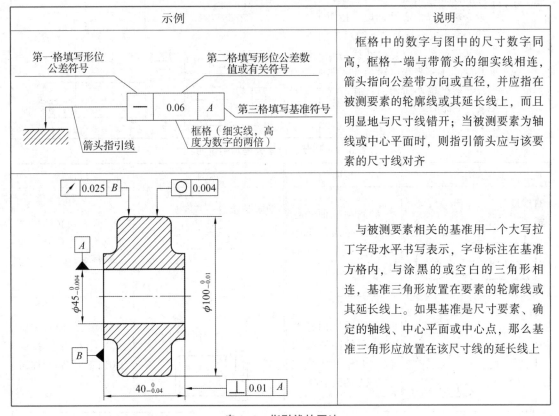	框格中的数字与图中的尺寸数字同高，框格一端与带箭头的细实线相连，箭头指向公差带方向或直径，并应指在被测要素的轮廓线或其延长线上，而且明显地与尺寸线错开；当被测要素为轴线或中心平面时，则指引箭头应与该要素的尺寸线对齐
	与被测要素相关的基准用一个大写拉丁字母水平书写表示，字母标注在基准方格内，与涂黑的或空白的三角形相连，基准三角形放置在要素的轮廓线或其延长线上。如果基准是尺寸要素、确定的轴线、中心平面或中心点，那么基准三角形应放置在该尺寸线的延长线上

表8-8 指引线的画法

	画法	图例
结构	指引线由指示箭头及引线构成，引线可以曲折，但不得多于两次	

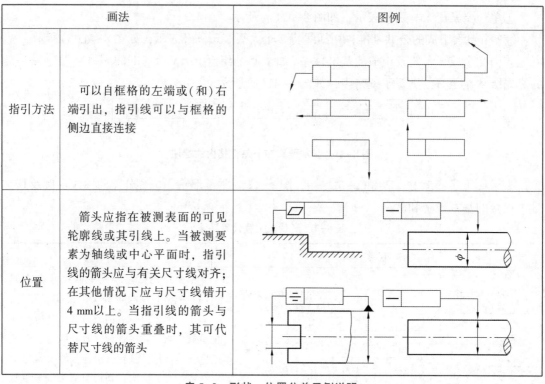

画法		图例
指引方法	可以自框格的左端或(和)右端引出，指引线可以与框格的侧边直接连接	
位置	箭头应指在被测表面的可见轮廓线或其引线上。当被测要素为轴线或中心平面时，指引线的箭头应与有关尺寸线对齐；在其他情况下应与尺寸线错开4 mm以上。当指引线的箭头与尺寸线的箭头重叠时，其可代替尺寸线的箭头	

表 8-9　形状、位置公差示例说明

示例	说明	示例	说明
直线度	被测圆柱面的任意素线必须位于距离为公差值 0.02 的两平行面之内	平面度	被测表面必须位于距离为公差值 0.1 的两平行平面内
圆度	被测圆柱面任意正截面的圆周必须位于半径差为公差值 0.02 的范围内	圆柱度	被测圆柱面必须位于半径差为公差值 0.05 的两同轴圆柱面之间
平行度	被测表面必须位于距离为公差值 0.02，平行于基准平面 A 的两平行平面之间	垂直度	被测表面必须位于距离为公差值 0.05，且垂直于基准平面 A 的两平行平面之间

续表

示例	说明	示例	说明
同轴度 ⌀0.1 A	大圆柱面的轴线必须位于直径为公差值 $\phi 0.1$，且与公共基准线 A（公共基准轴线）同轴的圆柱面内	对称度 0.05 A	被测中心平面必须位于距离为公差值 0.1，且相对于基准中心平面 A 对称配置的两平行面之间
位置度 ⌀0.1 A B	两个中心线的交点必须位于直径为公差值 $\phi 0.1$ 的圆内，该圆的圆心位于相对基准 A、B（基准直线）所确定的理想位置为轴线的柱面内	圆跳动 0.05 A	当被测要素围绕公共基准轴线 A 旋转一周时，在任意测量平面内的径向圆跳动量均不得大于 0.05

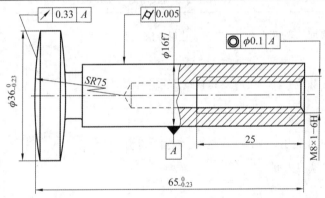

图 8-42　形位公差标注示例

8.7　零件的表面结构及其注法

1. 表面结构的概念

表面结构是表示零件表面质量的重要指标之一。零件经过加工以后，看似表面光滑，可是如果用放大镜观察，还是会看到凹凸不平的峰谷，如图 8-43 所示。零件表面上所具有的这种微观几何形状误差以及不平程度的特性称为表面结构。它是由刀具与加工表面的摩擦、挤压及加工时高频振动等方面的原因产生的。表面结构对零件的工作精度、耐磨性、密封性乃至零件之间的配合都有直接的影响。因此，恰当地选择零件表面的结构，对提高零件的工作性能和降低生产成本都具有重要的意义。

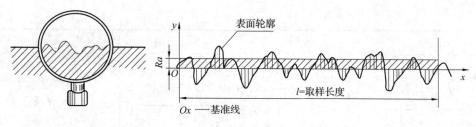

图 8-43　表面结构的概念

2. 表面结构的主要参数

国家标准中规定了评定表面结构的两个高度参数：Ra（轮廓算术平均偏差），Rz（轮廓最大高度）。

评定表面结构的参数，实际使用时可同时选定其中两项，也可只选一项，通常选用 Ra。

Ra 是指在取样长度内轮廓偏距（指测量面上轮廓线上的点至基准线之间的距离）绝对值的算术平均值，可表示为

$$Ra = \frac{1}{l}\int_0^l |y(x)|\,\mathrm{d}x$$

表面结构获得的方法及应用可参考表 8-10。

表 8-10　表面结构获得的方法及应用

表面结构		表面外观情况	获得方法	应用
Ra	名称			
—	毛面	除净毛口	铸、锻、轧制	机床床身、主油箱、溜板箱、尾架体等未加工表面
50	粗面	明显可见刀痕	粗车、粗刨、粗铣	一般的钻孔、倒角、没有要求的自由表面
25		可见刀痕		
12.5		微见刀痕		
6.3	半光面	可见加工痕迹	精车、精刨、精铣、刮研和粗磨	支架、箱体和盖等的非配合表面，一般螺栓支承面
3.2		微见加工痕迹		箱、盖、套筒要求紧贴的表面，键和键槽的工作表面
1.6		看不见加工痕迹		要求有不精确定心及配合特性的表面，如轴承配合表面、锥孔等
0.8	光面	可辨加工痕迹方向	精铰、拉刀和压刀加工、精磨、珩磨、研磨、抛光	要求保证定心及配合特性的表面，如支承孔、衬套、胶带轮工作面
0.4		微辨加工痕迹方向		要求能长期保证规定的配合特性的公差等级为 IT7 的孔和 IT6 的轴
0.2		不可辨加工痕迹方向		主轴的定位锥孔，$d>20$ mm 淬火的精确轴的配合表面

3. 表面结构图形符号的附加标注尺寸、含义和画法

表面结构图形符号的附加标注尺寸、含义和画法如表 8-11、表 8-12 及图 8-44、图 8-45 所示。

表 8-11 表面结构图形符号和附加标注尺寸　　　　　　　　　　　　单位：mm

数字和字母高度 h（GB/T 14691—1993）	2.5	3.5	5	7	10	14	20
符号线宽 d'	0.25	0.35	0.5	0.7	1	1.4	2
字母线宽 d							
高度 H_1	3.5	5	7	10	14	20	28
高度 H_2（最小值）	7.5	10.5	15	21	30	42	60

注：H_2 取决于标注内容的多少。

表 8-12 表面结构图形符号的含义

符号	含义
√	基本图形符号：未指定工艺方法的表面，当通过一个注释解释时可单独使用
√	扩展图形符号：用去除材料方法获得的表面，如车、铣、钻、磨、剪切、抛光、腐蚀、电火花加工、气割等。仅当其含义是"被加工并去除材料的表面"时可单独使用
√	扩展图形符号：不去除材料的表面，如铸、锻、冲压变形、热轧、冷轧、粉末冶金等。也可用于表示保持上道工序形成的表面，不管这种状况是通过去除材料或不去除材料形成的
√	完整图形符号：当要求标注表面结构特征的补充信息时，在允许任何工艺图形符号的长边上加一横线，在文本中用 APA 表示
√	完整图形符号：当要求标注表面结构特征的补充信息时，在去除材料图形符号的长边上加一横线，在文本中用 MRR 表示
√	完整图形符号：当要求标注表面结构特征的补充信息时，在不去除材料图形符号的长边上加一横线，在文本中用 NMR 表示

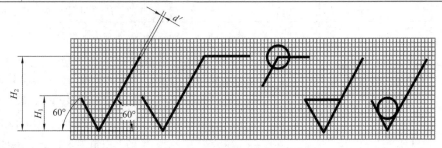

图 8-44 表面结构基本图形符号的画法

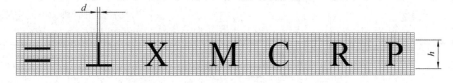

图 8-45 表面纹理图形符号的画法

4. 表面结构代号

表面结构代号由表面结构图形符号和在规定位置上标注的附加标注符号（表面结构要求）组成。表面结构代号的画法如图8-46所示。

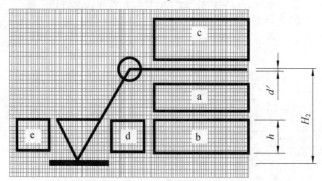

图8-46 表面结构代号的画法

图中在"a""b""c""d""e"区域中的所有字母高应等于h。这些区域的注写内容如下：

（1）位置a，注写表面结构的单一要求；

（2）位置a和b，注写两个或多个表面结构的要求；

（3）位置c，注写加工方法；

（4）位置d，注写表面纹理和方向；

（5）位置e，注写加工余量。

表面结构代号及含义如表8-13所示，带有补充注释的表面结构符号及含义如表8-14所示，表面结构的标注方法如表8-15所示，表面纹理符号及标注如表8-16所示。

表8-13 表面结构代号及含义

代号示例（旧标准）	代号示例（GB/T 131—2006）	含义
3.2	Ra 3.2	表示不允许去除材料，单向上限值，Ra 的上限值为 3.2 μm
3.2	Ra 3.2	表示去除材料，单向上限值，Ra 的上限值为 3.2 μm
1.6 max	Ra max 1.6	表示去除材料，单向上限值，Ra 的上限值为 1.6 μm，最大规则
3.2 1.6	U Ra 3.2 L Ra 1.6	表示去除材料，双向极限值，Ra 的上限值为 3.2 μm，Ra 的下限值为 1.6 μm
Ry 3.2	Rz 3.2	表示去除材料，单向上限值，Rz 的上限值为 3.2 μm

表8-14 带有补充注释的表面结构符号及含义

符号	含义
铣 ∇	加工方法：铣削
∇M	表面处理：纹理呈多方向
∇○	对投影图上封闭的轮廓线所表示的各表面有相同的表面结构要求
3∇	加工余量 3 mm

注：这里给出的加工方法、表面纹理和加工余量仅作为示例。

表8-15 表面结构的标注方法

标注图例	说明
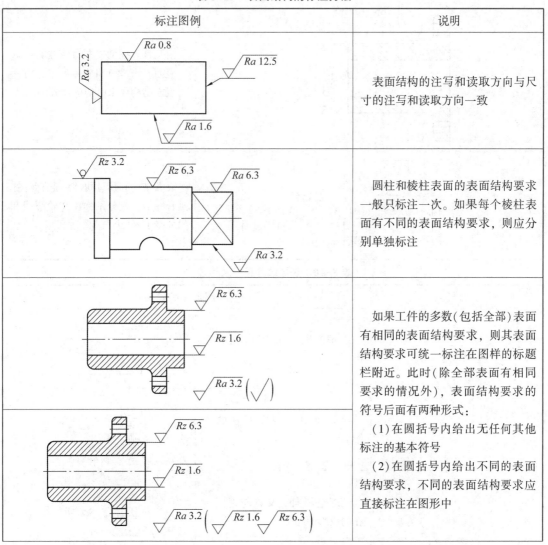	表面结构的注写和读取方向与尺寸的注写和读取方向一致
	圆柱和棱柱表面的表面结构要求一般只标注一次。如果每个棱柱表面有不同的表面结构要求，则应分别单独标注
	如果工件的多数（包括全部）表面有相同的表面结构要求，则其表面结构要求可统一标注在图样的标题栏附近。此时（除全部表面有相同要求的情况外），表面结构要求的符号后面有两种形式： （1）在圆括号内给出无任何其他标注的基本符号 （2）在圆括号内给出不同的表面结构要求，不同的表面结构要求应直接标注在图形中

续表

标注图例	说明
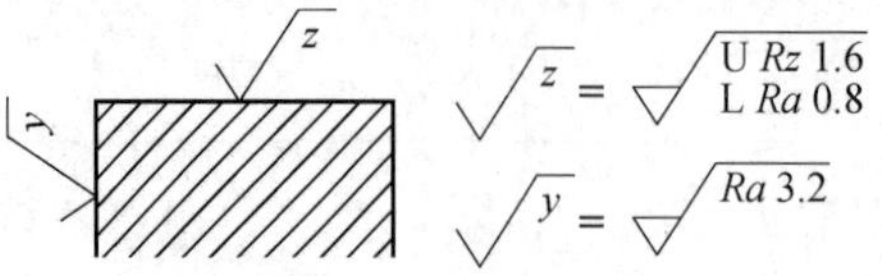 $\sqrt{z}$ = $\sqrt{\begin{array}{l}U\ Rz\ 1.6\\L\ Ra\ 0.8\end{array}}$ $\sqrt{y}$ = $\sqrt{Ra\ 3.2}$	可用带字母的完整符号,以等式的形式,在图形或标题栏附近,对有相同表面结构要求的表面进行简化标注
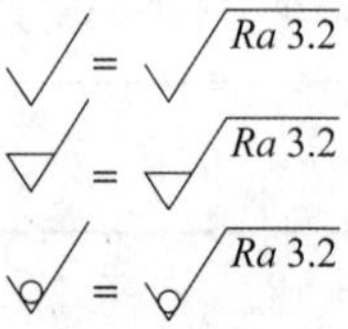 $\sqrt{}$ = $\sqrt{Ra\ 3.2}$ $\sqrt{}$ = $\sqrt{Ra\ 3.2}$ $\sqrt{}$ = $\sqrt{Ra\ 3.2}$	可用左图的表面结构符号,以等式的形式给出对多个表面共同的表面结构要求
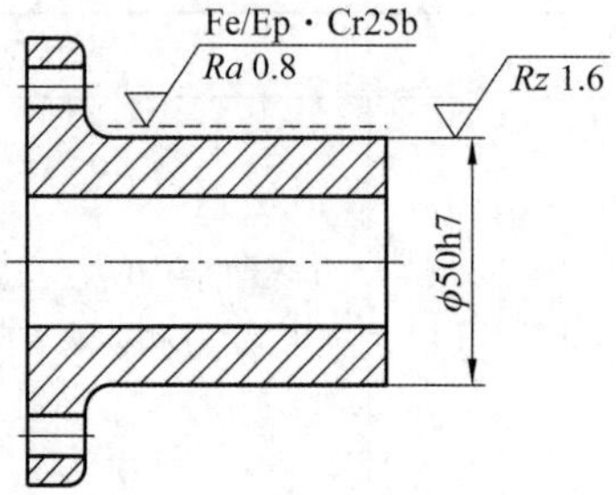 Fe/Ep·Cr25b $Ra\ 0.8$ $Rz\ 1.6$ $\phi50h7$	由几种不同的工艺方法获得的同一表面,当需要明确每种工艺方法的表面结构要求时的标注方法
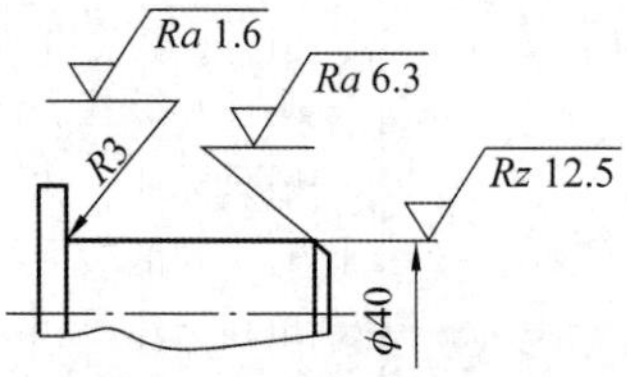 $Ra\ 1.6$ $Ra\ 6.3$ $Rz\ 12.5$ R3 $\phi40$	表面结构和尺寸可以一起标注在延长线上,或分别标注在轮廓线和尺寸线上

表 8-16　表面纹理符号及标注

符号	解释和示例	
=	纹理平行于视图所在的投影面	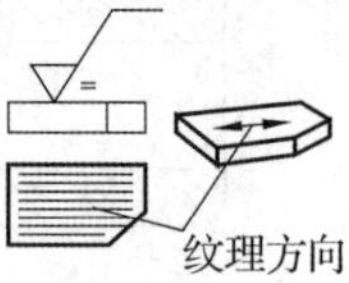 纹理方向
⊥	纹理垂直于视图所在的投影面	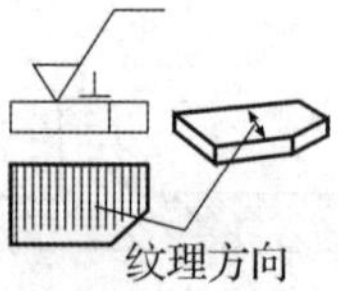 纹理方向
X	纹理呈斜向交叉且与视图所在的投影面相交	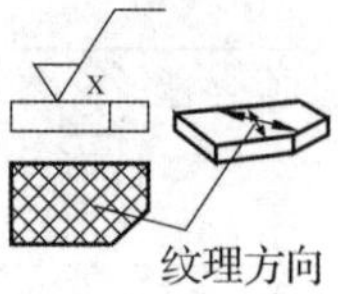 纹理方向

续表

符号	解释和示例	
M	纹理呈多方向	
C	纹理呈近似同心圆，且圆心与表面中心相关	
R	纹理呈近似放射状且与表面圆心相关	
P	纹理呈微粒、凸起，无方向	

注：如果表面纹理不能清楚地用这些符号表示，必要时，可以在图样上加注说明。

第9章
装配图

 知识目标 ▶▶ ▶

了解装配图的作用和内容；掌握装配图的表达方法，尺寸标注方法；掌握由零件图画出装配图的方法，掌握装配图的读图方法；掌握由装配图拆画零件图的方法。

 能力目标 ▶▶ ▶

能够由零件图正确地画出装配图；能够读懂简单的装配图；能够由装配图拆画出主要零件的零件图。

装配图是表达机器或部件的图样，表达机器中某个部件的装配图，称为部件装配图；表达一台完整机器的装配图，称为总装配图。在进行设计、装配、调整、检验、安装、使用和维修时都需要装配图。装配图是设计部门提交给生产部门的重要技术文件。在产品设计中，一般先画出机器或部件的装配图，然后根据装配图画出零件图。装配图要反映出设计者的意图，表达出机器或部件的工作原理、性能要求、零件间的装配关系和零件的主要结构形状，以及在装配、检验、安装时所需要的尺寸数据和技术要求。

9.1 装配图的内容

图9-1是台虎钳的立体图，台虎钳的作用是夹紧待加工件。

三维模型

图9-1 台虎钳的立体图

图9-2是台虎钳的装配图示例（图中具体标注略），它是一张部件装配图。由此可知，装配图应具有以下主要内容。

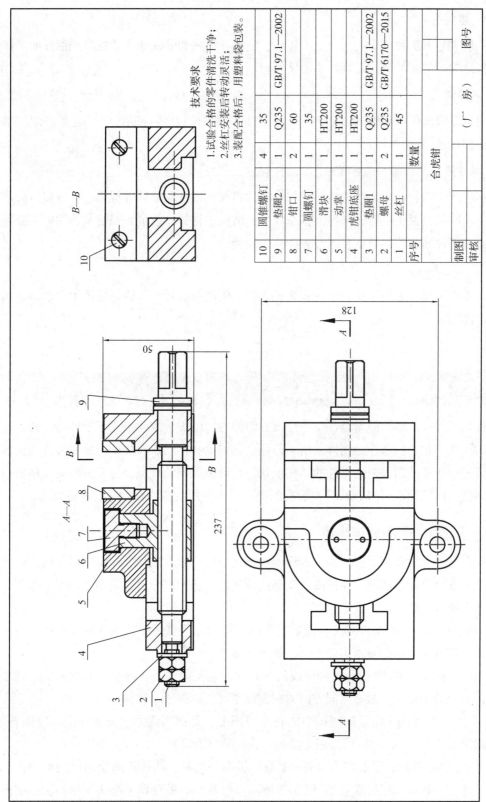

技术要求
1.试验合格的零件清洗干净；
2.丝杠安装后装后转动灵活；
3.装配合格后，用塑料袋包装。

10	圆锥螺钉	4	35	
9	垫圈2	1	Q235	GB/T 97.1—2002
8	钳口	2	60	
7	圆螺钉	1	35	
6	滑块	1	HT200	
5	动掌	1	HT200	
4	虎钳底座	1	HT200	
3	垫圈1	1	Q235	GB/T 97.1—2002
2	螺母	2	Q235	GB/T 6170—2015
1	丝杠	1	45	
序号		数量		
	合虎钳			
	（厂房）			图号
制图				
审核				

图9-2 合虎钳的装配图示例

1. 一组视图

用一般表达方法和特殊表达方法、正确、完整、清晰和简便地表达机器或部件的工作原理、零件之间的装配关系和零件的主要结构形状。

2. 必要的尺寸

标明机器或部件的规格(性能)尺寸，说明整体外形以及零件间配合、连接、定位和安装等方面的尺寸。

3. 零件序号、明细栏与标题栏

根据生产组织和管理工作的需要，按一定的格式将零件或部件进行编号，并填写标题栏和明细栏。明细栏说明机器、部件上各个零件的名称、材料、数量、规格及备注等。标题栏说明机器或部件的名称、质量、图号、图样、比例等。

4. 技术要求

技术要求是指有关产品在装配、安装、检验、调试及运转时应达到的技术要求、常用符号或文字注写。

9.2 装配图的表达方法

部件和零件表达的共同点是都要表达出它们的内容结构。因此，关于零件的各种表达方法和选用原则，在表达部件时同样适用。但是，它们也有不同点，装配图需要表达的是部件的总体情况，而零件图仅表达零件的结构形状。针对装配图的特点，为了清晰简便地表达出部件的结构，国家标准《机械制图》对装配图提出了一些规定画法和特殊的表达方法。

9.2.1 装配图的规定画法

装配图需要表达多个零件，两个零件的相邻表面的投影画法是装配图中用得最多的表达形式。为了方便设计者画图，使读图者能迅速地从装配图中区分出不同零件，国家标准对有关装配图在画法上做了一些规定。

(1)两相邻零件的接触面和配合面规定只画一条线，但当两相邻零件的基本尺寸不相同时，即使间隙很小，也必须画出两条线，如图9-3所示。

(2)两个金属零件相邻时，其剖面线的倾斜方向应反向，如有第三个零件相邻，则采用疏密间距不同的剖面线，最好与同方向的剖面线错开，如图9-3所示。

(3)同一零件在同一张装配图样中的各个视图上，其剖面线方向必须一致，间隔相等。当零件的厚度小于2 mm时，可采用涂黑的方式代替剖面符号，如图9-3所示。

(4)对于实心杆件，当剖切平面通过其轴线纵向剖切时，均按不剖绘制(如轴、杆、球、键、销、螺钉、螺母、螺栓等)，如图9-3所示。但是，如果垂直于这些零件的轴线横向剖切，则应画出剖面线，如图9-4所示。

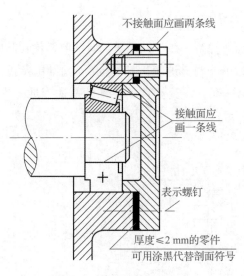

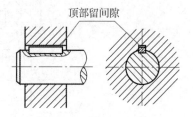

图 9-3　装配图的规定画法　　　　图 9-4　剖面线的画法

9.2.2　装配图中的特殊表达方法

装配图上所表达的不止一个零件，前面所讲述的表达方法不足以表达多个零件，国家标准还规定了以下一些特殊的表达方法。

1. 假想画法

（1）在机器（或部件）中，为了表示部件中运动零件的极限位置，常把它画在一个极限位置上，用细双点画线表示假想的零件另一极限位置轮廓，如图 9-5 所示。

（2）为了表达不属于某部件，又与该部件有关的零件，可以用细双点画线画出与其有关部分的轮廓。例如，图 9-6 中车床尾座相邻的床身导轨就是用细双点画线画出的。

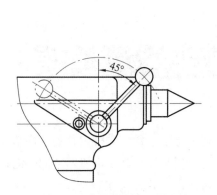

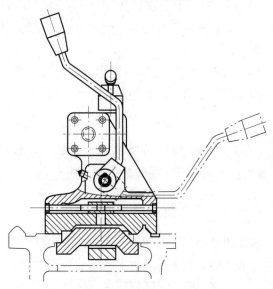

图 9-5　运动零件极限位置画法　　　　图 9-6　车床尾座与床身导轨

2. 夸大画法

在画装配图时，有时会遇到薄片零件、细丝弹簧、微小间隙等。对这些零件和间隙，无法按其实际尺寸画出；或者虽能如实画出，但不能明显地表达其结构(如圆锥销及锥形孔的锥度很小)。这时可采用夸大画法，即把薄片厚度、弹簧丝直径及锥度都适当地夸大画出，如图9-7所示。

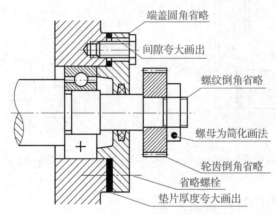

端盖圆角省略
间隙夸大画出
螺纹倒角省略
螺母为简化画法
轮齿倒角省略
省略螺栓
垫片厚度夸大画出

图 9-7　夸大画法和简化画法

3. 简化画法

(1)拆卸画法和沿结合面剖切画法。当某一个或几个零件在装配图的某一视图中遮住了大部分装配关系或其他零件时，可假想拆去一个或几个零件，只画出所表达部分的视图，这种画法称为拆卸画法。为了表达内部结构，则可采用沿结合面剖切画法。

(2)在装配图中，零件的工艺结构，如圆角、倒角、退刀槽等允许省略不画，如图9-7所示。

(3)在装配图中，螺母和螺栓头允许采用简化画法。当遇到螺纹连接件等相同零件组时，在不影响理解的前提下，允许只画出一处，其余可只用细点画线表示其中心位置，如图9-7所示。

(4)在剖视图中，表示滚动轴承时，允许画出对称图形的一半，另一半画出其轮廓，并用粗实线在中心的位置画"+"来表示，如图9-7所示。

9.3 装配图的尺寸标注和技术要求

9.3.1 尺寸标注

装配图与零件图的作用不一样，因此对尺寸标注的要求也不一样。零件图是加工制造零件的主要依据，要求零件图上的尺寸必须完整，而装配图主要是设计和装配机器或部件时用的图样，因此不必注出零件的全部尺寸。装配图上一般标注以下几种尺寸。

1. 性能尺寸

性能尺寸表示机器或部件的性能和规格尺寸，在设计时就已确定。它是设计、了解和选用机器的依据。

2. 装配尺寸

装配尺寸表示两个零件之间配合性质的尺寸。

3. 外形尺寸

外形尺寸表示机器或部件外形轮廓的尺寸，即总长、总宽、总高。当机器或部件包装、运输时，以及厂房设计和安装机器时需要考虑外形尺寸，如图 9-2 中的外形尺寸为总长 237、总宽 128 和总高 50。

4. 安装尺寸

机器或部件安装在地基上或其他机器或部件相连接时所需要的安装尺寸，就是安装尺寸。

5. 其他重要尺寸

其他重要尺寸是指在设计中经过计算确定或选定的尺寸，但又未包括在上述 4 种尺寸之中。这种尺寸在拆画零件图时不能改变，如主体零件的重要尺寸等。

9.3.2 技术要求的注写

装配图上一般应注写以下几方面的技术要求：
(1)装配过程中的注意事项和装配后应满足的要求等；
(2)检验、试验的条件和要求，以及操作要求等；
(3)部件的性能，规格参数，包装、运输、使用时的注意事项和涂饰要求等。
总之，图上所需填写的技术要求随部件的需要而定。必要时，也可参照类似产品来确定。

9.4 装配图上的序号和明细栏

为了便于看图、装配、图样管理及做好生产准备工作，必须对每个不同的零件或部件进行编号，这种编号称为零件的序号或代号，同时要编制相应的明细栏。

9.4.1 零件、部件序号

为零件、部件编序号时，应注意以下事项。

(1)序号(或代号)应注在图形轮廓的外边，并填写在指引线的横线上或圆圈内，横线或圆圈用细实线画出。指引线应从所指零件的可见轮廓内引出，若剖开，则尽量由剖面线的空处引出，并在末端画一个小圆点，如图 9-8(a)、(b)所示。序号字体要比尺寸数字大两号，且也允许直接写在指引线附近。若在所指部分(很薄的零件或涂黑的剖面)内不易画圆点，则可在指引线末端画出箭头指向该部分的轮廓，如图9-8(c)所示。

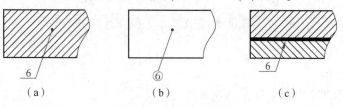

（a）　　　　　　　　（b）　　　　　　　　（c）

图9-8　零件的编号形式

（2）指引线尽可能分别均匀且不要彼此相交，也不要过长。指引线通过有剖面线的区域时，要尽量不与剖面线平行，必要时可画成折线，但只允许折弯一次，如图9-9所示。

（3）一组紧固件或装配关系清楚的零件组，允许采用公共指引线进行编号，如图9-10所示。

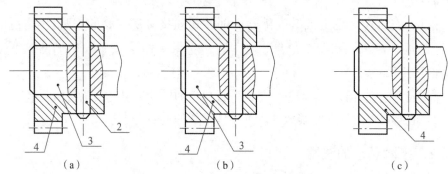

（a）　　　　　　　　（b）　　　　　　　　（c）

图9-9　序号及指引线的画法

（a）正确画法；（b）指引线交叉（错误画法）；（c）指引线与剖面线平行（错误画法）

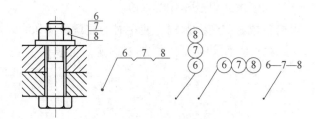

图9-10　公共指引线的画法

（4）每一种零件在各视图上只编一个序号。对同一标准部件（如油杯、滚动轴承、电动机等），在装配图上只编一个序号。

（5）序号要沿水平或垂直方向按顺时针或逆时针次序整齐排列。

（6）为了使全图能布置得美观整齐，在标注零件序号时，应先按一定位置画好横线或圆，然后与零件一一对应，画出指引线。

（7）常用的序号编排方法有两种：一种是一般件和标准件混合编排；另一种是将一般件编号填入明细栏中，而标准件直接在图上标注出规格、数量和国标号，或另列专门表格。

▶▶ 9.4.2　明细栏

装配图的明细栏应置于标题栏上方，左边外框线为粗实线，内格线和顶线为细实线。假如图纸空间不够，也可在标题栏的左方再画一排。图 9-11 所示格式可供学习时使用。明细栏中，零件序号编写顺序是从下往上的，以便增加零件时，可以继续向上画格。在实际生产中，明细栏也可不画在装配图内，而按 A4 幅面作为装配图的续页单独绘出，此时编写顺序是从上而下，并可连续加页，但在明细栏下方应配置与装配图完全一致的标题栏。

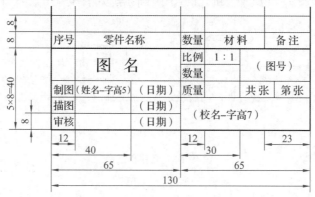

图 9-11　学习用标题栏和明细栏

9.5　装配结构

为了保证装配质量，方便装配、拆卸机器或部件，在设计时必须注意装配结构的合理性。本节介绍几种常见的装配结构，并讨论其合理性。

(1) 两零件在同一方向上不应有两对面同时接触或配合。两个零件接触时，在同一方向上只能有一对接触面，否则会给零件的制造和装配等工作造成困难，如图 9-12 所示。

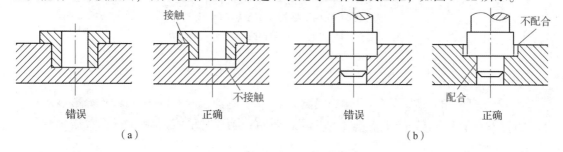

图 9-12　两零件在同一方向的装配

(2) 保证轴肩与孔的端面接触，孔口应制出适当的倒角(或圆角)，或在轴根处加工出槽，如图 9-13 所示。

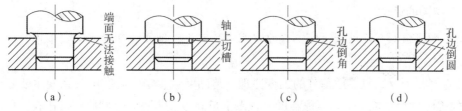

图 9-13　轴肩与孔的端面接触结构

（3）为了保证接触良好，接触面需经机械加工。合理地减少加工面积，不但可以降低加工费用，而且可以改善接触情况。

为了保证连接件(螺栓、螺母、垫圈)和被连接件间的良好接触，可在被连接件上画出沉孔和凸台等结构，如图9-14所示。沉孔的尺寸可根据连接件的尺寸，从有关手册中查找。

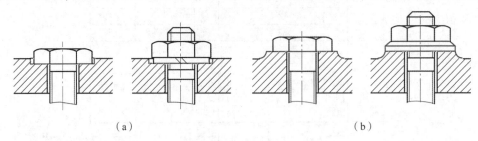

图9-14　沉孔和凸台

(a)沉孔；(b)凸台

（4）结构应便于装拆。例如，在设计螺栓和螺钉的位置时，要留下装拆螺栓、螺钉所需要的扳手空间，如图9-15所示。

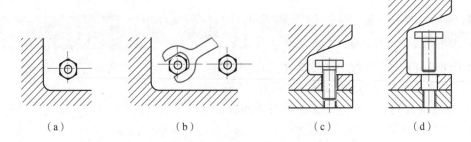

图9-14　结构应便于拆卸

(a)不合理；(b)合理；(c)错误结构；(d)正确结构

9.6　画装配图的方法和步骤

9.6.1　装配图的视图选择

装配图的视图选择与零件图有共同之处，但由于表达内容不同也有相应的差异。

1. 主视图的选择

（1）一般将机器或部件按工作位置放置或将其放正，即使装配图的主要轴线、主要安装面处于水平或垂直位置。

（2）选择最能反映机器或部件的工作原理、传动路线、零件间装配关系及主要零件的主要结构的视图作为主视图。当不能在同一视图上反映以上内容时，则应经过比较，取一个能较多反映上述内容的视图作为主视图。一般取能反映零件间主要或较多装配关系的视图作为主视图为佳。

2. 其他视图的选择

主视图选定以后，对其他视图的选择可以考虑以下几点：

（1）分析哪些装配关系、工作原理及主要零件的主要结构还没有表达清楚，并确定其他视图以及相应的表达方法；

（2）尽可能地用基本视图以及基本视图上的剖视图（包括拆卸画法、沿零件结合面剖切）来表达有关内容；

（3）要合理布置视图位置，使图样清晰并有利于图幅的充分利用。

9.6.2 装配图的画法

下面以螺纹调节支撑为例介绍装配图的画法。螺纹调节支撑用来支撑不太重的机件。使用时，旋动调节螺母，支撑杆上下移动（因螺钉的一端装入支撑杆的槽内，故支撑杆不能转动），达到所需的高度。

螺纹调节支撑的轴测图如图 9-16 所示。以箭头 A 方向作为主视图的投射方向，主视图为通过支撑杆轴线剖切的全剖视图，并对支撑杆长槽处作局部剖视。这样画出的主视图既符合工作位置，又表达了形状特征、工作原理和零件间的装配连接关系，但对底座、套筒等的主要结构都尚未表达清楚，因此需选用俯视图和左视图，并在左视图中采用局部剖视，以表达支撑杆上长槽的形状。

按照选定的表达方案，根据所画部件的大小，再考虑尺寸、序号、标题栏、明细栏和注写技术要求所应占的位置，选择绘图比例，确定图幅，然后按下列步骤画图。

（1）画图框线和标题栏、明细栏的外框。

（2）布置视图时，先画出各视图的作图基准线，如主要中心线、对称线等。在布置视图时，要注意为标注尺寸和编写序号留出足够的位置，如图 9-17(a)所示。

（3）画视图底稿时，一般从主视图入手，先画基本视图，后画非基本视图，如图 9-17(b)、(c)所示。

（4）标注尺寸和画剖面线。

（5）检查底稿后进行编号和加深。

（6）填写明细栏、标题栏和技术要求。

（7）全面检查图样，最终结构如图 9-17(d)所示。

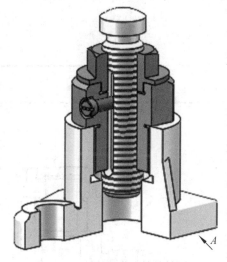

图 9-16 螺纹调节支撑的轴测图

三维模型

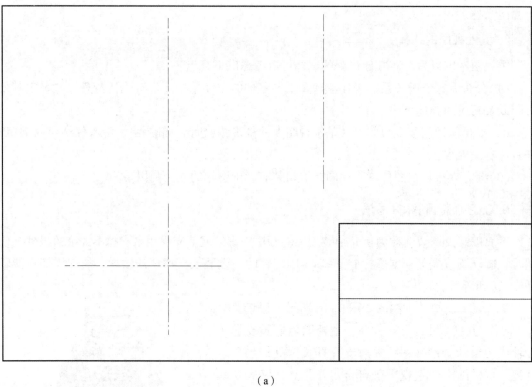

（a）

（b）

图 9-17　螺纹调节支撑装配图的作图步骤

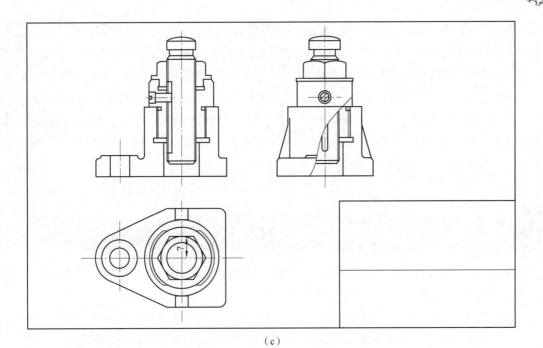

（c）

M20×1.5－7H/7g6g

φ30H11/c11

M36×1.5－7H/7g6g

φ14

97－138

R18

70

76

技术要求
零件2与零件5配合加工

5	支撑杆	1	45	
4	调节螺母	1	45	
3	螺钉M16×12	1	45	
2	套筒	1	45	
1	底座	1	ZG45	
序号	名称	数量	材料	备注
螺纹调节支撑		比例	（图号）	
		数量		
制图	（日期）	质量	共 张 第 张	
描图	（日期）	（校名-字高7）		
审核	（日期）			

（d）

图 9-17 螺纹调节支撑装配图的作图步骤（续）

步骤1~步骤6

画装配图一般比画零件图要复杂些，因为零件多，又有一定的相对位置关系。为了使底稿画得又快又好，必须注意画图顺序，明白应该先画哪个零件，后画哪个零件，才便于在图上确定每个零件的具体位置，并且少画一些不必要的（被掩盖的）线条。为此，要围绕装配关系进行考虑，根据零件间的装配关系来确定画图顺序。作图的基本顺序可以分为两种：一种是由里向外画，即大体上是先画里面的零件，后画外面的零件；另一种是由外向里画，即大体上是先画外面的大件（先画出视图的大致轮廓），后画里面的小件。这两种方法各有优缺点，一般情况下，将它们结合使用。

9.7 看装配图的方法和步骤及拆画零件图

在设计、制造、装配、检验、使用、维修，以及技术革新、技术交流等生产活动中，都会遇到看装配图的情况。一般来说，看装配图的要求如下：

（1）了解各个零件相互之间的相对位置、连接方式、装配关系和配合性质等；

（2）了解各个零件在机器或部件中所起的作用、结构特点和装配与拆卸的顺序；

（3）了解机器或部件的工作原理、用途、性能和装配后应达到的技术指标等。

9.7.1 看装配图的方法和步骤

1. 概况了解

看装配图时，首先大概了解一下整个装配图的内容，从标题栏了解此部件的名称，再联系生产实践知识，可以知道该部件的大致用途。

下面以图 9-18 所示齿轮油泵的装配图为例进行说明。首先看标题栏，知道该部件的名称是齿轮油泵。它是机床润滑系统的供油泵，作用是将油送到有相对运动的两零件之间进行润滑，以减少零件的摩擦与磨损。由零件编号及明细栏可知，该齿轮油泵由泵体、左右端盖、传动齿轮和齿轮轴等 15 个零件组成，画图的比例为 1：1。各种零件的名称、数量、材料及其在图中的位置也不难从图中初步了解。

齿轮油泵装配图由两个视图表达。主视图采用了全剖视图，表达了齿轮油泵的主要装配关系及相关的工作原理；左视图沿着左端盖与泵体结合面剖开，并局部剖出油孔，表达了部件吸、压油的工作原理及其外部特征。

2. 分析部件的工作原理和装配关系

（1）分析部件的工作原理。分析部件的工作原理，一般应从传动关系入手，根据视图及参考说明书进行了解。例如，图 9-18 所示的齿轮油泵，当外部动力传至主动齿轮时，产生旋转运动，当主动齿轮按逆时针方向旋转时，从动齿轮则按顺时针方向旋转，如图 9-19 所示。此时，齿轮啮合区的右边压力降低，油池中的油在大气压力的作用下，沿吸油口进入泵腔内。随着齿轮的旋转，齿槽中的油不断沿箭头方向送到左边，然后从出油口处将油压出去，通过管路将油输送到需要供油的润滑部位（如齿轮、轴承等）。

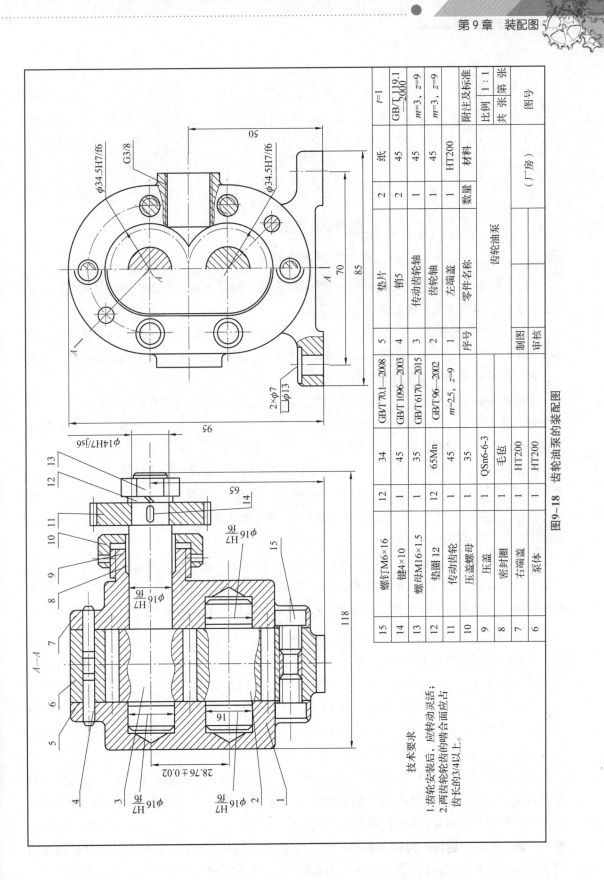

技术要求

1. 齿轮安装后，应转动灵活；
2. 两齿轮齿的啮合面应占齿长的3/4以上。

15	螺钉M6×16	12	34	GB/T 70.1—2008		5	垫片	2	纸	1:1
14	键4×10	1	45	GB/T 1096—2003		4	销5	2	45	GB/T 119.1 2000
13	螺母M16×1.5	1	35	GB/T 6170—2015		3	传动齿轮轴	1	45	m=3, z=9
12	垫圈12	12	65Mn	GB/T 96—2002		2	齿轮轴	1	45	m=3, z=9
11	传动齿轮	1	45	m=2.5, z=9		1	左端盖	1	HT200	
10	压盖螺母	1	35			序号	零件名称	数量	材料	附注及标准
9	压盖	1	QSn6-6-3							
8	密封圈	1	毛毡				齿轮油泵			比例 1:1
7	右端盖	1	HT200							共 张 第 张
6	泵体	1	HT200			制图		（厂房）		图号
						审核				

图9-18 齿轮油泵的装配图

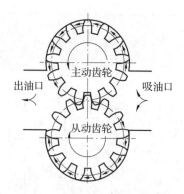

图 9-19　齿轮油泵的工作原理

（2）分析部件的装配关系。分析部件的装配关系，就是要弄清零件间的配合关系、连接和固定方式，以及采用的密封装置。

图 9-18 所示的整个齿轮油泵可分为主动齿轮轴系统和从动齿轮轴系统两条装配线。泵体 6 的空腔容纳一对齿轮，齿轮轴 2 和传动齿轮轴 3 分别安装在左端盖 1 和右端盖 7 的轴孔中，传动齿轮轴 3 伸出端设有密封装置。

①分析零件间的配合关系。根据图中配合尺寸的配合符号，判别零件的配合制、配合种类、轴与孔的公差等级。从图 9-18 中轴与孔的配合尺寸 $\phi16H7/f6$，可知轴与孔的配合属于基孔制间隙配合，说明轴在孔中是转动的。

②分析零件的连接和固定方式。要弄清楚部件中的每一个零件的位置是如何定位的，以及零件间是用什么方式连接、固定的。图 9-18 所示的齿轮油泵的左、右端盖与泵体通过 6 个内六角螺钉连接，并用两个圆柱销使其准确定位。齿轮轴 2 和传动齿轮轴 3 的轴向定位靠齿轮两侧面与左、右端盖的端面接触实现。传动齿轮 11 左边靠轴肩，右边用螺母 13 固定在轴上。

③分析采用的密封装置。阀、泵等许多部件，为了防止液体或气体泄漏以及灰尘进入，一般有密封装置。例如在齿轮油泵中，左、右端盖与泵体之间加了垫片，用以防止油的泄漏。在轴的伸出端加了密封装置，通过密封圈 8、压盖 9 和压盖螺母 10 密封。

3. 综合考虑，归纳总结

上述看装配图的方法和步骤只是一个大概的说明，实际看装配图时，几个步骤往往是交替进行的。只有通过不断实践，才能掌握看图的规律，提高看图能力。

下面以图 9-18 中的泵体为例，说明零件的分析过程。根据剖面线的倾斜方向，将泵体的投影从主视图中分离出来，再根据视图投影关系，找到它在两视图中的投影轮廓，如图 9-20 所示，其主要形体由两部分组成。

（1）主体部分。长圆柱内腔，上、下为 $\phi34.5$ 的半圆柱孔，容纳一对齿轮。左右两个凸起内有进、出油孔与泵腔内相通。根据结构常识"内圆外也圆"，则凸起外表面也是圆柱面。泵体左右有与左右端盖连接用的螺钉孔和销孔。

（2）底板部分。底板是用来固定油泵的，结合左右两视图可知，底板是长方形，下面的凹槽是为了减少加工面，使泵体固定平稳而设计的。底板两边各有一个固定油泵的螺栓孔。

最后综合起来，想象出泵体的形状和结构，如图9-21所示。

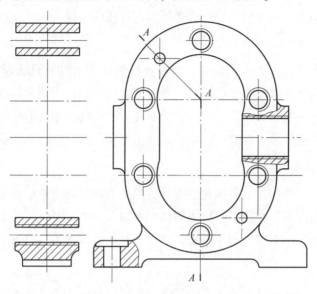

图 9-20 拆除泵体

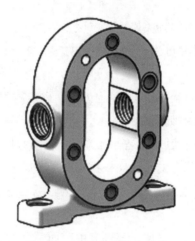

图 9-21 泵体的形状和结构

9.7.2 由装配图拆画零件图

由装配图拆画零件图，是设计工作的重要组成部分。拆画零件图是在看懂装配图的基础上进行的。下面介绍有关拆图的几个问题。

1. 确定零件的形状

装配图主要表示零件间的装配关系，至于每个零件的某些部分的形状和详细结构并不一定都已表达完全。因此，在拆画零件图前，必须完全弄清楚该零件的全部形状和结构。对于在装配图中未能确切表达出来的形状，应根据零件的设计要求和工艺知识合理地确定。

除此之外，在拆画零件图时，还应把画装配图时省略的某些结构要素（如铸造圆角、沉孔、螺孔、倒角、退刀槽等)补画出来,使零件结构合理,符合工艺要求。

因此,完整地构思出零件的结构形状是拆画零件图的前提。

2. 分离零件

一般来说,如果真正看懂了装配图,分离零件也就不会存在什么问题。要正确分离零件,一是要了解该零件在部件中的作用及其应有的结构形状;二是要根据投影关系划分该零件在各个视图中所占的范围,以同一零件的剖面线方向和间隔相同为线索进行判断,弄清楚哪些表面是接触面,哪些地方在分离时应补画线条等。

3. 零件的表达方案

拆画零件图时,零件的表达方案是根据零件的结构形状特点考虑的,不能盲目照抄装配图。但是,在多数情况下,壳体、箱体类零件主视图所选的位置可以与装配图一致,这样做是为了在装配机器时便于对照。对于轴套类零件,一般按其加工位置选取主视图。

4. 零件的尺寸标注

零件图上的尺寸标注要达到8.5节所提出的要求,具体来说,拆画零件图时,其尺寸标注可按下列方法进行。

(1)抄。凡装配图中已注出的有关尺寸,应该直接抄用,不要随便改变它的大小及其标注方法。相配合零件的同一尺寸分别标注到各自的零件图上时,其所选的尺寸基准应协调一致。

(2)查。凡属于标准结构要素(如倒角、退刀槽、砂轮越程槽、沉孔、螺孔、键槽等)和标准件的尺寸,应根据装配图中所给定的公称直径或标准代号,查阅有关标准、手册后按实际情况选定。公差配合的极限差值,也是自有关手册查出并按规定方式标注。

(3)算。例如,齿轮轮齿部分的尺寸应根据齿数、模数和其他要求计算而得。若在部件的同一方向,要求由多个零件组装成一定的装配精度,那么,每个零件上有关尺寸的极限偏差值也应通过计算来核定。

(4)量。凡装配图中未给出的,属于零件自由表面(不与其他零件接触的表面)和不影响精度的尺寸,一般可按装配图的画图比例,用分规和直尺直接在图中量取,然后加以圆整。

5. 零件的表面粗糙度和技术要求

画零件图时,应该注写表面粗糙度代号,它的等级应根据零件表面的作用和要求来确定。配合表面要选择恰当的公差等级和基本偏差。根据零件的作用,还要加注必要的技术要求,如形位公差、热处理要求等。

图9-22是根据齿轮油泵装配图拆画出来的泵体零件图。泵体零件图的画图过程可参考第8章的有关内容。

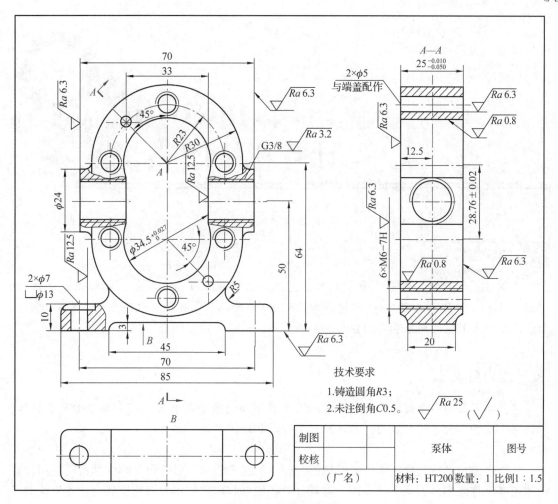

技术要求

1. 铸造圆角R3；
2. 未注倒角C0.5。 $\sqrt{Ra\,25}$ $\sqrt{}$（　）

制图		泵体	图号
校核			
（厂名）	材料：HT200	数量：1	比例1：1.5

图 9-22　泵体零件图

第 10 章
计算机绘图

 知识目标 ▶▶ ▶

掌握 AutoCAD 软件界面、命令和工具使用方法等基本知识和技能；能够识读零件图，并使用 AutoCAD 进行工程图样（零件图和装配图）的绘制；掌握计算机绘图的基本知识和技能，具备一定的空间想象和思维能力。

 能力目标 ▶▶ ▶

培养学习兴趣和积极性，提高计算机综合应用和绘图创新能力；形成由图形想象物体、以图形表现物体的意识和能力；养成规范的计算机绘图习惯。

在当今的信息化时代，无论是机械工程师、建筑工程师、服装设计师，都希望利用计算机来提高工作效率，表现设计意图。随着计算机硬件和软件技术的飞速发展，计算机辅助设计和绘图技术也在不断发展和升级。AutoCAD（Automatic Computer Aid Design，自动计算机辅助设计）是美国 Autodesk 公司的产品，它自面世以来，在机械、电子、土木、建筑、航空、轻工、纺织等各个行业得到了广泛应用。它一方面具有丰富的绘图功能，能够快速、准确地绘出图形；另一方面又具有强大的编辑功能，可以对已绘图形进行各种编辑操作。同时，AutoCAD 还提供了多种辅助绘图功能，能够最大程度保证绘图的准确性。目前，AutoCAD 已经成为业界应用最广泛、功能最强大的辅助设计绘图软件。

本章使用 AutoCAD 2020 简体中文版，对常用和基本的绘图和编辑命令进行介绍。

10.1 AutoCAD 2020 基础知识

10.1.1 AutoCAD 2020 的主要功能

AutoCAD 2020 的主要功能如下。

（1）提供了如点、直线、圆、圆弧、矩形、椭圆、正多边形等多种基本图元的绘制功能。

（2）具有对图形进行修改、删除、移动、旋转、复制、偏移、修剪、打断、延伸、圆角等多种强大的编辑功能。

（3）提供了对图形的显示控制功能，如视图缩放、视窗平移、鸟瞰视图等。

（4）提供了栅格、正交、极轴、对象捕捉及追踪等辅助绘图功能，以确保绘图精度。

（5）可对绘制好的图形进行尺寸标注及文本注释，并能定义尺寸标注样式。

（6）提供了在三维空间中的各种绘图和编辑功能，具备三维实体和三维曲面的造型功能。

同时，AutoCAD 2020 还留有接口，以便用户修改软件，扩充功能，以满足自己的实际需要。这就是二次开发，AutoCAD 2020 提供了以下二次开发功能。

（1）具备强大的用户定制功能，用户可以方便地将软件按照自己的需求进行改造。

（2）良好的二次开发性。AutoCAD 2020 开放的平台使用户能够利用内部的 AutoLISP 或 Visual LISP 等语言开发适合特定行业的 CAD 产品。

10.1.2　AutoCAD 2020 的启动

当 AutoCAD 2020 在计算机上安装完毕以后，在桌面上通常会出现一个快捷启动图标。我们要启动 AutoCAD 2020，有下面两种方法。

（1）直接双击桌面上的快捷启动图标"AutoCAD 2020 Simplified Chinese"。

（2）选择"开始"→"程序"→"Autodesk"→"AutoCAD 2020 Simplified Chinese"。

10.1.3　AutoCAD 2020 的工作界面

启动 AutoCAD 2020 以后，直接进入工作界面，如图 10-1 所示。AutoCAD 2020 默认的工作界面主要包括标题工具栏、菜单栏、工具栏、绘图窗口、命令行、状态栏、标注栏、视图栏、布局标签等。

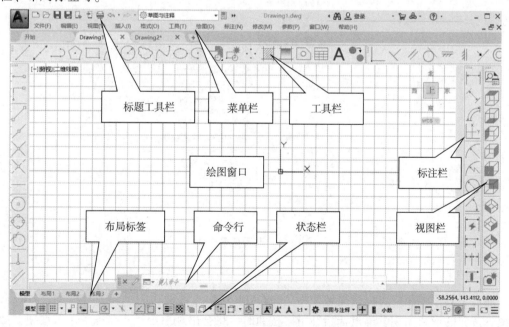

图 10-1　AutoCAD 2020 的工作界面

1. 标题工具栏和菜单栏

和 Windows 操作系统其他的典型应用软件一样，AutoCAD 2020 工作界面的最上面一条是标题工具栏，包括"新建""打开""保存""另存""打印""放弃"等工具按钮，也可以显示 AutoCAD 2020 的程序图标和当前打开的图形文件名"Drawing1. dwg"，最右侧为"最小化""还原"和"关闭"按钮。

AutoCAD2020 提供"草图与注释""三维基础""三维建模""自定义"等多种工作空间模式。要在各种工作空间模式中进行切换，只需要单击标题工具栏中的空间名称，然后在弹出的下拉列表中选择相应的工作空间即可，如图 10-2 所示。

图 10-2　标题工具栏及工作空间选项

标题工具栏下面一行是菜单栏，通过逐层选择相应的菜单项，可以激活相应的命令或者弹出对话框，如图 10-3 所示。

图 10-3　激活菜单选项

2. 工具栏

通过工具栏，用户可以快捷地使用 AutoCAD 2020 的各种功能。在工具栏中，各种命令以图标按钮的形式出现，当鼠标指针指向按钮时，将会出现命令提示名称，单击按钮，即可执行相应的命令。

AutoCAD 2020 的工具选项板通常处于隐藏状态。要显示所需的工具选项板，可以切换至"视图"选项卡，然后在该选项卡的菜单中选择"工具栏"选项，如图 10-4 所示，打开"自定义用户界面"对话框，选择相应的工具按钮，如图 10-5 所示。

图 10-4　选择"工具栏"选项

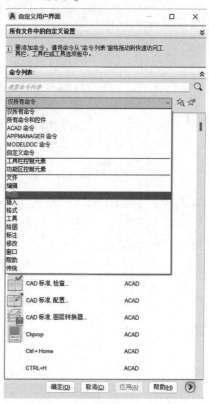

图 10-5　选择相应的工具按钮

AutoCAD 2020 默认的用户界面显示 10 个工具栏，分别是："绘图"工具栏（图 10-6），"修改"工具栏（图 10-7），"注释"工具栏（图 10-8），"图层"工具栏（图 10-9），"块"工具栏（图 10-10），"特性"工具栏（图 10-11），以及"组""实用工具""剪贴板""视图"工具栏（图 10-12）。

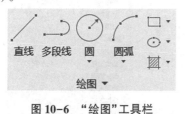

图 10-6　"绘图"工具栏

图 10-7　"修改"工具栏

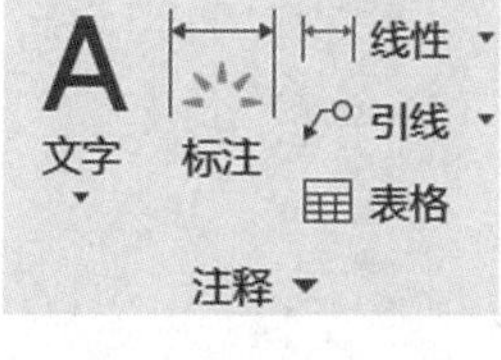

图 10-8　"注释"工具栏

图 10-9　"图层"工具栏

图 10-10　"块"工具栏

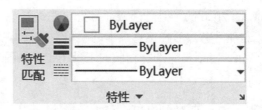

图 10-11　"特性"工具栏

图 10-12　"组""实用工具""剪贴板""视图"工具栏

如果要打开其他工具栏，可以在"工具"菜单中选择"工具栏"选项，打开 AutoCAD 选项列表，如图 10-13 所示。在打开的 AutoCAD 选项列表里勾选想要打开的工具栏复选框，即可在绘图窗口显示相应的工具栏。

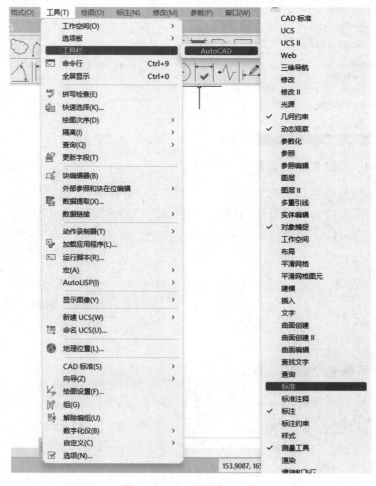

图 10-13　工具栏选项列表

3. 绘图窗口

在 AutoCAD 2020 中，绘图窗口就是工作的区域，所有的绘图结果都反映在这个区域中，如图 10-14 所示。用户可以根据需要关闭其他窗口元素，如工具栏、视图栏等，以增大绘图空间。如果图纸比较大，需要查看未显示部分，可以单击窗口右边与下边滚动条上的箭头或拖动滚动条上的滑块来移动图纸。它的默认颜色为黑色，用户可以从"工具"菜单中选择"选项"，打开"选项"对话框，选择"显示"→"显示文件选项卡"→"颜色"选项，根据需求选择绘图窗口的颜色。绘图窗口相当于手工绘图的图纸，所有的绘图和编辑工作都在这里进行。在绘图窗口中除了显示当前的绘图结果，还将显示当前使用的坐标系类型、坐标原点以及 X 轴、Y 轴、Z 轴的方向等。默认情况下，坐标系为世界坐标系（World Coordinate System，WCS），窗口底部有一个"模型"标签和多个"布局"标签。"模型"代表模型空间，"布局"代表图纸空间，利用这两种标签可以在两种空间之间切换。

图 10-14　绘图窗口

4. 命令行

在绘图窗口的下方是命令行，用户可以在这里输入操作命令。AutoCAD 2020 的所有命令都可以在命令行实现，命令开始执行后，命令提示区将会逐步进行提示，用户可以按照提示来进行下一步操作。同时，命令行还可以实时记录 AutoCAD 2020 的命令执行过程。

下面以绘直线为例来介绍 AutoCAD 2020 的命令行操作。

（1）在命令行输入"直线"命令"LINE"，按〈Enter〉键确认，出现"指定第一个点"提示，如图 10-15 所示。

图 10-15　输入"LINE"命令

（2）在绘图窗口拾取或直接输入坐标来指定直线段的第一点，接着出现"指定下一点或〔放弃（U）〕"提示，如图 10-16 所示。

LINE 指定下一点或 [放弃(U)]:

图 10-16　指定下一点

（3）在绘图窗口拾取或直接输入坐标来指定直线段的第二点，这样就绘制了一条直线段。

5. 状态栏

状态栏位于 AutoCAD 2020 工作界面的最底端，依次有"坐标""模型空间""栅格""捕捉模式""推断约束""动态输入""正交模式""极轴追踪""等轴测草图""对象捕捉追踪""二维对象捕捉""线宽""透明度""选择循环""三维对象捕捉""动态 UCS""选择过滤""小控件""注释可见性""自动缩放""注释比例""切换工作空间""注释监视器""单位""快捷特性""锁定用户界面""隔离对象""图形特性""全屏显示""自定义"等功能按钮，如图 10-17 所示。单击部分按钮，可以实现这些功能的开关。通过部分按钮，可以控制图形或绘图窗口的状态。

图 10-17　状态栏

6. 标注栏和视图栏

标注栏和视图栏位于工作界面右侧，这里有很多工具按钮，单击工具按钮，可以对对象进行标注，或切换到相应的视图。

7. 布局标签

AutoCAD 2020 系统默认设置了"模型""布局 1""布局 2"这 3 个布局标签，如图 10-18 所示。选择"模型"标签，可以打开模型空间。选择"布局 1""布局 2"标签，可以打开布局空间。在系统预设的 3 个标签中，这些环境变量都按系统默认设置。用户可以根据实际需要改变变量的值，也可设置符合自己要求的新标签。

模型　布局1　布局2　+

图 10-18　布局标签

（1）模型空间。模型空间包括模型空间和图样空间。模型空间是通常绘图的环境。在图样空间中，用户可以创建浮动视口，以不同视图显示所绘图形，还可以调整浮动视口并决定所包含视图的缩放比例。

（2）布局空间。布局空间中包括图样大小、尺寸单位、角度和数值精确度的设定工具等。

10.1.4　AutoCAD 2020 绘图环境的设置

当启动 AutoCAD 2020 以后，一般情况下就可以直接绘制图形。为了可以高效地绘图，推荐用户在开始绘图前进行必要的环境配置。

1. 确定绘图单位

在绘制一张工程图之前，首先要进行图幅、单位、图框、标题栏等绘图环境的设置。针对 AutoCAD 2020 中绘图单位的设置，有两种方法：

（1）在命令行中输入"DDUNITS"或者"UNITS"命令；

（2）在菜单栏中选择"格式"→"单位"选项。

系统弹出"图形单位"对话框，如图 10-19 所示，在该对话框中可以定义长度和角度格式。

图 10-19　"图形单位"对话框

在"图形单位"对话框"类型"列表里，针对长度和角度分别提供了 5 种测量单位："分数""工程""建筑""科学""小数"，以及"百分度""度/分/秒""弧度""勘测单位""十进制度数"，如图 10-20 所示，可以从中选择所需的尺寸单位类型以及精度和插入块时的缩放单位。同时，在"图形单位"对话框中可以单击"方向"按钮，在打开的"方向控制"对话框中进行方向控制设置，如图 10-21 所示。

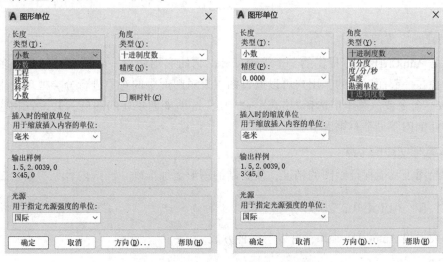

图 10-20　"长度"和"角度"类型设置

图 10-21　"方向控制"对话框

2. 绘制图框线和标题栏

图幅和绘图单位设置完成以后，回到绘图窗口，此时可以单击状态栏中的"栅格"按钮，在绘图窗口显示栅格区域，即图形界限。利用栅格捕捉根据国家标准绘制图框线和标题栏。

图框线和标题栏绘好以后，可以使用图形显示控制命令来让整个图幅显示在屏幕上，具体操作方法如下。

1）命令格式

（1）命令行：ZOOM。

（2）菜单栏："视图"→"缩放"→"全部"。

2）操作步骤

（1）在命令行中输入"ZOOM"，按〈Enter〉键确定，如图 10-22 所示。

（2）在提示行中输入"A"，按〈Enter〉键确定后，整个图幅就会显示在绘图窗口。

图 10-22　"ZOOM"命令行

3. 创建和设置图层

图层是 AutoCAD 2020 提供的一个管理工具，它的应用使得一个图形好像是由多张透明的图纸重叠在一起而组成的，用户可以通过图层来对图形中的对象进行分类处理。用户可以使用"Layer"命令或从菜单中选择"格式"→"图层"选项来创建新的图层，并设置相应的线型和颜色，详细内容见本章第五节。

4. 设置辅助绘图工具

辅助绘图工具能保证绘图的精度，使绘制的图形更加准确，详细内容见本章第二节。

10.1.5　AutoCAD 2020 的退出

如果要退出 AutoCAD 2020，有以下 3 种方式。

1. 命令行

在 AutoCAD 2020 命令行输入"QUIT"或"EXIT"，按〈Enter〉键确认，系统会提示是否保存所做的改动，进行相应选择后即可退出。

2. 菜单栏

在菜单栏中选择"文件"→"退出"选项，退出 AutoCAD 2020。

3. 利用视窗控制按钮

直接单击 AutoCAD 2020 右上角的"关闭"按钮。

10.2　创建二维图形对象

AutoCAD 2020 提供了多种绘制基本图元的命令，如"直线""圆弧""圆""正多边形""椭圆"等。利用这些基本图元就可以创建比较复杂的二维图形。本节主要介绍 AutoCAD 2020 里比较常用的绘图命令。

10.2.1　绘制直线

"直线"命令用来绘制一系列连续的直线段，每条直线段作为一个独立的图形处理对象存在。

1. "直线"命令

命令格式如下。

(1)命令行：LINE。

(2)菜单栏："绘图"→"直线"。

(3)工具栏：单击"直线"按钮 。

2. 操作

激活"直线"命令以后，命令行出现以下提示。

指定第一点：　　　　　　　　输入直线段的起点

指定下一点或[放弃(U)]：　　　　输入直线段第二个端点或放弃

指定下一点或[闭合(C)/放弃(U)]：　继续输入第三个端点或选择闭合或放弃

……

指定下一点或[闭合(C)/放弃(U)]：　继续选择或按〈Enter〉键结束命令

3. 说明

输入点的方法如下。

(1)直接在绘图窗口中单击拾取一点。

(2)在命令行输入点的坐标。

① 在直角坐标系中输入绝对坐标，如下所示。

指定第一点：60，50

指定下一点或[放弃(U)]：100，80

结果如图 10-23 所示。

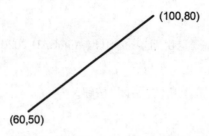

图 10-23 输入点的坐标绘制直线

② 在直角坐标系中输入相对坐标，即在提示指定点时输入相对于前面一点的直角坐标，如下所示。

输入相对于前面一点在 X 轴方向偏移 20，在 Y 轴方向偏移 30 的点：

指定下一点或［放弃(U)］：@20, 30

③ 在极坐标系中输入相对坐标，如下所示。

输入一点与前面一点的连线距离为 30，与 X 轴夹角为 60°的点：

指定下一点或［放弃(U)］：@30<60

10.2.2 绘制圆弧

1. "圆弧"命令

命令格式如下。

(1)命令行：ARC。

(2)菜单栏："绘图"→"圆弧"。

(3)工具栏：单击"圆弧"按钮 。

2. 操作

绘制圆弧的方式有多种，下面以"三点绘圆弧"的方式为例来进行介绍。当激活"圆弧"命令以后，命令行出现以下提示。

指定圆弧的起点或［圆心(C)］：　　　　　　　输入圆弧的起点

指定圆弧的第二个点或［圆心(C)/端点(E)］：　输入圆弧的第二个点

指定圆弧的端点：　　　　　　　　　　　　　输入圆弧的端点

结果如图 10-24 所示。

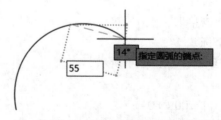

图 10-24 "三点绘圆弧"方式绘制圆弧

其他绘制圆弧的方式可以从菜单栏的"绘图"→"圆弧"选项里找到，按照命令行提示进行相应操作即可。

10.2.3 绘制圆

1. "圆"命令

命令格式如下。

(1)命令行：CIRCLE。

(2)菜单栏："绘图"→"圆"。

(3)工具栏：单击"圆"按钮 。

2. 操作

AutoCAD 2020 提供了以下5种绘圆的方法。

(1)"三点"方式：通过三点绘一圆，如图10-25(a)所示。

(2)"两点"方式：通过两点绘一圆，如图10-25(b)所示。

(3)"圆心、半径(直径)"方式：通过圆心、半径(直径)绘一圆，如图10-25(c)所示。

(4)"相切、相切、半径"方式：绘制与两已知实体(圆或直线)相切的圆，如图10-25(d)所示。

(5)"相切、相切、相切"方式：绘制与三已知实体(圆或直线)相切的圆，如图10-25(e)所示。

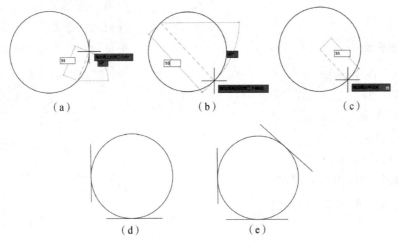

图 10-25　AutoCAD 2020 绘圆的各种方式

下面以"圆心、半径(直径)"方式为例来介绍绘制圆的操作步骤。激活"圆"命令以后，命令行出现以下提示。

指定圆的圆心或[三点(3P)/两点(2P)/相切、相切、半径(T)]：给定圆心点

指定圆的半径或[直径(D)]<当前值>：　　　　　　　　给定圆的半径值(如果想以直径绘圆，可以输入"D"，出现以下提示)

指定圆的直径<当前值>：　　　　　　　　　　　　　　给定直径值(绘出一圆)

3. 说明

(1)以"相切、相切、半径"方式绘圆时，输入的公切圆半径应该大于两切点距离的一半，否则绘不出公切圆。

(2)用鼠标指针指定相切实体位置时,选择目标要落在实体上并靠近切点。

10.2.4　绘制正多边形

1."正多边形"命令

命令格式如下。

(1)命令行:POLYGON。

(2)菜单栏:"绘图"→"正多边形"。

(3)工具栏:单击"正多边形"按钮。

2. 操作

当激活"正多边形"命令以后,命令行出现以下提示。

输入边的数目<当前值>:	给定边数
指定正多边形的中心点或[边(E)]:	给定正多边形的中心点(如果选择E,则是按照边长方式绘制正多边形)
输入选项[内接于圆(I)/外切于圆(C)]:	选择I方式,则画的正多边形内接于圆,选择C方式,则画的正多边形外切于圆
指定圆的半径:	给出内接圆或外切圆的半径值

10.2.5　绘制椭圆

1."椭圆"命令

命令格式如下。

(1)命令行:ELLIPSE。

(2)菜单栏:"绘图"→"椭圆"。

(3)工具栏:单击"椭圆"按钮。

2. 操作

绘制椭圆有以下3种方式。

(1)"两轴距离"方式绘制椭圆。

(2)"圆心和轴长"方式绘制椭圆。

(3)"轴长及绕轴转角"方式绘制椭圆。

下面以"圆心和轴长"方式为例来介绍绘制椭圆的步骤。激活"椭圆"命令以后,命令行出现以下提示。

指定椭圆的轴端点或[圆弧(A)/中心点(C)]:	C
指定椭圆的中心点:	输入中心点C
指定轴的端点:	输入轴的端点E
指定另一条半轴长度或[旋转(R)]:	给出另一条半轴的长度

结果如图10-26所示。

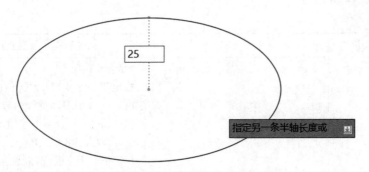

图 10-26　"圆心和轴长"方式绘制椭圆

10.2.6　其他绘图命令简介

AutoCAD 2020 中其他常用绘图命令的功能及相关操作如表 10-1 所示。

表 10-1　AutoCAD 2020 其他常用绘图命令的功能及相关操作

绘图命令	功能	命令方式	命令行提示及各选项含义
POINT	绘制点	命令行：POINT 菜单栏："绘图"→"点" 工具栏：∙	指定点：用鼠标在绘图窗口拾取一点或用键盘输入一点的坐标 可以从菜单"格式"→"点样式"来设置点的样式
DONUT	绘制圆环	命令行：DONUT 菜单栏："绘图"→"圆环" 工具栏：◎	指定圆环的内径<当前值>：输入圆环的内径 指定圆环的外径<当前值>：输入圆环的外径 指定圆环的中心点或[退出]：输入圆环的中心点 指定圆环的中心点或[退出]：继续输入圆环中心点或按〈Enter〉键结束命令
RECTANG	绘制矩形	命令行：RECTANG 菜单栏："绘图"→"矩形" 工具栏：▢	指定第一个角点或[倒角(C)/标高(E)/圆角(F)/厚度(T)/宽度(W)]：输入第一个角点 指定另一个角点或[尺寸(D)]：输入第二个角点 其他常用选项含义如下。 倒角：绘制带有倒角的矩形 圆角：绘制带有圆角的矩形 宽度：可以设置矩形的线宽

绘图命令	功能	命令方式	命令行提示及各选项含义
SPLINE	绘制样条曲线	命令行：SPLINE 菜单栏："绘图"→"样条曲线"→"拟合点（C）"/"控制点（F）" 工具栏：	"拟合点（C）"： 指定第一个点或［方式（M）/节点（K）/对象（O）］：输入样条曲线的起点 输入下一个点或［起点切向（T）/公差（L）］：输入样条曲线的第二个点 指定下一个点或［端点切向（T）/公差（L）/放弃（U）］：继续输入下一点或按〈Enter〉键结束点的输入 指定下一个点或［端点切向（T）/公差（L）/放弃（U）/闭合（C）］：继续输入下一点或按〈Enter〉键结束点的输入 "控制点（F）"： 指定第一个点或［方式（M）/阶数（D）/对象（O）］：输入样条曲线的起点 输入下一个点：输入样条曲线的第二个控制点 指定下一个点或［放弃（U）］：继续输入下一控制点或按〈Enter〉键结束控制点的输入 指定下一个点或［闭合（C）/放弃（U）］：继续输入下一控制点或按〈Enter〉键结束控制点的输入
MLINE	绘制多线	命令行：MLINE 菜单栏："绘图"→"多线" 工具栏：	指定起点或［对正（J）/比例（S）/样式（ST）］：输入起点 指定下一点：输入下一点 指定下一点或［放弃（U）］：继续输入下一点或放弃 指定下一点或［闭合（C）/放弃（U）］：继续输入下一点或选择［闭合（C）或放弃（U）］，按〈Enter〉键结束命令 在绘制多线之前，先要执行"格式"→"多线样式"命令，进行多线样式的设置
PLINE	绘制多段线	命令行：PLINE 菜单栏："绘图"→"多段线" 工具栏：	用 PLINE 命令可以画直线、圆弧等，每一次所画的多段线作为一个独立的实体存在图中 指定起点：输入起点 指定下一个点或［圆弧（A）/半宽（H）/长度（L）/放弃（U）/宽度（W）］：输入下一个点 指定下一个点或［圆弧（A）/闭合（C）/半宽（H）/长度（L）/放弃（U）/宽度（W）］：继续输入下一个点或按〈Enter〉键结束命令 用 PLINE 命令绘多段线分为直线和圆弧两种方式

10.2.7 辅助绘图工具设置

在 AutoCAD 2020 中提供了一些类似手工绘图中的绘图工具和仪器的绘图命令,如"栅格显示"命令、"栅格捕捉"命令及"目标捕捉"命令等,这些命令称为辅助绘图命令。使用这些命令,可以提供一个方便、高效的绘图环境,并能提高绘图质量,保证绘图的精度。

1."栅格显示"命令

1)功能

该命令控制是否在绘图窗口显示栅格,并能设置栅格间的间距。栅格如图 10-27 所示。

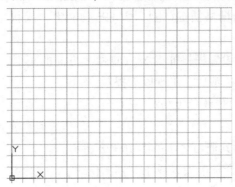

图 10-27 栅格

2)命令格式

(1)命令行:GRID。

(2)状态栏:单击"栅格"按钮⌗。

3)操作

当在命令行输入"GRID"以后,出现以下提示。

指定栅格间距(X)或[开(ON)/关(OFF)/捕捉(S)/纵横向间距(A)]<当前值>:

各选项含义如下。

(1)"ON"选项:打开栅格功能,同时接受默认的栅格间距值。

(2)"OFF"选项:关闭栅格功能(也可用〈F7〉功能键或状态栏"GRID"模式开关或按〈Ctrl+G〉组合键进行切换)。

(3)"S"选项:设置栅格显示与当前捕捉栅格的分辨率相同。

(4)"A"选项:可分别设置栅格显示 X 方向和 Y 方向的间距。当输入"A"以后,出现以下提示。

指定水平间距(X)<当前值>:　　　　　　　　　输入 X 方向间距

指定垂直间距(Y)<当前值>:　　　　　　　　　输入 Y 方向间距

2."栅格捕捉"命令

1)功能

"栅格捕捉"命令是和"栅格显示"命令配套使用的。打开栅格捕捉将使鼠标指针所指定的点都落在栅格捕捉间距所确定的点上,此功能还可以将栅格旋转任意角度。

2）命令格式

命令行：SNAP。

3）操作

在命令行输入"SNAP"后，出现以下提示。

指定捕捉间距或[开(ON)/关(OFF)/纵横向间距(A)/传统(L)/样式(S)/类型(T)]<当前值>：

各选项含义如下。

（1）"ON"选项：打开栅格捕捉，同时接受当前捕捉间距值。

（2）"OFF"选项：关闭栅格捕捉（也可用〈F9〉功能键，或状态栏"SNAP"模式开关，或按〈Ctrl+B〉组合键进行切换）。

（3）"A"选项：可分别设置栅格捕捉X方向和Y方向的间距。

（4）"T"选项：选择该选项后，出现以下提示。

保持始终捕捉到栅格的传统行为吗？[是(Y)/否(N)]：

指定旋转角度<当前值>：　　　　　　　　给出旋转角度

当旋转角度为45°时，其栅格显示如图10-28所示。

（5）"S"选项：可以选择标准模式或正等轴测模式。

（6）"T"选项：用于选择捕捉类型。

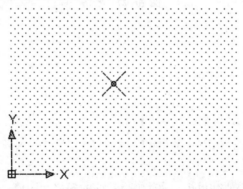

图10-28　"SNAP"命令中旋转45°的栅格显示

3. "对象捕捉"命令

"对象捕捉"命令是保证绘图精度、提高绘图效率不可缺少的辅助绘图命令，可以把点精确定位到实体的特征点上，如直线段的端点、中点，圆弧的圆心，以及两条直线的交点、垂足等。

AutoCAD 2020提供了"对象捕捉"工具栏，如图10-29所示。该工具栏中共有17个捕捉功能按钮。

图10-29　"对象捕捉"工具栏

绘图时，当系统要求用户指定一个点时，可以选择以下4种方式来激活"对象捕捉"

命令。

1）使用"对象捕捉"工具栏命令按钮

当需要指定一点时，可以单击"对象捕捉"工具栏中相应的特征点按钮，再把鼠标指针移到实体上要捕捉的特征点附近，系统即可捕捉到该特征点。

2）使用"对象捕捉"快捷菜单命令

在绘图时，当系统要求用户指定一点时，可按〈Shift〉键（或〈Ctrl〉键）并同时在绘图窗口右击，系统弹出如图 10-30 所示的"对象捕捉"快捷菜单。在该菜单上选择相应的捕捉命令，再把鼠标指针移到要捕捉的实体上相应的特征点附近，即可以选中所需的特征点。

图 10-30　"对象捕捉"快捷菜单

3）使用"对象捕捉"字符命令

在绘图的过程中，当系统要求用户指定一点时，可输入所需的捕捉命令字符，再把鼠标指针移到实体上要捕捉的特征点附近，即可以选中相应的特征点。

4）使用自动捕捉功能

设置自动捕捉模式后，当系统要求用户指定一个点时，把鼠标指针放在某对象上，系统便会自动捕捉到该对象上符合条件的特征点并显示出相应的标记。如果鼠标指针在特征点处多停留一会，还会显示该特征点的提示，这样用户在选点之前，只需先预览一下特征点的提示，然后确认就可以了。

"对象捕捉"工具栏中部分常用按钮的捕捉功能列于表 10-2 中。

表 10-2 "对象捕捉"工具栏中部分常用按钮的捕捉功能

按钮	捕捉类型	功能
	捕捉端点（E）	捕捉直线段或者圆弧等实体的端点
	捕捉中点（M）	捕捉直线段、圆弧等实体的中点
	捕捉交点（I）	捕捉直线段、圆或圆弧等两实体的交点
	捕捉中心点（C）	捕捉圆或圆弧的圆心
	捕捉象限点（Q）	捕捉圆或圆弧上 0°、90°、180°、270° 位置上的象限点
	捕捉切点（G）	捕捉所画直线段与某圆或圆弧的相切点
	捕捉垂直点（P）	捕捉所画直线段与某直线段的垂直点
	捕捉插入点（S）	捕捉图块的插入点
	捕捉最近点（R）	捕捉直线、圆或圆弧等实体上最靠近鼠标指针方框中心的点
	捕捉外观交点（A）	捕捉二维图形中看上去是交点，而在三维图形中并不相交的点
	捕捉自（F）	捕捉下一点起为基准的相对点
	对象捕捉设置（O）	执行"OSNP"（固定捕捉）命令

用户可以预先设置所需的对象捕捉方式，这样在需要捕捉特征点时，AutoCAD 2020 可以自动捕捉到这些点。设置捕捉方式有以下 3 种方法。

（1）命令行：OSNAP。

（2）菜单栏："工具"→"草图设置"→"对象捕捉"。

（3）工具栏：单击"捕捉设置"按钮。

激活"对象捕捉"命令后，AutoCAD 2020 将弹出"草图设置"对话框，如图 10-31 所示。

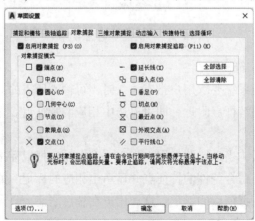

图 10-31 "草图设置"对话框

4. 正交模式

在绘图过程中，常常需要绘制水平线或垂直线。在这种情况下，就要用到正交模式。打开正交模式以后，AutoCAD 2020 将只允许绘制水平或垂直方向的直线。单击状态栏中"正交"按钮或按〈F8〉键或按〈Ctrl+L〉组合键，可以让正交模式在打开与关闭之间切换。

10.3　图形编辑命令

AutoCAD 2020 提供了许多实用的图形编辑功能。利用这些功能，可以对图形进行移动、复制、旋转、删除、修剪等多种编辑操作，以提高绘图效率。在编辑操作之前，首先要选取所编辑的对象，而这些对象也就构成了选择集，选择集可以包含单个图形对象，也可以包含多个图形对象或更复杂的对象编组。

10.3.1　选择图形对象

AutoCAD 2020 提供了多种选择图形对象的方式，下面分别进行介绍。

1. 单击选择

直接将鼠标指针置于目标的上方，然后单击鼠标左键，该实体增亮显示，即表示被选中，如图 10-32 所示。

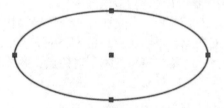

图 10-32　单击选择图形对象

2. 窗口选择

命令行出现以下提示。

选择对象：W　　　　　　　　　　　　　输入"W"进行窗口选择

指定第一个角点：　　　　　　　　　　　输入窗口对角线的第一点

指定对角点：　　　　　　　　　　　　　输入窗口对角线的另一点

此时即可选中完全处于窗口中的图形对象，如图 10-33 所示。

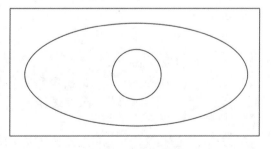

图 10-33　窗口选择

3. 窗口交叉选择

命令行出现以下提示。

选择对象：C   输入"C"进行窗口交叉选择

指定第一个角点：   输入窗口对角线的第一点

指定对角点：   输入窗口对角线的另一点

此时即可选中完全处于窗口中或与窗口相交的图形对象，如图10-34所示。

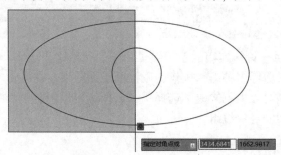

图 10-34 窗口交叉选择

说明：

（1）窗口选择方式与窗口交叉选择方式的区别在于，当使用窗口选择方式时，被选择的图形对象完全处于窗口内时才能被选中，而使用窗口交叉选择方式时，无论被选择的图形对象是完全处于窗口内，还是与窗口相交，均会被选中。

（2）窗口选择方式与窗口交叉选择方式分别有一个快捷操作，当出现"选择对象："提示时，如果先给出窗口的左上对角点，再给出窗口的右下对角点，系统默认为窗口选择方式；如果先给出窗口的右上对角点，再给出窗口的左下对角点，系统默认为窗口交叉选择方式。

4. "全部选择（ALL）"方式

用全部选择方式能够选中绘图窗口中所有的图形对象。在出现"选择对象："提示时，输入"ALL"，按〈Enter〉键确定后全部图形对象被选中。

10.3.2 图形删除

1. "删除"命令

命令格式如下。

（1）命令行：ERASE。

（2）菜单栏："修改"→"删除"。

（3）工具栏：单击"删除"按钮 。

2. 操作

当激活"删除"命令以后，命令行出现以下提示。

选择对象：   选择需要删除的对象

选择对象：   继续选择

……

选择对象：   继续选择或按〈Enter〉键结束选择

所有被选中的对象即被删除。

10.3.3　图形修剪

图形修剪就是指沿着给定的剪切边界来断开对象，并删除该对象位于剪切边某一侧的部分。

1. "修剪"命令

命令格式如下。

(1)命令行：TRIM。

(2)菜单栏："修改"→"修剪"。

(3)工具栏：单击"修剪"按钮 。

2. 操作

当激活"修剪"命令后，命令行出现以下提示。

当前设置：投影=UCS，边=无

　　　　　　　　　　　　　选择剪切边

选择对象：　　　　　　　选择作为剪切边界的图形对象，如图 10-35(a)所示

......

选择对象：　　　　　　　继续选择作为剪切边界的图形对象或按〈Enter〉键结束选择

选择要修剪的对象，或按住〈Shift〉键选择要延伸的对象，或［投影(P)/边(E)/放弃(U)］：　　　　　　　选择要剪切的图形对象，如图 10-35(b)所示

......

选择要修剪的对象，或按住〈Shift〉键选择要延伸的对象，或［投影(P)/边(E)/放弃(U)］：　　　　　　　继续选择要剪切的图形对象或按〈Enter〉键结束命令

结果如图 10-35(c)所示。

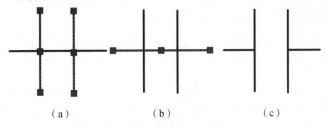

(a)　　　　　　　(b)　　　　　　　(c)

图 10-35　"修剪"命令执行过程

10.3.4　图形复制

图形复制是指在不同的位置复制现存的对象，复制的对象完全独立于源对象，可以对它进行编辑或其他操作。

1. "复制"命令

命令格式如下。

(1)命令行：COPY。

(2)菜单栏："修改"→复制。

(3)工具栏：单击"复制"按钮 。

2. 操作

激活"复制"命令以后,命令行出现以下提示。

选择对象:　　　　　　　在绘图窗口选择需要复制的图形对象

选择对象:　　　　　　　继续选择需要复制的图形对象

……

选择对象:　　　　　　　继续选择或按〈Enter〉键结束选择

指定基点或位移:　　　　指定图形复制的基准点或给出位移

指定位移的第二点或<用第一点作位移>:　　指定位移的第二点

指定位移的第二点:　　　继续指定位移的第二点或按〈Enter〉键结束命令

10.3.5　图形打断

"打断"命令用于删除图形对象中的一部分,或把对象分为两个实体。打断对象时,可以先在第一个打断点处选择对象,然后指定第二个打断点。也可以预先选择对象,再指定两个打断点。打断图形如图 10-36 所示。

图 10-36　打断图形

1. "打断"命令

命令格式如下。

(1)命令行:BREAK。

(2)菜单栏:"修改"→"打断"。

(3)工具栏:单击"打断"按钮 。

2. 操作

当激活"打断"命令以后,命令行出现以下提示。

选择对象:　　　　　　　　　　　　选择需要打断的图形对象

指定第二个打断点或[第一点(F)]:　　指定第二个打断点

当我们用鼠标选择图形对象时,系统会默认以鼠标指针处为第一个打断点,所以它请求输入第二个打断点。而一般情况下选择图形对象时的鼠标指针处并不是我们所需要的第一个打断点,所以此时系统允许输入"F"来重新确定第一个打断点,当输入"F"以后,出现以下提示。

指定第一个打断点:　　　　　　　指定第一个打断点

指定第二个打断点:　　　　　　　指定第二个打断点

图形被打断,结束命令。如果在提示指定第二个打断点时输入"@",AutoCAD 2020 就会在指定的第一个打断点处将图形断开为两部分。

10.3.6　倒角

倒角是连接两个非平行的图形对象,通过延伸或修剪使之相交或用斜线连接。

1．"倒角"命令

命令格式如下。

(1)命令行：CHAMFER。

(2)菜单栏："修改"→"倒角"。

(3)工具栏：单击"倒角"按钮。

2．操作

当激活"倒角"命令后，命令行出现以下提示。

命令：CHAMFER

("修剪"模式)当前倒角距离 1＝0.0000，距离 2＝0.0000

选择第一条直线或［放弃(U)／多段线(P)／距离(D)／角度(A)／修剪(T)／方式(E)／多个 (M)］：D

指定第一个倒角距离<0.0000>：5	设置第一个倒角距离
指定第二个倒角距离<5.0000>：5	设置第二个倒角距离

选择第一条直线或［放弃(U)／多段线(P)／距离(D)／角度(A)／修剪(T)／方式(E)／多个 (M)］：   选择第一条需要倒角的直线，如图 10-37(a)所示直线 L1

选择第二条直线：   选择第二条需要倒角的直线，如图 10-37(a)所示直线 L2

结果如图 10-37(b)所示。

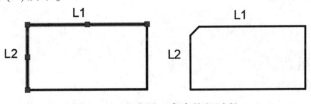

图 10-37 "倒角"命令执行过程

10.3.7 延伸

对图形进行延伸，可以将图形精确地伸长到其他对象定义的边界。

1．"延伸"命令

命令格式如下。

(1)命令行：EXTEND。

(2)菜单栏："修改"→"延伸"。

(3)工具栏：单击"延伸"按钮──→。

2．操作

当激活"延伸"命令以后，命令行出现以下提示。

命令：EXTEND

当前设置：投影＝UCS，边＝无

选择边界的边…

选择对象：	选择延伸边界
选择对象：	继续选择延伸边界
......	
选择对象：	按〈Enter〉键结束选择

选择要延伸的对象，或按住〈Shift〉键选择要修剪的对象，或[栏选(F)/窗交(C)/投影(P)/边(E)/放弃(U)]：　　　　　选择需要延伸的对象

结束命令，结果如图10-38所示。

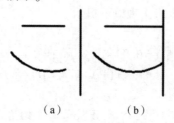

（a）　　　　（b）

图10-38　"延伸"命令执行过程
（a）延伸前；（b）延伸后

10.3.8　阵列

阵列是按照一定规则（间距或角度）复制多个对象并按环形或矩形排列。对于环形阵列，可以控制复制对象的数目和决定是否旋转对象；对于矩形阵列，可以控制复制对象的行数和列数，以及它们之间的角度。

1. "阵列"命令

命令格式如下。

（1）命令行：ARRAY。

（2）菜单栏："修改"→"阵列"。

（3）工具栏：单击"阵列"下拉按钮，进行矩形阵列、路径阵列和环形阵列的选择。

2. 操作

1）创建矩形阵列

矩形阵列的创建步骤如下。

（1）在"阵列"对话框中单击"矩形阵列"。

（2）单击"选择对象"按钮，选择需要阵列的图形对象，出现如图10-39所示的"矩形阵列"编辑器。

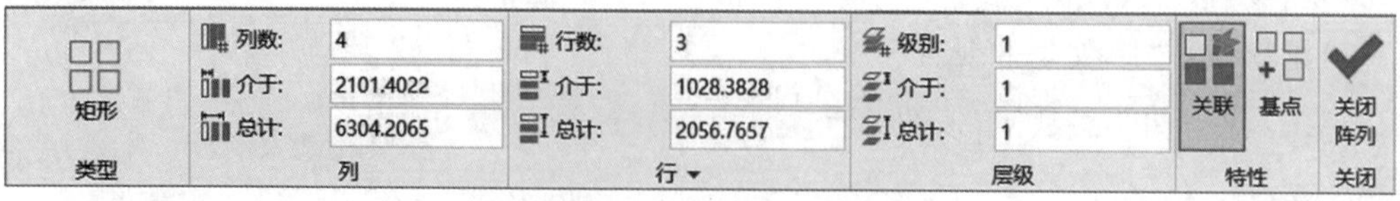

	列数：	4	行数：	3	级别：	1			
矩形	介于：	2101.4022	介于：	1028.3828	介于：	1	关联	基点	关闭阵列
	总计：	6304.2065	总计：	2056.7657	总计：	1			
类型	列		行 ▾		层级		特性		关闭

图10-39　"矩形阵列"编辑器

（3）设置"行"和"列"的参数，如"行数"文本框中输入"3"，"列数"文本框中输入"4"。

（4）分别设置行间距和列间距，同时可以指定层级数，修改层级间距。

（5）单击"确定"按钮，完成阵列。

2）创建路径阵列

路径阵列的创建步骤如下。

（1）在"阵列"对话框中单击"路径阵列"。

（2）单击"选择对象"按钮，选择需要阵列的图形对象，再选择需要阵列的路径，出现如图 10-40 所示的"路径阵列"编辑器。

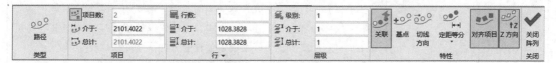

图 10-40　"路径阵列"编辑器

（3）设置"项目数"和"行数"的参数。

（4）单击"确定"按钮，完成阵列。

3）创建环形阵列

环形阵列的创建步骤如下。

（1）在"阵列"对话框中单击"环形阵列"。

（2）单击"选择对象"按钮，选择需要阵列的图形对象。

（3）指定环形阵列的中心点，出现如图 10-41 所示的"环形阵列"编辑器。

图 10-41　"环形阵列"编辑器

（4）在"项目数"文本框中输入阵列的项目总数，其中包含源对象。

（5）设置填充角度。本例中采用默认值 360°。

（6）确认"复制时旋转项目"选项，单击"确定"按钮，完成阵列。

10.3.9　其他图形编辑命令

AutoCAD 2020 的其他常用图形编辑命令如表 10-3 所示。

表 10-3　AutoCAD 2020 的其他常用图形编辑命令

编辑命令	功能	命令方式	命令行提示及各选项含义
MIRROR	对称性复制	命令行：MIRROR 菜单栏："修改"→"镜像" 工具栏：△	选择对象：指定要镜像的图形对象 选择对象：继续指定要镜像的图形对象或按〈Enter〉键结束选择 指定镜像线的第一点：指定对称线上的一点 指定镜像线的第二点：指定对称线上的第二点 是否删除源对象？［是（Y）/否（N）］＜N＞：选择"Y"则删除源实体，选择"N"则保留源实体

续表

编辑命令	功能	命令方式	命令行提示及各选项含义
OFFSET	对象的偏移	命令行：OFFSET 菜单栏："修改"→"偏移" 工具栏：⊂	指定偏移距离或[通过(T)]<1.0000>：设置偏移距离或指定通过点 选择要偏移的对象或<退出>：选择需要偏移的图形对象 指定点以确定偏移所在一侧：指定一点来确定偏移的方向 选择要偏移的对象或<退出>：继续选择偏移对象或按〈Enter〉键结束命令
MOVE	移动图形对象	命令行：MOVE 菜单栏："修改"→"移动" 工具栏：✛	选择对象：选择要移动的图形实体 选择对象：继续选择要移动的图形实体或按〈Enter〉键结束命令 指定基点或位移：指定一点作为移动的基点 指定位移的第二点或<用第一点作位移>：指定位移的第二点 将要移动的对象从当前位置按照指定的两点确定的位移矢量移到新位置
ROTATE	旋转图形对象	命令行：ROTATE 菜单栏："修改"→"旋转" 工具栏：↻	选择对象：选择需要旋转的图形对象 选择对象：继续选择需要旋转的图形对象或按〈Enter〉键结束选择 指定基点：指定旋转的基点 指定旋转角度或[参照(R)]：指定旋转角度
FILLET	生成圆角	命令行：FILLET 菜单栏："修改"→"圆角" 工具栏：⌐	选择第一个对象或[多段线(P)/半径(R)/修剪(T)/多个(U)]：选择倒圆角的第一个图形实体 选择第二个对象：选择第二个图形对象 其他各选项含义如下。 "P"选项：用于对多段线进行倒圆角 "R"选项：指定圆角的半径 "T"选项：选择修剪模式 "U"选项：可以对多个图形实体进行倒圆角
STRETCH	对图形实体进行拉伸	命令行：STRETCH 菜单栏："修改"→"拉伸" 工具栏：⧉	选择对象：以窗口交叉方式选择拉伸对象 选择对象：继续以窗口交叉方式选择拉伸对象或按〈Enter〉键结束选择 指定基点：选择或者指定图形中的点为拉伸的基点 指定拉伸位移的第二个点或者输入拉伸距离，图像将沿拉伸位移方向拉伸

编辑命令	功能	命令方式	命令行提示及各选项含义
SCALE	对象的缩放	命令行：SCALE 菜单栏："修改"→"缩放" 工具栏：	选择对象：选择需要缩放的图形实体 选择对象：继续选择需要缩放的图形实体 或按〈Enter〉键结束选择 指定基点：指定一点作为缩放的基点 指定比例因子或[参照(R)]：指定缩放的 比例因子

10.4　图形的显示控制

使用 AutoCAD 2020 进行设计时，需要通过显示控制设置，控制图形在绘图窗口中的显示内容。AutoCAD 2020 提供了显示控制功能，参考照相技术中的变焦原理，可以控制图形的显示范围，能够随意放大或缩小图形的显示，或者对图形的局部进行放大观察，以便于在各种图幅上进行绘图和编辑。

本节主要介绍图形显示控制的常用命令，包括视图的平移、缩放，以及视图的重画和重生成等。

10.4.1　视图的平移

平移视图就是移动图形的显示位置，以便清楚观察图形的各个部分。

1. "平移"命令

命令格式如下。

(1)命令行：PAN。

(2)菜单栏："视图"→"平移"。

(3)标准工具栏：单击"平移"按钮。

此外，还可以在选定图形后右击，在弹出的快捷菜单中单击"平移"按钮。

2. 操作

激活"平移"命令以后，绘图窗口的鼠标指针变成手的形状，此时按住鼠标左键并拖动视图可以将图形移到所需位置，松开鼠标左键则停止视图平移，再次按住鼠标左键可继续对图形进行移动。在绘图窗口中右击，在弹出的快捷菜单中选择"退出"或按〈Esc〉键则结束"平移"命令。

10.4.2　视图的缩放

缩放视图就是放大或缩小图形的显示比例，从而改变图形对象的外观尺寸，缩放视图并不改变图形的真实尺寸。

1. "缩放"命令

命令格式如下。

（1）命令行：ZOOM。

（2）菜单栏："视图"→"缩放"。

2. 操作

激活"缩放"命令以后，命令行出现以下提示。

命令：ZOOM

指定窗口的角点，输入比例因子（nX 或 nXP），或者[全部（A）/中心（C）/动态（D）/范围（E）/上一个（P）/比例（S）/窗口（W）/对象（O）]<实时>：

各选项含义如下。

（1）"A"选项：在绘图窗口显示整个图形。

（2）"C"选项：按照给定的圆心点及屏高显示图形。

（3）"D"选项：动态确定缩放图形的大小和位置。

（4）"E"选项：充满绘图窗口显示当前所绘图形。

（5）"P"选项：返回上一次显示的图形，并能依次返回前10个视图。

（6）"S"选项：指定缩放系数，按比例缩放显示图形。

（7）"W"选项：直接指定窗口大小，AutoCAD 2020 会自动把窗口中的图形部分在绘图窗口充满显示。

（8）"O"选项：直接选定对象。

10.4.3　视图的重画

对图形进行编辑修改以后，可能会在绘图窗口留下一些痕迹。可用"重画"命令将它们一一清除掉，命令格式如下。

（1）命令行：REDRAW。

（2）菜单栏："视图"→"重画"。

10.4.4　视图的重生成

执行"重生成"命令以后，可以使图形当中的有些图元（如圆或圆弧）在视图缩放以后变得不光滑的部分恢复光滑，命令格式如下。

（1）命令行：REGEN。

（2）菜单栏："视图"→"重生成"。

使用视图显示控制命令，一方面可以实现对图形的平移和缩放，提高绘图效率；另一方面可以让所绘图形更加清晰、完美，提高图形的精确度。因此，必须熟练掌握视图的各种显示控制命令。

10.5　图层、线型及颜色设置

图层是 AutoCAD 2020 提供的一个管理工具，它的应用使得一个图形好像是由多张透明的图纸重叠在一起而组成的，用户可以通过图层来对图形中的对象进行归类处理。例如，在机械、建筑等工程制图中，图形中可能包括粗实线、细实线、基准线、轮廓线、虚线、剖面线、尺寸标注及文字说明等元素。如果用图层来管理它们，不仅能使图形的各种信息清晰、有序，便于观察，而且会给图形的编辑、修改和输出带来很大的方便。

AutoCAD 2020 中的图层具有以下特点。

(1)在一幅图中可以创建任意数量的图层，并且在每一图层上的图形对象数也没有任何限制。

(2)每个图层都有一个名称。

(3)只能在当前图层上绘图。

(4)各图层具有相同的坐标系、绘图界限及显示缩放比例。

(5)可以对位于不同图层上的图形对象同时进行编辑操作。

(6)对于每一个图层，可以设置其对应的线型、颜色等特性。

(7)可以对各图层进行打开、关闭、冻结、解冻、锁定与解锁等操作。

(8)可以把图层设定成为打印或不打印图层。

10.5.1　创建新图层

启动 AutoCAD 2020 以后，系统会自动创建一个层名为"0"的图层，这也是系统的默认图层。用户绘制一张新图时，需要通过图层来组织图形，就必须创建新图层。

1."创建图层"命令

命令格式如下。

(1)命令行：LAYER。

(2)菜单栏："格式"→"图层"。

(3)工具栏：单击"图层特性管理器"按钮。

2. 操作

激活"创建图层"命令以后，出现"图层特性管理器"对话框，如图 10-42 所示。单击"新建图层"按钮，在图层列表中出现一个名称为"图层 1"的新图层，默认情况下，新建图层与当前图层的状态、颜色、线型及线宽等设置相同。创建了图层以后，可以单击图层名，然后输入一个新的有意义的图层名称并确认。

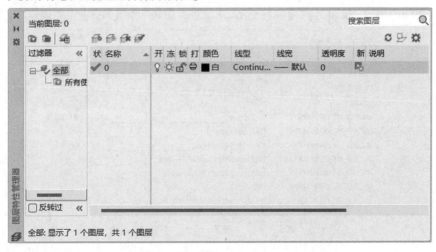

图 10-42　"图层特性管理器"对话框

10.5.2 设置图层线型

图层线型是指图层上图形对象的线型，如实线、虚线、点画线等。在使用 AutoCAD 2020 进行工程制图时，可以使用不同的线型来绘制不同的图形对象，还可以对各图层上的线型进行不同的设置。

1. 设置已加载线型

在默认状态下，图层的线型为实线(Continuous)，要改变线型，可在相应图层中单击线型选项，弹出"选择线型"对话框，如图 10-43 所示，在已加载的线型列表中选择一种线型，然后单击"确定"按钮，即完成了线型的设置。

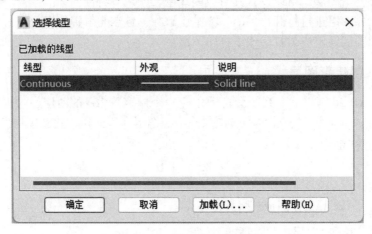

图 10-43 "选择线型"对话框

2. 加载线型

如果"已加载的线型"列表框中没有用户需要的线型，则可进行线型加载操作，将新线型添加到"已加载的线型"列表框中。此时，单击"选择线型"对话框中的"加载"按钮，系统弹出如图 10-44 所示的"加载或重载线型"对话框，从"可用线型"列表框中选择需要加载的线型，然后单击"确定"按钮，就可以将选择的线型添加到"已加载线型"列表框中。

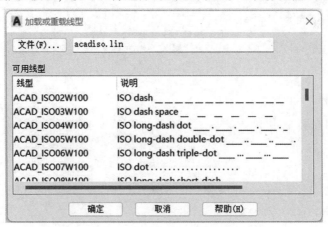

图 10-44 "加载或重载线型"对话框

3. 设置线型比例

对于虚线、点画线、双点画线等非连续线型，由于其受图形尺寸的影响较大，且图形的尺寸不同，在图形中绘制的非连续线型的外观也会不一样，有时甚至会出现用虚线画出来的图形从外观上看就像实线的情况，因此需要通过设置线型比例来改变非连续线型的外观。

选择菜单栏"格式"→"线型"选项，系统会弹出"线型管理器"对话框，如图 10-45 所示，可从中设置线型比例。在线型列表中选择某一线型后，单击"显示细节"按钮，就可以在"详细信息"区域设置"全局比例因子"和"当前对象缩放比例"参数，其中"全局比例因子"用于设置图形中所有对象的线型比例，"当前对象缩放比例"用于设置新建对象的线型比例，新建对象最后的线型比例将是全局比例和当前缩放比例的乘积。

图 10-45　"线型管理器"对话框

10.5.3　设置图层线宽

在 AutoCAD 2020 中，用户可以使用不同的线宽来表现不同的图形对象，还可以设置图层的线宽。在"图层特性管理器"对话框中单击某一图层的线宽选项，就会弹出"线宽"对话框，如图 10-46 所示，可以从中选择所需要的线宽。

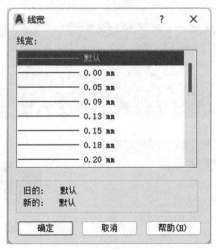

图 10-46　"线宽"对话框

另外，还可以选择菜单栏"格式"→"线宽"选项，系统会弹出"线宽设置"对话框，如图10-47所示。在该对话框中可以选择当前要使用的线宽，还可以设置线宽的单位、显示比例等参数。如果在设置了线宽的图层中绘制对象，则默认状态下在该图层中绘制的图形都具有层中所设置的线宽。单击绘图窗口中底部状态栏的"线宽"按钮，使其凹下时，图形对象的线宽立即在绘图窗口中显示出来。如果再次单击该按钮，使其凸起，则绘图窗口中的线宽将不再显示。

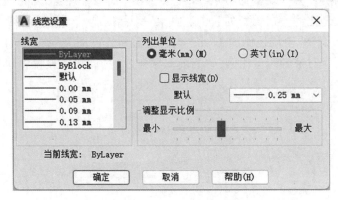

图10-47 "线宽设置"对话框

10.5.4 设置图层颜色

所谓图层的颜色，是指绘制在该图层上图形对象的颜色。可以将不同的图层设置成不同的颜色，这样就可以在绘制复杂的图形对象时通过颜色来区分不同的部分。在AutoCAD 2020中，默认状态下，新创建的图层颜色被设为7号颜色，即白色或黑色（如果背景色为白色，则图层颜色为黑色；如果背景色为黑色，则图层颜色为白色）。

如果要改变图层的颜色，可以单击"图层特性管理器"对话框中"颜色"选项，弹出"选择颜色"对话框，如图10-48所示，可以在该对话框中为图层选择相应的颜色。

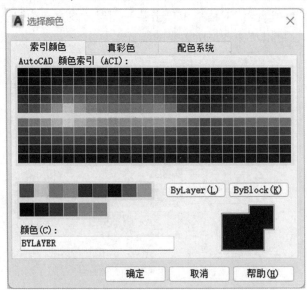

图10-48 "选择颜色"对话框

10.5.5　设置图层状态

在"图层特性管理器"对话框中，还可以设置图层的各种状态，如开/关、冻结/解冻、锁定/解锁、是否打印等。

1. 开/关

图层处于"打开"状态下，该图层上的图形可以在绘图窗口显示，也可以打印；而在"关闭"状态下，图层上的图形既不能显示，也不能打印输出。在"图层特性管理器"对话框中图层列表里，单击小灯泡图标可以在"打开"与"关闭"图层之间切换。

2. 冻结/解冻

"冻结"图层就是使该图层上的图形既不能在绘图窗口显示及打印输出，也不能编辑或修改；"解冻"则使该图层恢复显示、打印和编辑状态。单击"图层特性管理器"对话框中图层列表里的太阳图标可以在"冻结"与"解冻"图层之间进行切换。

3. 锁定/解锁

"锁定"图层就是使该图层上的图形对象不能被编辑，但并不影响该图层上的图形对象的显示，还可以在锁定的图层上绘制新的图形对象，以及使用"查询"命令和"捕捉"功能。单击"图层特性管理器"对话框中图层列表里的锁图标，可以在"锁定"与"解锁"之间进行切换。

4. 是否打印

单击"图层特性管理器"对话框中图层列表里的打印机图标，可以设置图层是否能够被打印。打印功能只对没有冻结和没有关闭的图层起作用。

10.6　文字的写入与编辑

在工程图中除了要将实际物体绘制成几何图形，还需要加上必要的注释，如技术要求、尺寸、标题栏、明细栏等。利用注释，可以将一些用几何图形难以表达的信息表示出来。在 AutoCAD 2020 中，所有的这些注释都离不开一种特殊对象——文字。

文字写入是计算机绘图的重要内容，AutoCAD 2020 提供了强大的文字写入与编辑功能，其中文字写入又分为两种方式，即单行文字和多行文字。一般情况下，对简短的文字输入可以使用单行文字，对带有内部格式的较长的文字输入则采用多行文字。

10.6.1　单行文字写入

1."单行文字"命令

命令格式如下。

(1)命令行：DTEXT 或 TEXT 或 DT。

(2)菜单栏："绘图"→"文字"→"单行文字"。

(3)工具栏：单击"单行文字"按钮 **A**。

2. 操作

激活"单行文字"命令以后，命令行出现以下提示。

指定文字的起点或[对正(J)/样式(S)]：　　　输入一点作为文字的起点或选择其他选项

指定高度<当前值>：　　　　　　　　　　给定文字的高度

指定文字的旋转角度<当前值>：　　　　　给定文字的旋转角度

输入文字：　　　　　　　　　　　　　　输入文字内容(输入第一处文字以后，可以
继续指定下一处文字的起点，命令行将继续
出现以下提示)

输入文字：　　　　　　　　　　　　　　输入第二处文字的内容

此操作可以重复进行，即能输入若干处相互独立的单行文字，直到按〈Enter〉键结束命令。

其他各选项含义如下。

(1)"J"选项：设置文字的对齐方式，即文字相对于起点的位置关系。输入"J"，命令行出现如下提示。

输入选项[左(L)/居中(C)/右(R)/对齐(A)/中间(M)/布满(F)/左上(TL)/中上(TC)/右上(TR)/左中(ML)/正中(MC)/右中(MR)/左下(BL)/中下(BC)/右下(BR)]：选择相应选项

(2)(S)选项：输入"S"，命令行出现如下提示。

输入样式名或输入要列出的文字样式：

▶▶ 10.6.2　多行文字写入

对于较长或较为复杂的文字内容，可以创建多行或段落文字。多行文字与单行文字的主要区别是多行文字无论行数多少，只要是单个编辑任务创建的段落集，AutoCAD 2020 都认为是单个对象。

1. "多行文字"命令

命令格式如下。

(1)命令行：MTEXT 或 MT。

(2)菜单栏："绘图"→"文字"→"多行文字"。

(3)工具栏：单击"多行文字"按钮 **A**。

2. 操作

激活"多行文字"命令以后，命令行出现以下提示。

命令：MTEXT

当前文字样式："Standard"

当前文字高度：2.5

指定第一角点：指定多行文字矩形框的第一个角点

指定对角点或[高度(H)/对正(J)/行距(L)/旋转(R)/样式(S)/宽度(W)/栏(C)]：

指定对角点或[栏选(F)/圈围(WP)/圈交(CP)]：

多行文字的写入主要通过"文字格式"编辑器来进行，如图 10-49 所示。

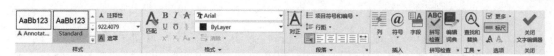

图 10-49 "文字格式"编辑器

给定第一个角点以后，在绘图窗口拖动鼠标指针，可以看见出现一个动态的矩形框。在矩形框中显示一个箭头符号，用来指定文字的扩展方向。此时直接指定第二个角点，然后输入需要的文字内容。"多行文字"输入示例如图 10-50 所示。

AutoCAD2020
技术要求：

图 10-50 "多行文字"输入示例

10.6.3 特殊符号写入

当输入文字时，有些特殊符号在键盘上难以直接输入，如"φ""°""±"等。AutoCAD 2020 提供了一些特殊字符的输入方法，常见的如下。

（1）%%C：输入直径符号"φ"。

（2）%%D：输入角度符号"°"。

（3）%%P：输入上下极限偏差符号"±"。

（4）%%O：开始/关闭字符的上划线。

（5）%%U：开始/关闭字符的下划线。

需要强调的是，特殊字符不能在中文文字样式中使用，否则将显示"?"。

10.6.4 编辑文字

文字输入的内容和样式通常不可能一次就达到要求，还需要进行调整和修改，此时需要在原有文字的基础上对文字对象进行编辑处理。

1. "编辑"命令

命令格式如下。

（1）命令行：DDEDIT 或 ED。

（2）菜单栏："修改"→"对象"→"文字"→"编辑"。

（3）工具栏：单击"编辑"按钮 **A**。

此外，双击需要编辑的文字对象，可以直接进行文字编辑。

2. 操作

1）编辑单行文字

激活编辑单行文字对象时，出现"编辑文字"对话框。在此可以任意编辑文字内容，修改完成确定即可。

2）编辑多行文字

激活编辑多行文字对象时，出现"文字格式"编辑器。在该编辑器里可以对文字内容、字体样式、字高等进行修改，同时可以对文字进行加粗、设置斜体和下划线等一些特殊效果。修改好以后，直接单击"文字格式"编辑器外部区域关闭编辑器，即可完成修改。

10.7　尺寸标注及图案填充

在 AutoCAD 2020 中，尺寸标注用于标明图元的大小或图元间的相互位置，以及为图形添加公差符号、注释等。工程图中的尺寸标注必须正确、完整、清晰、合理。尺寸标注包括线性标注、角度标注、半径与直径标注和基线与连续标注等几种类型。

10.7.1　尺寸标注的组成

一个完整的尺寸标注由尺寸线、尺寸界线、尺寸箭头、尺寸数字 4 个部分组成，如图 10-51 所示。

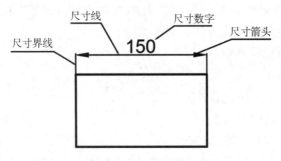

图 10-51　尺寸标注的组成

1. 尺寸线

尺寸线即标注尺寸线，一般是一条两端带有箭头的线段，用于标明尺寸标注的范围。

2. 尺寸界线

尺寸界线是标明标注范围的直线，可用于控制尺寸线的位置。

3. 尺寸箭头

尺寸箭头位于尺寸线的两端，用于指示测量的开始和结束位置。AutoCAD 2020 提供了多种箭头样式可供选择。

4. 尺寸数字

尺寸数字用于标明图形大小的数值，除了包含一个基本的数值，还可以包含前缀、后缀、公差或其他文字，在创建标注样式时，可以控制尺寸数字的字体、大小和方向。

10.7.2　新建尺寸标注样式

在 AutoCAD 2020 中，如果没有预先定义尺寸标注样式，系统将会默认使用 Standard 标注样式。用户可以根据已经存在的标注样式来创建新的尺寸标注样式。

1. 命令格式

（1）命令行：DDIM。

（2）菜单栏："格式"→"标注样式"。

2. 操作

激活"标注样式"命令以后，绘图窗口出现"标注样式管理器"对话框，如图 10-52 所示。

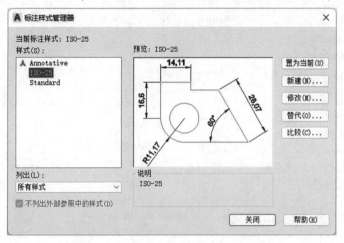

图 10-52　"标注样式管理器"对话框

其中各按钮功能如下。

（1）"置为当前"按钮：将"样式"列表中某个标注样式置为当前使用的尺寸标注样式。

（2）"新建"按钮：创建一个新的尺寸标注样式。

（3）"修改"按钮：修改已有的尺寸标注样式。

（4）"替代"按钮：创建当前尺寸标注样式的替代样式。

（5）"比较"按钮：比较两种不同的尺寸标注样式。

在"标注样式管理器"对话框中单击"新建"按钮，系统会弹出如图 10-53 所示的"创建新标注样式"对话框。

图 10-53　"创建新标注样式"对话框

首先在"新样式名"文本框中输入即将创建的标注样式的名称，然后在"基础样式"下拉列表中选择一种已有的标注样式作为参照样式，接下来为新标注样式选择适用范围，设置完成后，当单击"继续"按钮，系统会弹出如图10-54所示的"新建标注样式：样式名"（此处样式名为"副本ISO-25"）对话框，在其中可以进行新标注样式的线、符号和箭头、文字、调整、主单位、换算单位及公差等各要素的设置。

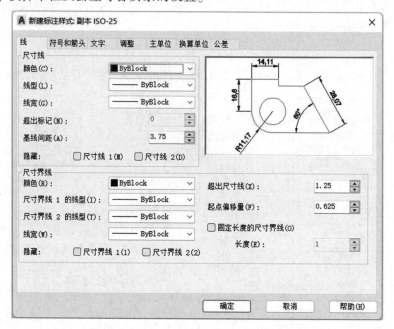

图10-54 "新建标注样式：样式名"对话框

1）"线"选项卡

在"新建标注样式：样式名"对话框中，默认展示"线"选项卡，在该选项卡中可以设置尺寸标注的尺寸线、尺寸界线等内容。在"尺寸线"选项组，可以设置尺寸线的颜色、线型、线宽、超出标记、基线间距以及尺寸线是否隐藏；在"尺寸界线"选项组，可以设置尺寸界线的颜色和尺寸界线1、2的线型、线宽、超出尺寸线的距离、起点偏移量、尺寸界线是否隐藏以及固定长度的尺寸界线等。

2）"符号和箭头"选项卡

在"新建标注样式：样式名"对话框中选择"符号和箭头"标签，可以打开"符号和箭头"选项卡，如图10-55所示。在"箭头"选项组，可以设置第一个和第二个箭头的类型、引线的类型以及箭头的大小；在"圆心标记"选项组，可以设置圆心标记的类型和大小；在"折断标注"选项组，可以指定线性折弯高度的大小；在"弧长符号"选项组，可以控制弧长标注中圆弧符号的显示；在"半径折弯标注"选项组，折弯角度用于连接半径标注的尺寸界线和尺寸线的横向直线角度；在"线性折弯标注"选项组，可以设置线性折弯标注中折弯高度的比例因子。

3）"文字"选项卡

在"新建标注样式：样式名"对话框中选择"文字"标签，可以打开"文字"选项卡，设置尺寸数字的外观、位置和对齐方式等，如图10-56所示。在"文字外观"选项组，可以设置文字的样式、字体颜色和字高；在"文字位置"选项组，可以设置文字在垂直和水平方向上的位置，以及文字与尺寸线之间的距离；在"文字对齐"选项组，可以选择文字的对齐方式。

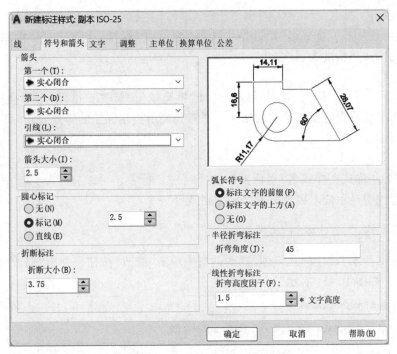

图 10-55　"符号和箭头"选项卡

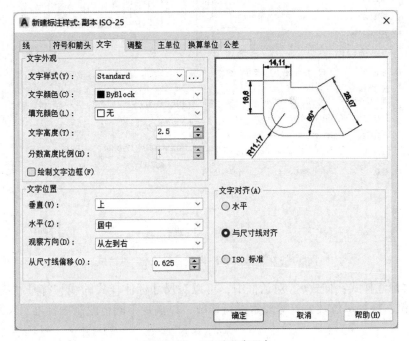

图 10-56　"文字"选项卡

4）调整

在"新建标注样式：样式名"对话框中选择"调整"标签，可以打开"调整"选项卡，调整标注数字、尺寸线、尺寸界线及尺寸箭头的位置。在 AutoCAD 2020 中，当尺寸界线间有足够的空间时，文字和箭头将始终位于尺寸界线之间，否则按"调整"选项卡中的设置来放置。

5）主单位

在"新建标注样式：样式名"对话框中选择"主单位"标签，可以打开"主单位"选项卡，设置主单位的格式与精度等属性。

6）换算单位

在"新建标注样式：样式名"对话框中选择"换算单位"标签，可以打开"换算单位"选项卡，显示换算单位及设置换算单位的格式，通常是显示英制标注的等效公制标注，或公制标注的等效英制标注。

7）公差

在"新建标注样式：样式名"对话框中选择"公差"标签，可以打开"公差"选项卡，设置是否在尺寸标注中显示公差以及设置公差的格式等。

10.7.3 修改尺寸标注样式

在图10-52所示"标注样式管理器"对话框中单击"修改"按钮，弹出"修改标注样式：样式名"对话框，如图10-57所示。

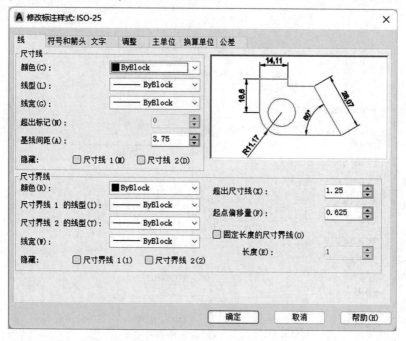

图10-57 "修改标注样式：样式名"对话框

在"修改标注样式：样式名"对话框中，可以对尺寸标注样式的线、符号和箭头、文字、调整、主单位、换算单位及公差等要素进行修改，以满足不同行业制图标准对尺寸标注样式的要求。

10.7.4 尺寸标注

1."线性标注"命令

线性标注用于标注图形对象的线性距离或长度，包括水平标注、垂直标注及旋转标注3种类型。水平标注用于标注对象上的两点在水平方向的距离，尺寸线沿水平方向放置；垂直标注用于标注对象上的两点在垂直方向的距离，尺寸线沿垂直方向放置；旋转标注用于标注对象上的两点在指定方向的距离，尺寸线沿旋转角度方向放置，如图 10-58 所示。

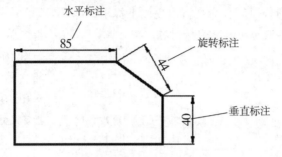

图 10-58　线性标注示例

1）命令格式

（1）命令行：DIMLINEAR。

（2）菜单栏：“标注”→“线性”。

（3）工具栏：单击“线性标注”按钮▭。

2）操作

激活“线性标注”命令以后，命令行出现以下提示。

指定第一条尺寸界线原点或<选择对象>：　　指定一点作为第一条尺寸界线的起点

指定第二条尺寸界线原点：　　　　　　　　　指定第二条尺寸界线的起点

指定尺寸线位置或 [多行文字（M）/文字（T）/角度（A）/水平（H）/垂直（V）/旋转（R）]：

　　　　　　　　　　　　　　　　　指定尺寸线的位置或选择相应选项

标注文字 = <当前值>

如果选定尺寸线位置后直接确定，则 AutoCAD 2020 根据拾取到两点之间的准确投影距离而给出标注文字，进而进行尺寸标注。

其他各选项含义如下。

（1）“M”选项：输入“M”并按〈Enter〉键，则出现文字格式编辑器，可以输入和编辑多行文字。

（2）“T”选项：用单行文字来指定尺寸数字。

（3）“A”选项：指定尺寸数字的旋转角度。

（4）“H”选项：指定尺寸线呈水平方向，可直接拖动标注水平尺寸。

（5）“V”选项：指定尺寸线呈铅垂方向，可直接拖动标注垂直尺寸。

（6）“R”选项：指定尺寸线与水平线之间所夹的角度。

2. “对齐标注”命令

对齐标注提供与拾取的标注点对齐的长度尺寸标注。

1）命令格式

（1）命令行：DIMALIGNED。

（2）菜单栏：“标注”→“对齐标注”。

（3）工具栏：单击“对齐标注”按钮◥。

2) 操作

"对齐标注"命令与"线性标注"命令的使用方法基本相同，它可以标注出斜线的尺寸。

激活"对齐标注"命令以后，命令行出现以下提示。

指定第一条尺寸界线原点或<选择对象>：   指定第一条尺寸界线的起点，

如图 10-59 中的点 A

指定第二条尺寸界线原点：   指定第二条尺寸界线的起点，

如图 10-59 中的点 B

指定尺寸线位置或[多行文字(M)/文字(T)/角度(A)]： 指定尺寸线位置或选择相应选项

标注文字=<当前值>

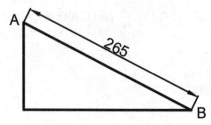

图 10-59　对齐标注示例

3. "角度标注"命令

角度标注用于标注两条不平行直线间的夹角、圆弧包容的角度或部分圆周的角度，也可以标注不共线的三点之间的角度，标注数字为度数。AutoCAD 2020 在标注角度时，会自动为标注值后加上"°"符号。

1) 命令格式

(1) 命令行：DIMANGULAR。

(2) 菜单栏："标注"→"角度标注"。

(3) 工具栏：单击"角度标注"按钮△。

2) 操作

(1) 标注两条不平行直线之间的夹角。

激活"角度标注"命令以后，命令行出现以下提示。

选择圆弧、圆、直线或<指定顶点>：   选择直线 L1，如图 10-60 所示

选择第二条直线：   选择直线 L2

指定标注弧线位置或[多行文字(M)/文字(T)/角度(A)]：

指定角度标注尺寸线的位置，如图 10-60 所示

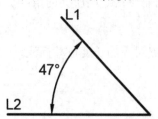

图 10-60　标注两条不平行直线之间的夹角示例

标注文字=<当前值>

指定标注尺寸线位置时，可以选择"多行文字""文字""角度"选项来改变标注文字及其方向。

（2）标注圆弧或圆上某段圆周的角度。

激活"角度标注"命令以后，命令行出现以下提示。

选择圆弧、圆、直线或<指定顶点>：　　选择圆弧或圆

指定标注弧线位置或［多行文字(M)/文字(T)/角度(A)］：

指定标注弧线的位置或选择相应选项

如果标注部分圆周的角度，则出现以下提示。

指定角的第二个端点：　　　　　　指定标注圆周角的第二个端点

指定标注弧线位置或［多行文字(M)/文字(T)/角度(A)］：

指定标注弧线的位置或选择相应选项

标注文字=<当前值>。

（3）标注三点之间的角度。

激活"角度标注"命令以后，命令行出现以下提示。

选择圆弧、圆、直线或<指定顶点>：　　直接按〈Enter〉键

指定角的顶点：　　　　　　　　　　指定角的定点，如图 10-61 中点 A

指定角的第一个端点：　　　　　　　指定标注角的第一个端点，如图 10-61 中点 C

指定角的第二个端点：　　　　　　　指定标注角的第二个端点，如图 10-61 中点 B

指定标注弧线位置或［多行文字(M)/文字(T)/角度(A)］：

指定标注弧线的位置或选择相应选项

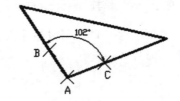

图 10-61　标注三点之间的角度示例

4. 半径与直径标注

1）"半径标注"命令

半径标注就是标注圆弧或圆的半径尺寸。

（1）命令格式。

①命令行：DIMRADIUS。

②菜单栏："标注"→"半径标注"。

③工具栏：单击"半径标注"按钮。

（2）操作。

激活"半径标注"命令以后，命令行出现以下提示。

选择圆弧或圆：　　　　　　　　　　　　　　　　　　指定圆弧或圆对象

标注文字=<当前值>

指定尺寸线位置或[多行文字(M)/文字(T)/角度(A)]：给定尺寸线位置或选择相应选项

结果如图10-62(a)所示。

2)"直径标注"命令

直径标注就是标注圆或圆弧的直径尺寸。

(1)命令格式。

①命令行：DIMDIAMETER。

②菜单栏："标注"→"直径标注"。

③工具栏：单击"直径标注"按钮⊘。

(2)操作。

激活"直径标注"命令以后，命令行出现以下提示。

选择圆弧或圆：   指定圆弧或圆对象

标注文字=<当前值>

指定尺寸线位置或[多行文字(M)/文字(T)/角度(A)]：给定尺寸线位置或选择相应选项

结果如图10-62(b)所示。

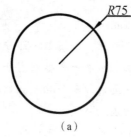
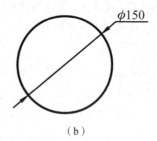

图 10-62　半径和直径标注示例

AutoCAD 2020 在标注半径尺寸时，会自动在尺寸数字前加上符号"R"；标注直径尺寸时，会自动在尺寸数字前加上符号"ϕ"。

5. 基线标注与连续标注

1)"基线标注"命令

基线标注就是以某一个尺寸标注的第一条尺寸界线为基线，创建另一个尺寸标注。

(1)命令格式。

①命令行：DIMBASELINE。

②菜单栏："标注"→"基线标注"。

③工具栏：单击"基线标注"按钮。

(2)操作。

用"基线标注"命令标注基线尺寸前，应先用"线性标注"命令标注出基准尺寸，每一个基线尺寸都将以基准尺寸的第一条尺寸界线为第一条尺寸界线进行标注。

激活"基线标注"命令以后，命令行出现以下提示。

选择基准标注：   选择基准标注的第一条尺寸界线

指定第二条尺寸界线原点或[放弃(U)/选择(S)]<选择>：

指定第二条尺寸界线起点或选择相应选项

标注文字＝<当前值>

指定第二条尺寸界线原点或[放弃(U)/选择(S)]<选择>：

继续指定第二条尺寸界线起点或选择相应选项

标注文字＝<当前值>

……

指定第二条尺寸界线原点或[放弃(U)/选择(S)]<选择>：

继续指定第二条尺寸界线起点或按〈Enter〉键结束命令

结果如图10-63所示。

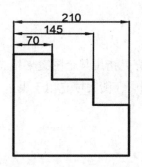

图10-63　基线标注示例

2)"连续标注"命令

连续标注就是在某一个尺寸标注的第二条尺寸界线处连续创建另一个尺寸标注，从而创建一个尺寸标注链。

(1)命令格式。

①命令行：DIMCONTINUE。

②菜单栏："标注"→"连续标注"。

③工具栏：单击"连续标注"按钮 ⊬⊢。

(2)操作。

用"连续标注"命令标注连续尺寸前，应先用"线性标注"命令标注出基准尺寸，每一个连续尺寸都将以前一尺寸的第二条尺寸界线为第一尺寸界线进行标注。

激活"连续标注"命令以后，命令行出现以下提示。

选择连续标注：   选择基准标注的第二条尺寸界线

指定第二条尺寸界线原点或[放弃(U)/选择(S)]<选择>：

指定第二条尺寸界线起点或选择相应选项

标注文字＝<当前值>

指定第二条尺寸界线原点或[放弃(U)/选择(S)]<选择>：

继续指定第二条尺寸界线起点或选择相应选项

标注文字＝<当前值>

……

指定第二条尺寸界线原点或[放弃(U)/选择(S)]<选择>：

继续指定第二条尺寸界线起点或按〈Enter〉键结束命令

结果如图10-64所示。

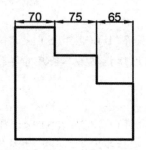

图 10-64 连续标注示例

10.7.5 图案填充

在 AutoCAD 2020 中，图案填充是指用某个图案来填充图形中的某个封闭区域以表示该区域的特殊含义。例如，在工程图中，图案填充用于表达一个剖切的区域，并且不同的图案填充表达不同的零部件或材料。

1. "图案填充"命令

1）命令格式

（1）命令行：BHATCH。

（2）菜单栏："绘图"→"图案填充"。

（3）工具栏：单击"图案填充"按钮 ▨。

2）操作

激活"图案填充"命令以后，AutoCAD 2020 弹出"边界图案填充"编辑器，如图 10-65 所示。

图 10-65 "边界图案填充"编辑器

下面以图 10-66 为例来介绍图案填充的操作过程。

（1）选择填充图案的类型。

AutoCAD 2020 提供了丰富的填充图案。在"边界图案填充"编辑器中选中"图案填充"选项，从"类型"下拉列表框中选择"预定义"选项，采用系统预定义的图案。然后打开"图案"下拉列表框，选中所需的图案，本例中选择"ANSI31"图案，在样例中就会显示对应的图形。

（2）分别在"角度"和"比例"选项中设定填充图案的旋转角度和缩放比例。本例中"角度"设为"0"，"比例"设为"5"。

（3）在需要填充的封闭图形区域内的任意位置单击，系统将自动选中封闭的图形区域，如果区域不封闭，系统将会给出提示。或者依次选择需要填充的图形区域的边界，完成图形区域的设定填充。

① 预览：通过预览功能可以观察图案填充的情况，如果填充有误，可以进行修改。

② 确定、完成图案填充。结果如图 10-66 所示。

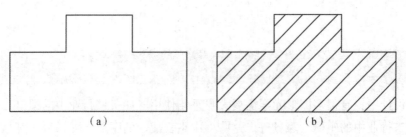

图 10-66　图案填充示例

(a)填充前；(b)填充后

2."图案填充编辑"命令

在创建图案填充以后，可以根据需要随时修改填充图案或修改图案区域的边界。

1)命令格式

(1)命令行：HATCHEDIT。

(2)菜单栏："修改"→"对象"→"图案填充编辑"。

2)操作

激活"图案填充编辑"命令以后，命令行出现以下提示。

选择关联填充对象：

选择需要编辑的填充图案，AutoCAD 2020 弹出"图案填充编辑"对话框，如图 10-67 所示，可以在该对话框中对填充图案进行修改。

图 10-67　"图案填充编辑"对话框

10.8　图块与属性

在工程设计中，有很多图形元素需要大量重复使用，如机械行业中的螺钉、螺母等标准紧固件，建筑行业中的座椅、家具等。这些多次重复使用的图形，如果每次都从头开始设计和绘制，就大大降低了绘图效率，AutoCAD 2020 将逻辑上相关联的一系列图形对象定义成块，就从根本上解决了这类问题。

10.8.1　创建块

块是组成复杂图形的一组图形对象。在使用块之前，首先要创建相应的块，以便调用。创建块时，先要将组成块的图形对象绘制出来，再按照创建块的步骤将原始的图形对象定义成一个块。

1. "创建块"命令

命令格式如下。

(1)命令行：BLOCK 或 BMAKE 或 B。

(2)菜单栏："绘图"→"块"→"创建块"。

(3)工具栏：单击"创建块"按钮 。

2. 操作

激活"创建块"命令以后，AutoCAD 2020 弹出"块定义"对话框，如图 10-68 所示。在该对话框中，可以进行块的创建。

图 10-68　"块定义"对话框

（1）在"名称"文本框中输入所创建的块的名称，如"螺钉""座椅"等。

（2）在"基点"选项组输入图块插入时的基点坐标，也可以用拾取点的方式从绘图窗口选取一点作为基点。

（3）在"对象"选项组确定组成块的图形对象。单击✛按钮，返回绘图窗口，用户可以选择图形对象，然后右击回到"块定义"对话框。

还可以在"块单位"下拉列表框中选择相应的单位，并在"说明"文本框中附加必要的说明，最后单击"确定"按钮完成对块的创建。

10.8.2　插入块

创建了块以后，即可进行块的插入操作。

1."插入块"命令

命令格式如下。

（1）命令行：INSERT。

（2）菜单栏："插入"→"块选项板（B）"。

（3）工具栏：单击"插入块"按钮。

2. 操作

激活"插入块"命令以后，AutoCAD 2020 弹出"块"对话框，单击"当前图形"标签，进入"当前图形"选项卡，如图 10-69 所示。

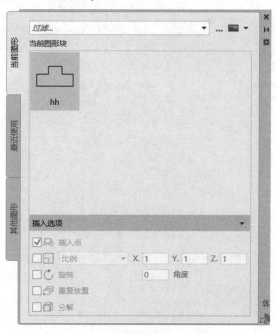

图 10-69　"当前图形"选项卡

（1）选择需要插入的图形文件作为块进行插入。

（2）勾选"插入点"复选框，可以输入插入块时的点的坐标，或用鼠标指针在绘图窗口单击指定插入点。

（3）可以给定块插入时的 X、Y、Z 这 3 个方向的缩放比例，也可以从命令行直接输入相应的比例系数。

（4）勾选"旋转"复选框，可以输入插入块时的旋转角度，或从命令行直接输入旋转角度。

设置完成以后，单击"确定"按钮，就完成了对块的插入。

参 考 文 献

[1]郑敏，李海燕. 机械制图[M]. 北京：北京邮电大学出版社，2021.

[2]吴卓，王林军，秦小琼. 画法几何及机械制图[M]. 2 版. 北京：北京理工大学出版社，2018.

[3]田凌，冯娟. 机械制图[M]. 2 版. 北京：清华大学出版社，2013.

[4]何铭新，钱可强，徐祖茂. 机械制图[M]. 7 版. 北京：高等教育出版社，2016.

[5]杨裕根. 画法几何及机械制图[M]. 北京：北京邮电大学出版社，2016.

[6]杨惠英，王玉坤. 机械制图：非机类[M]. 3 版. 北京：清华大学出版社，2015.

附 录

附录 A 极限与配合

附表 A-1 标准公差数值（GB/T 1800.2—2020）

公称尺寸/mm		标准公差等级																		
大于	至	IT01	IT0	IT1	IT2	IT3	IT4	IT5	IT6	IT7	IT8	IT9	IT10	IT11	IT12	IT13	IT14	IT15	IT16	IT17	IT18
		标准公差值																			
		μm													mm						
—	3	0.3	0.5	0.8	1.2	2	3	4	6	10	14	25	40	60	0.1	0.14	0.25	0.4	0.6	1	1.4
3	6	0.4	0.6	1	1.5	2.5	4	5	8	12	18	30	48	75	0.12	0.18	0.3	0.48	0.75	1.2	1.8
6	10	0.4	0.6	1	1.5	2.5	4	6	9	15	22	36	58	90	0.15	0.22	0.36	0.58	0.9	1.5	2.2
10	18	0.5	0.8	1.2	2	3	5	8	11	18	27	43	70	110	0.18	0.27	0.43	0.7	1.1	1.8	2.7
18	30	0.6	1	1.5	2.5	4	6	9	13	21	33	52	81	130	0.21	0.33	0.52	0.84	1.3	2.1	3.3
30	50	0.6	1	1.5	2.5	4	7	11	16	25	39	62	100	160	0.25	0.39	0.62	1	1.6	2.5	3.9
50	80	0.8	1.2	2	3	5	8	13	19	30	46	74	120	190	0.3	0.46	0.74	1.2	1.9	3	4.6
80	120	1	1.5	2.5	4	6	10	15	22	35	54	87	140	220	0.35	0.54	0.87	1.4	2.2	3.5	5.4
120	180	1.2	2	3.5	5	8	12	18	25	40	63	100	160	250	0.4	0.63	1	1.6	2.5	4	6.3
180	250	2	3	4.5	7	10	14	20	29	46	72	115	185	290	0.46	0.72	1.15	1.85	2.9	4.6	7.2

续表

公称尺寸/mm		标准公差等级																			
大于	至	IT01	IT0	IT1	IT2	IT3	IT4	IT5	IT6	IT7	IT8	IT9	IT10	IT11	IT12	IT13	IT14	IT15	IT16	IT17	IT18
		标准公差值																			
								μm										mm			
250	315	2.5	4	6	8	12	16	23	32	52	81	130	210	320	0.52	0.81	1.3	2.1	3.2	5.2	8.1
315	400	3	5	7	9	13	18	25	36	57	89	140	230	360	0.57	0.89	1.4	2.3	3.6	5.7	8.9
400	500	4	6	8	10	15	20	27	40	63	97	155	250	400	0.63	0.97	1.55	2.5	4	6.3	9.7
500	630			9	11	16	22	32	44	70	110	175	280	440	0.7	1.1	1.75	2.8	4.4	7	11
630	800			10	13	18	25	36	50	80	125	200	320	500	0.8	1.25	2	3.2	5	8	12.5
800	1 000			11	15	21	28	40	56	90	140	230	360	560	0.9	1.4	2.3	3.6	5.6	9	14
1 000	1 250			13	18	24	33	47	66	105	165	260	420	660	1.05	1.65	2.6	4.2	6.6	10.5	16.5
1 250	1 600			15	21	29	39	55	78	125	195	310	500	780	1.25	1.95	3.1	5	7.8	12.5	19.5
1 600	2 000			18	25	35	46	65	92	150	230	370	600	920	1.5	2.3	3.7	6	9.2	15	23
2 000	2 500			22	30	41	55	78	110	175	280	440	700	1 100	1.75	2.8	4.4	7	11	17.5	28
2 500	3 150			26	36	50	68	96	135	210	330	540	860	1 350	2.1	3.3	5.4	8.6	13.5	21	33

附表 A-2　轴的基本偏差

基本偏

公称尺寸 /mm		上极限偏差 es												基本偏		
		所有标准公差等级												IT5 和 IT6	IT7	IT8
大于	至	a	b	c	ed	d	e	ef	f	fg	g	h	js	j		
—	3	-270	-140	-60	-34	-20	-14	-10	-6	-4	-2	0		-2	-4	-6
3	6	-270	-140	-70	-46	-30	-20	-14	-10	-6	-4	0		-2	-4	
6	10	-280	-150	-80	-56	-40	-25	-18	-13	-8	-5	0		-2	-5	
10	14	-290	-150	-95	—	-50	-32	—	-16		-6	0	$偏差 = \pm(ITn)/2$，式中 n 是 IT 数值	-3	-6	
14	18															
18	24	300	-160	-110	—	-65	-40	—	-20	—	-7	0		-4	-8	—
24	30															
30	40	-310	-170	-120	—	-80	-50	—	-25	—	-9	0		-5	-10	—
40	50	-320	-180	-130												
50	65	-340	-190	-140	—	-100	-60	—	-30	—	-10	0		-7	-12	—
65	80	-360	-200	-150												
80	100	-380	-220	-170	—	-120	-72	—	-36	—	-12	0		-9	-15	—
100	120	-410	-240	-180												
120	140	-460	-260	-200	—	-145	-85	—	-43	—	-14	0		-11	-18	—
140	160	-520	-280	-210												
160	180	-580	-310	-230												
180	200	-660	-340	-240	—	-170	-100	—	-50	—	-15	0		-13	-21	—
200	225	-740	-380	-260												
225	250	-820	-420	-280												
250	280	-920	-480	-300	—	-190	-110	—	-56	—	-17	0		-16	-26	—
280	315	-1 050	-540	-330												
315	355	-1 200	-600	-360	—	-210	-125	—	-62	—	-18	0		-18	-28	—
355	400	-1 350	-680	-400												
400	450	-1 500	-760	-440	—	-230	-135	—	-68	—	-20	0		-20	-32	—
450	500	-1 650	840	480												

数值(摘自 GB/T 1800.1—2020) 单位：μm

差数值

下极限偏差 ei

IT4至IT7	≤IT3, >IT7	所有标准公差等级													
k		m	n	p	r	s	t	u	v	x	y	z	za	zb	zc
0	0	+2	+4	+6	+10	+14	—	+18	—	+20	—	+26	+32	+40	+60
+1	0	+4	+8	+12	+15	+19	—	+23	—	+28	—	+35	+42	+50	+80
+1	0	+6	+10	+15	+19	+23	—	+28	—	+34	—	+42	+52	+67	+97
+1	0	+7	+12	+18	+23	+28	—	+33	—	+40	—	+50	+64	+90	+130
									+39	+45		+60	+77	+108	+150
+2	0	+8	+15	+22	+28	+35	—	+41	+47	+54	+63	+73	+98	+136	+188
							+41	+48	+55	+64	+75	+88	+118	+160	+218
+2	0	+9	+17	+26	+34	+43	+48	+60	+68	+80	+94	+112	+148	+200	+274
							+54	+70	+81	+97	+114	+136	+180	+242	+325
+2	0	+11	+20	+32	+41	+53	+66	+87	+102	+122	+144	+172	+226	+300	+405
					+43	+59	+75	+102	+120	+146	+174	+210	+274	+360	+480
+3	0	+13	+23	+37	+51	+71	+91	+124	+146	+178	+214	+258	+335	+445	+585
					+54	+79	+104	+144	+172	+210	+254	+310	+400	+525	+690
+3	0	+15	+27	+43	+63	+92	+122	+170	+202	+248	+300	+365	+470	+620	+800
					+65	+100	+134	+190	+228	+280	+340	+415	+535	+700	+900
					+68	+108	+146	+210	+252	+310	+380	+465	+600	+780	+1 000
+4	0	+17	+31	+50	+77	+122	+166	+236	+284	+350	+425	+520	+670	+880	+1 150
					+80	+130	+180	+258	+310	+385	+470	+575	+740	+960	+1 250
					+84	+140	+196	+284	+340	+425	+520	+640	+820	+1 050	+1 350
+4	0	+20	+34	+56	+94	+158	+218	+315	+385	+475	+580	+710	+920	+1 200	+1 550
					+98	+170	+240	+350	+425	+525	+650	+790	+1 000	+1 300	+1 700
+4	0	+21	+37	+62	+108	+190	+268	+390	+475	+590	+730	+900	+1 150	+1 500	+1 900
					+114	+208	+294	+435	+530	+660	+820	+1 000	+1 300	+1 650	+2 100
+5	0	+23	+40	+68	+126	+232	+330	+490	+595	+740	+920	+1 100	+1 450	+1 850	+2 400
					+132	+252	+360	+540	+660	+820	+1 000	+1 250	+1 600	+2 100	+2 600

公称尺寸 /mm		基本偏																	
下极限偏差 EI													IT6	IT7	IT8	≤IT8	>IT8	≤IT8	>IT8
所有标准公差等级																			
大于	至	A	B	C	CD	D	E	EF	F	FG	G	H	JS	J			K		M	
—	3	+270	+140	+60	+34	+20	+14	+10	+6	+4	+2	0		+2	+4	+6	0	0	−2	−2
3	6	+270	+140	+70	+46	+30	+20	+14	+10	+6	+4	0		+5	+6	+10	−1+Δ	—	−1+Δ	−4
6	10	+280	+150	+80	+56	+40	+25	+18	+18	+13	+8	+5		+5	+8	+12	−1+Δ	—	−+Δ	−6
10	14	+290	+150	+95	—	+50	+32	—	+16	—	+6	0		+6	+10	+15	−1+Δ		−7+Δ	−7
14	18																			
18	24	+300	+160	+110	—	+65	+40	—	+20	—	+7	0		+8	+12	+20	−2+Δ		−8+Δ	−8
24	30												偏差=±(ITn)/2，式中 n 是 IT 数值							
30	40	+310	+170	+120		+80	+50		+25	—	+9	0		+10	+14	+24	−2+Δ		−9+Δ	−9
40	50	+320	+180	+130																
50	65	+340	+190	+140		+100	+60	—	+30	—	+10	0		+13	+18	+28	−2+Δ		−11+Δ	−11
65	80	+360	+200	+150																
80	100	+380	+220	+170		+120	+72	—	+36	—	+12	0		+16	+22	+34	−3+Δ		−13+Δ	−13
100	120	+410	+240	+180																
120	140	+460	+260	+200		+145	+85		+43		+14	0		+18	+26	+41	−3+Δ		−15+Δ	−15
140	160	+520	+280	+210																
160	180	+580	+310	+230																
180	200	+660	+340	+240		+170	+100	—	+50	—	+15	0		+22	+30	+47	−4+Δ		−17+Δ	−17
200	225	+740	+380	+260																
225	250	+820	+420	+280																
250	280	+920	+480	+300		+190	+110	—	+56	—	+17	0		+25	+36	+55	−4+Δ		−20+Δ	−20
280	315	+1 050	+540	+330																
315	355	+1 200	+600	+360		+210	+125	—	+62	—	+18	0		+29	+39	+60	−4+Δ		−21+Δ	−21
355	400	+1 350	+680	+400																
400	450	+1 500	+760	+440		+230	+135	—	+68	—	+20	0		+33	+43	+66	−5+Δ		−23+Δ	−23
450	500	+1 650	+840	+480																

注：1. 公称尺寸小于或等于 1 时，基本偏差 A 和 B 及大于 IT8 的 N 均不采用。

2. 对于公差带 JS7～JS11，若 ITn 值数是奇数，则取偏差=±(ITn)/2。

3. 对小于或等于 IT8 的 K、M、N 和小于或等于 IT7 的 P 至 ZC，所需 Δ 值从表内右侧选取。例如：18～30 段的 K7，Δ=8 μm，所以 ES=(−2+8)μm=+6 μm；18～30 段的 S6，Δ=4 μm，所以 ES=(−35+4)μm=−31 μm。

4. 特殊情况：250～315 段的 M6，ES=−9 μm(代替−11 μm)。

数值(摘自 GB/T 1800.1—2020)　　　　　　　　　　　　　　　　　　　　单位：μm

差数值（上极限偏差 ES）｜Δ 值

- N 列（≤IT8、>IT8）、P 至 ZC 列为上极限偏差 ES；其中 P～ZC（标准公差等级大于 IT7）
- P 至 ZC（≤IT7）：在大于 IT7 的相应数值上增加一个 Δ 值
- IT3～IT8 列为 Δ 值（标准公差等级）

N ≤IT8	N >IT8	P至ZC ≤IT7	P	R	S	T	U	V	X	Y	Z	ZA	ZB	ZC	IT3	IT4	IT5	IT6	IT7	IT8
−4	−4		−6	−10	−14	—	−18	—	−20	—	−26	−32	−40	−60	0	0	0	0	0	0
−8+Δ	0		−12	−15	−19	—	−23	—	−28	—	−35	−42	−50	−80	1	1.5	1	3	4	6
−10+Δ	0	在大于IT7的相应数值上增加一个Δ值	−15	−19	−23	—	−28	—	−34	—	−42	−52	−67	−97	1	1.5	2	3	6	7
−12+Δ	0		−18	−23	−28	—	−33	—	−40	—	−50	−64	−90	−130	1	2	3	3	7	9
						—		−39	−45	—	−60	−77	−108	−150						
−15+Δ	0		−22	−28	−35	—	−41	−47	−54	−63	−73	−98	−136	−188	1.5	2	3	4	8	12
						−41	−48	−55	−64	−75	−88	−118	−160	−218						
−17+Δ	0		−26	−34	−43	−48	−60	−68	−80	−94	−112	−148	−200	−274	1.5	3	4	5	9	14
						−54	−70	−81	−97	−114	−136	−180	−242	−325						
−20+Δ	0		−32	−41	−53	−66	−87	−102	−122	−144	−172	−226	−300	−405	2	3	5	6	11	16
				−43	−59	−75	−102	−120	−146	−174	−210	−274	−360	−480						
−23+Δ	0		−37	−51	−71	−91	−124	−146	−178	−214	−258	−335	−445	−585	2	4	5	7	13	19
				−54	−79	−104	−144	−172	−210	−254	−310	−400	−525	−690						
−27+Δ	0		−43	−63	−92	−122	−170	−202	−248	−300	−365	−470	−620	−800	3	4	6	9	15	23
				−65	−100	−134	−190	−228	−280	−340	−415	−535	−700	−900						
				−68	−108	−146	−210	−252	−310	−380	−465	−600	−780	−1 000						
−31+Δ	0		−50	−77	−122	−166	−236	−284	−350	−425	−520	−670	−880	−1 150	3	4	6	9	17	26
				−80	−130	−180	−258	−310	−385	−470	−575	−740	−960	−1 250						
				−84	−140	−196	−284	−340	−425	−520	−640	−820	−1 050	−1 350						
−34+Δ	0		−56	−94	−158	−218	−315	−385	−475	−580	−710	−920	−1 200	−1 550	4	4	7	9	20	29
				−98	−170	−240	−350	−425	−525	−650	−790	−1 000	−1 300	−1 700						
−37+Δ	0		−62	−108	−190	−268	−390	−475	−590	−730	−900	−1 150	−1 500	−1 900	4	5	7	11	21	32
				−114	−208	−294	−435	−530	−660	−820	−1 000	−1 300	−1 650	−2 100						
−40+Δ	0		−68	−126	−232	−330	−490	−595	−740	−920	−1 100	−1 450	−1 850	−2 400	5	5	7	13	23	34
				−132	−252	−360	−540	−660	−820	−1 000	−1 250	−1 600	−2 100	−2 600						

附录 B 螺 纹

附表 B-1 普通螺纹直径、螺距和基本尺寸(GB/T 193—2003,GB/T 196—2003)

标记示例

公称直径 $d = 10$、中径公差带代号 5g、顶径公差带代号 6g 的粗牙普通螺纹:

M10–5g6g

公称直径 $d = 10$,螺距 $P = 1$,中径、顶径公差带代号 7H 的细牙普通螺纹:

M10×1–7H

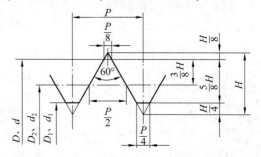

单位:mm

公称直径 D、d		螺距 P		螺纹小径 D_1、d_1
第一系列	第二系列	粗牙	细牙	粗牙
3		0.5	0.35	2.459
	3.5	0.6		2.850
4		0.7	0.5	3.242
	4.5	0.75		3.688
5		0.8		4.134
6		1	0.75	4.917
8		1.25	1, 0.75	6.647
10		1.5	1.25, 1, 0.75	8.376
12		1.75	1.25, 1	10.106
	14	2	1.5, 1.25, 1	11.835
16		2	1.5, 1	13.835
	18	2.5	2, 1.5, 1	15.294
20		2.5		17.294
	22	2.5	2, 1.5, 1	19.294
24		3	2, 1.5, 1	20.752
	27	3	2, 1.5, 1	23.752
30		3.5	(3), 2, 1.5, 1	26.211
	33	3.5	(3), 2, 1.5	29.211
36		4	3, 2, 1.5	31.670

注:1. 螺纹公称直径应优先选用第一系列,第三系列未列入。

2. 括号内的尺寸尽量不用。

附表 B-2　55°非密封管螺纹(GB/T 7307—2001)

标记示例

$G1\frac{1}{2}LH$：$1\frac{1}{2}$左旋内螺纹(右旋不标)

$G1\frac{1}{2}B$：$1\frac{1}{2}$级外螺纹

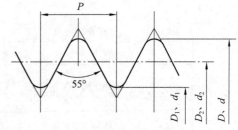

尺寸代号	每25.4 mm 内所包含的牙数	螺距 P/mm	螺纹直径/mm	
			大径 D、d	小径 D_1、d_1
$\frac{1}{8}$	28	0.907	9.728	8.566
$\frac{1}{4}$	19	1.337	13.157	11.445
$\frac{3}{8}$	19	1.337	16.662	14.950
$\frac{1}{2}$	14	1.814	20.955	18.631
$\frac{5}{8}$	14	1.814	22.911	20.587
$\frac{3}{4}$	14	1.814	26.411	24.117
$\frac{7}{8}$	14	1.814	30.201	27.887
1	11	2.309	33.249	30.291
$1\frac{1}{8}$	11	2.309	37.897	34.939
$1\frac{1}{4}$	11	2.309	41.910	38.952
$1\frac{1}{2}$	11	2.309	47.803	44.845
$1\frac{1}{4}$	11	2.309	53.746	50.788
2	11	2.309	59.614	56.656
$2\frac{1}{4}$	11	2.309	65.710	62.752
$2\frac{1}{2}$	11	2.309	75.184	72.226
$2\frac{3}{8}$	11	2.309	81.534	78.576
3	11	2.309	87.884	84.926

附表 B–3　55°密封管螺纹（GB/T 7306.1—2000）

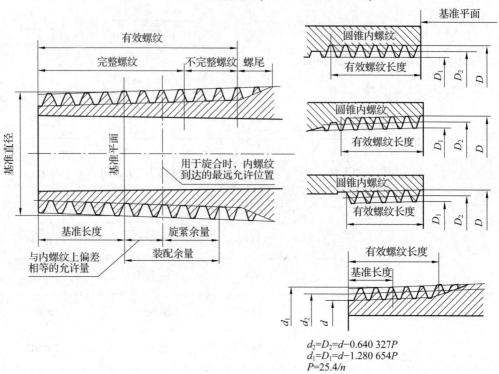

$d_2=D_2=d-0.640\ 327P$
$d_1=D_1=d-1.280\ 654P$
$P=25.4/n$

尺寸代号	每25.4 mm内所包含的牙数 n	螺距 P/mm	基面上直径/mm			基准长度/mm	有效螺纹长度/mm	装配余量	
			基本大径（基面直径）d=D	中径 $d_2=D_2$	小径 $d_1=D_1$			余量/mm	圈数
1/16	28	0.907	7.723	7.142	6.561	4	6.5	2.5	$2\frac{3}{4}$
$\frac{1}{8}$	28	0.907	9.728	9.147	8.566	4	6.5	2.5	$2\frac{3}{4}$
$\frac{1}{4}$	19	1.337	13.157	12.301	11.445	6	9.7	3.7	$2\frac{3}{4}$
$\frac{3}{8}$	19	1.337	16.662	15.806	14.950	6.4	10.1	3.7	$2\frac{3}{4}$
$\frac{1}{2}$	14	1.814	20.955	19.793	18.631	8.2	13.2	5	$2\frac{3}{4}$
⅝	14	1.814	26.441	25.279	24.117	9.5	14.5	5	$2\frac{3}{4}$
1	11	2.309	33.249	31.770	30.291	10.4	16.8	6.4	$2\frac{3}{4}$
$1\frac{1}{4}$	11	2.309	41.910	40.431	38.952	12.7	19.1	6.4	$2\frac{3}{4}$
$1\frac{1}{2}$	11	2.309	47.803	46.324	44.845	12.7	19.1	6.4	$3\frac{1}{4}$

续表

尺寸代号	每25.4 mm内所包含的牙数 n	螺距 P/mm	基面上直径/mm			基准长度/mm	有效螺纹长度/mm	装配余量	
			基本大径(基面直径) $d=D$	中径 $d_2=D_2$	小径 $d_1=D_1$			余量/mm	圈数
2	11	2.309	59.614	58.135	56.656	15.9	23.4	7.5	4
$2\frac{1}{2}$	11	2.309	75.184	73.705	72.226	17.5	26.7	9.2	4
3	11	2.309	87.884	86.405	84.926	20.6	29.8	9.2	4
$3\frac{1}{2}$ *	11	2.309	100.330	98.851	97.372	22.2	31.4	9.2	4
4	11	2.309	113.030	111.551	110.072	25.4	35.8	10.4	$4\frac{1}{2}$
5	11	2.309	138.430	136.951	135.472	28.6	40.1	11.5	5
6	11	2.309	163.830	162.351	160.872	28.6	40.1	11.5	5

注：1. 本表适用于管子、管接头、旋塞、阀门和其他螺纹连接的附件。

2. 有 * 的代号限用于蒸汽机车。

附录C 螺纹紧固件

附表 C-1 六角头螺栓 C 级(GB/T 5780—2016)、六角头螺栓 A 和 B 级(GB/T 5782—2016)

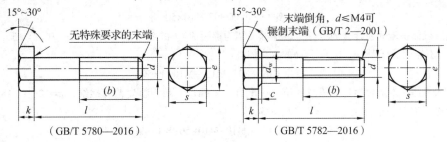

（GB/T 5780—2016）　　　　　　　　　（GB/T 5782—2016）

标记示例

螺纹规格为 M12、公称长度 $l=80$、性能等级为 8.8 级、表面氧化、A 级的六角头螺栓：

螺栓 GB/T 5780 M12×80

单位：mm

螺纹规格 d		M3	M4	M5	M6	M8	M10	M12	M16	M20	M24	M30
b 参考	$l\leqslant125$	12	14	16	18	22	26	30	38	46	54	66
	$125<l\leqslant200$	18	20	22	24	28	32	36	44	52	60	72
	$l\leqslant200$	31	33	35	37	41	45	49	57	65	73	85

续表

螺纹规格 d			M3	M4	M5	M6	M8	M10	M12	M16	M20	M24	M30
c(max)			0.4	0.4	0.5	0.5	0.6	0.6	0.6	0.8	0.8	0.8	0.8
d_w	产品等级	A	4.57	5.88	6.88	8.88	11.63	14.63	16.63	22.49	28.19	33.61	—
		B	4.45	5.74	6.74	8.74	11.47	14.47	16.47	22	27.7	33.25	42.75
e	产品等级	A	6.01	7.66	8.79	11.05	14.38	17.77	20.03	26.75	33.53	39.98	—
		B	5.88	7.50	8.63	10.80	14.20	17.59	19.85	25.17	32.95	39.55	50.85
k 公称			2	2.8	3.5	4	5.3	6.4	7.5	10	12.5	15	18.7
r			0.1	0.2	0.2	0.25	0.4	0.4	0.6	0.6	0.8	0.8	1
s 公称			5.5	7	8	10	13	16	18	24	30	36	46
l(商品规格范围)			20~30	25~40	25~50	30~60	40~80	45~100	50~120	65~160	80~200	90~240	110~300
l 系列			12, 16, 20, 25, 30, 45, 40, 45, 50, 55, 60, 65, 70, 80, 90, 100, 120, 130, 140, 150, 160, 180, 200, 220, 240, 260, 280, 300, 320, 340, 360										

注：1. A级用于 d≤24 和 l≤10d 或 l≤150 的螺栓；B级用于 d>24 和 l>10d 或 l>150 的螺栓。

2. 螺纹规格 d 范围：GB/T 5780—2016 为 M5~M64；GB/T 5782—2016 为 M1.6~M64。

3. 公称长度 l 范围：GB/T 5780—2016 为 25~500；GB/T 5782—2016 为 12~500。

附表 C-2　双头螺柱 $b_m=d$(GB/T 897—1988)、$b_m=1.25d$(GB/T 898—1988)、$b_m=1.5d$(GB/T 899—1988)、$b_m=2d$(GB/T 900—1988)

标记示例

1. 两端均为粗牙普通螺纹，d=10、l=15，性能等级为 4.8 级，不经表面处理，B 型、$b_m=d$ 的双头螺柱：

螺柱 GB/T 897 M10×50

2. 旋入机体一端为粗牙普通螺纹，旋螺母一端为螺距 P=1 的细牙普通螺纹，d=10、l=15，性能等级为 4.8 级，不经表面处理，A 型、$b_m=d$ 的双头螺柱：

螺柱 GB/T 897 AM10-M10×1×50

3. 旋入机体一端为过渡配合螺纹的第一种配合，旋螺母一端为粗牙普通螺纹，d=10、l=15，性能等级为 8.8 级，镀锌钝化，B 型、$b_m=d$ 的双头螺柱：

螺柱 GB/T 897 GM10-M10×50-8.8-Zn·D

单位：mm

螺纹规格 d	b_m				l/b
	GB/T 897—1988	GB/T 898—1988	GB/T 899—1988	GB/T 900—1988	
M2			3	4	(12~16)/6, (18~25)/10
M2.5			3.5	5	(14~18)/8, (20~30)/11
M3			4.5	6	(16~20)/6, (22~40)/12
M4			6	8	(16~22)/8, (25~40)/14

续表

螺纹规格 d	b_{m}				l/b
	GB/T 897 —1988	GB/T 898 —1988	GB/T 899 —1988	GB/T 900 —1988	
M5	5	6	8	10	$(16\sim22)/10$，$(25\sim50)/16$
M6	6	8	10	12	$(18\sim22)/10$，$(25\sim30)/14$，$(32\sim75)/18$
M8	8	10	12	16	$(18\sim22)/12$，$(25\sim30)/16$，$(32\sim90)/22$
M10	10	12	15	20	$(25\sim28)/14$，$(30\sim38)/16$，$(40\sim120)/30$，$130/32$
M12	12	15	18	24	$(25\sim30)/16$，$(32\sim40)/20$，$(45\sim120)/30$，$(130\sim180)/36$
（M14）	14	18	21	28	$(30\sim35)/18$，$(38\sim45)/25$，$(50\sim120)/34$，$(130\sim180)/40$
M16	16	20	24	32	$(30\sim38)/20$，$(40\sim55)/30$，$(60\sim120)/38$，$(130\sim200)/44$
（M18）	18	22	27	36	$(35\sim40)/22$，$(45\sim60)/35$，$(65\sim120)/42$，$(130\sim200)/48$
M20	20	25	30	40	$(35\sim40)/25$，$(45\sim65)/38$，$(70\sim120)/46$，$(130\sim200)/52$
M22	22	28	33	44	$(40\sim45)/30$，$(50\sim70)/40$，$(75\sim120)/50$，$(130\sim200)/56$
M24	24	30	36	48	$(45\sim50)/30$，$(55\sim75)/45$，$(80\sim120)/54$，$(130\sim200)/60$
（M27）	27	35	40	54	$(50\sim60)/35$，$(65\sim85)/50$，$(90\sim120)/60$，$(130\sim200)/66$
M30	30	38	45	60	$(60\sim65)/40$，$(70\sim90)/50$，$(95\sim120)/66$，$(130\sim200)/72$，$(210\sim250)/85$
M36	36	45	54	72	$(65\sim75)/45$，$(80\sim110)/60$，$120/78$，$(130\sim200)/84$，$(210\sim300)/97$
M42	42	52	63	84	$(70\sim80)/50$，$(65\sim110)/70$，$120/90$，$(130\sim200)/96$，$(210\sim300)/109$
M48	48	60	72	96	$(80\sim90)/60$，$(95\sim110)/80$，$120/102$，$(130\sim200)/108$，$(210\sim300)/121$

续表

螺纹 规格 d	b_{m}				l/b
	GB/T 897 —1988	GB/T 898 —1988	GB/T 899 —1988	GB/T 900 —1988	
（系列）	12，（14），16，（18），20，（22），25，（28），30，（32），35，（38），40，45，50，55，60，65，70，75，80，85，90，95，100，110，120，130，140，150，160，170，180，190，200，210，220，230，240，250，260，280，300				

注：1. $b_{\mathrm{m}} = d$ 一般用于旋入机体为钢的场合；$b_{\mathrm{m}} = (1.25 \sim 1.5)d$ 一般用于旋入机体为铸铁的场合；$b_{\mathrm{m}} = 2d$ 一般用于旋入机体为铝的场合。

2. 不带括号的为优先系列，仅 GB/T 898—1988 有优先系列。

3. b 不包括螺尾。

4. $d_{\mathrm{g}} \approx$ 螺纹基本中径。

5. $x_{\max} = 1.5P$（螺距）。

附表 C-3　开槽圆柱头螺钉（GB/T 65—2016）

标记示例

螺纹规格为 M5、公称长度 $l = 20$、性能等级为 4.8 级、不经表面处理的 A 级开槽圆柱头螺钉：

螺钉 GB/T 65 M5×20

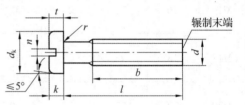

单位：mm

螺纹规格 d	M4	M5	M6	M8	M10
螺距 P	0.7	0.8	1	1.25	1.5
b	38	38	38	38	38
d_{k}	7	8.5	10	13	16
k	2.6	3.3	3.9	5	6
n	1.2	1.2	1.6	2	2.5
r	0.2	0.2	0.25	0.4	0.4
t	1.1	1.3	1.6	2	2.4
公称长度 l	5~40	6~50	8~60	10~80	12~80
l 系列	5，6，8，10，12，（14），16，20，25，30，35，40，45，50，（55），60，（65），70，（75），80				

注：1. 公称长度 $l \leqslant 40$ 的螺钉，制出全螺纹。

2. 螺纹规格 $d = $ M1.6~M10；公称长度 $l = 2$~80。

3. 括号内的规格尽可能不采用。

附表 C-4　开槽盘头螺钉(GB/T 67—2016)

标记示例

螺纹规格为 M5、公称长度 $l = 20$、性能等级为 4.8 级、不经表面处理的 A 级开槽盘头螺钉：

螺钉 GB/T 67 M5×20

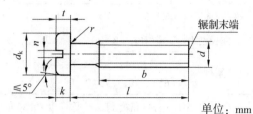

单位：mm

螺纹规格 d	M1.6	M2	M2.5	M3	M4	M5	M6	M8	M10
螺距 P	0.35	0.4	0.45	0.5	0.7	0.8	1	1.25	1.5
b	25	25	25	25	38	38	38	38	38
d_k	3.2	4	5	5.6	8	9.5	12	16	20
k	1	1.3	1.5	1.8	2.4	3	3.6	4.8	6
n	0.4	0.5	0.6	0.8	1.2	1.2	1.6	2	2.5
r	0.1	0.1	0.1	0.1	0.2	0.2	0.25	0.4	0.4
t	0.35	0.5	0.6	0.7	1	1.2	1.4	1.9	2.4
公称长度 l	2~16	2.5~20	3~25	4~30	5~40	6~50	8~60	10~80	12~80
l 系列	2、2.5、3、4、5、6、8、10、12、(14)、16、20、25、30、35、40、45、50、(55)、60、(65)、70、(75)、80								

注：1. M1.6~M3 的螺钉，公称长度 $l \leqslant 30$ 的，制出全螺纹；M4~M10 的螺钉，公称长度 $l \leqslant 40$ 的，制出全螺纹。

2. 括号内的规格尽可能不采用。

附表 C-5　开槽沉头螺钉(GB/T 68—2016)

标记示例

螺纹规格 $d = $ M5、公称长度 $l = 20$、性能等级为 4.8 级、不经表面处理的 A 级开槽沉头螺钉：

螺钉 GB/T 68 M5×20

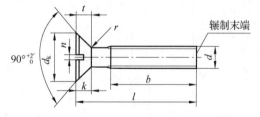

单位：mm

螺纹规格 d	M1.6	M2	M2.5	M3	M4	M5	M6	M8	M10
螺距 P	0.35	0.4	0.45	0.5	0.7	0.8	1	1.25	1.5
b	25	25	25	25	38	38	38	38	38
d_k	3.6	4.4	5.5	6.3	9.4	10.4	12.6	17.3	20
k	1	1.2	1.5	1.65	2.7	2.7	3.3	4.65	5
n	0.4	0.5	0.6	0.8	1.2	1.2	1.6	2	2.5
r	0.4	0.5	0.6	0.8	1	1.3	1.5	2	2.5
t	0.5	0.6	0.75	0.85	1.3	1.4	1.6	2.3	2.6

螺纹规格 d	M1.6	M2	M2.5	M3	M4	M5	M6	M8	M10
公称长度 l	2.5~16	3~20	4~25	5~30	6~40	8~50	8~60	10~80	12~80
l 系列	2.5、3、4、5、6、8、10、12、（14）、16、20、25、30、35、40、45、50、（55）、60、（65）、70、（75）、80								

注：1. M1.6~M3 的螺钉，公称长度 $l \leqslant 30$ 的，制出全螺纹；M4~M10 的螺钉，公称长度 $l < 45$ 的，制出全螺纹。

2. 括号内的规格尽可能不采用。

附表 C-6 内六角圆柱头螺钉（GB/T 70.1—2008）

标记示例

螺纹规格 $d=$ M5、公称长度 $l=$ 20、性能等级为 8.8 级、表面氧化的内六角圆柱头螺钉：

螺钉 GB/T 70.1 M5×20

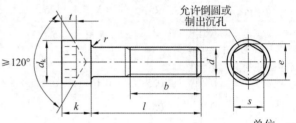

单位：mm

螺纹规格 d	M1.6	M2	M2.5	M3	M4	M5	M6	M8	M10	M12	（M14）	M16	M20	M24	M30	M36
d_k	3	3.8	4.5	5.5	7	8.5	10	13	16	18	21	24	30	36	45	54
k	1.6	2	2.5	3	4	5	6	8	10	12	14	16	20	24	30	36
t	0.7	1	1.1	1.3	2	2.5	3	4	5	6	7	8	10	12	15.5	19
r	0.1	0.1	0.1	0.1	0.2	0.2	0.25	0.4	0.4	0.6	0.6	0.6	0.8	0.8	1	1
s	1.5	1.5	2	2.5	3	4	5	6	8	10	12	14	17	19	22	27
e	1.73	1.73	2.3	2.9	3.4	4.6	5.7	6.9	9.2	11.4	13.7	16	19	21.7	25.2	30.9
b 参考	15	16	17	18	20	22	24	28	32	36	40	44	52	60	72	84
t	2.5~16	3~20	4~25	5~30	6~40	8~50	10~60	12~80	16~100	20~120	25~140	25~160	30~200	40~200	45~200	55~200
全螺纹时最大长度	16	16	20	20	25	25	30	35	40	45	55	55	65	80	90	110
l 系列	2.5、3、4、5、6、8、10、12、（14）、（16）、20、25、30、35、40、45、50、（55）、60、（65）、70、80、90、100、110、120、130、140、150、160、180、200															

注：1. 尽可能不采用括号内的规格。

2. b 不包括螺尾。

附表 C-7　内六角平端紧定螺钉(GB/T 77—2007)、内六角锥端紧定螺钉(GB/T 78—2007)

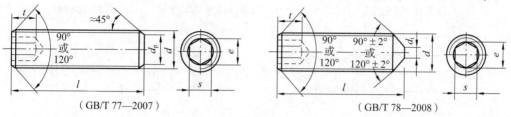

（GB/T 77—2007）　　　　　　　　　　　　　（GB/T 78—2008）

标记示例

螺纹规格 d=M6、公称长度 l=12、性能等级为 33H、表面氧化的内六角平端紧定螺钉：

螺钉 GB/T77　M6×12

单位：mm

螺纹规格 d		M1.6	M2	M2.5	M3	M4	M5	M6	M8	M10	M12	M16	M20	M24
d_p		0.8	1	1.5	2	2.5	3.5	4	5.5	7	8.5	12	15	18
d_i		0	0	0	0	0	0	1.5	2	2.5	3	4	5	6
e		0.8	1	1.4	1.7	2.3	2.9	3.4	4.6	5.7	6.9	9.2	11.4	13.7
s		0.7	0.9	1.3	1.5	2	2.5	3	4	5	6	8	10	12
公称长度 l	GB/T 77 —2007	2~8	2~10	2~12	2~16	2.5~20	3~25	4~30	5~40	6~50	8~60	10~60	12~60	14~60
	GB/T 78 —2007	2~8	2~10	2.5~12	2.5~16	3~20	4~25	5~30	6~40	8~50	10~60	12~60	14~60	20~60
公称长度 l 小于或等于右表内值时，GB/T 78—2007 两端制成 120°，其他为端头制成 120°。公称长度 l 大于右表内值时，GB/T 78—2007 两端制成 90°，其他为端头制成 90°	GB/T 77 —2007	2	2.5	3	3	4	5	6	6	8	12	16	16	20
	GB/T 78 —2007	2.5	2.5	3	3	4	5	6	8	10	12	16	20	25
l 系列		2, 2.5, 3, 4, 5, 6, 8, 10, 12,（14），16, 20, 25, 30, 35, 40, 45, 50,（55），60												

注：尽可能不采用括号内的规格。

附表 C-8　开槽锥端紧定螺钉（GB/T 71—2018）、开槽平端紧定螺钉（GB/T 73—2017）、
开槽凹端紧定螺钉（GB/T 74—2018）、开槽长圆柱端紧定螺钉（GB/T 75—2018）

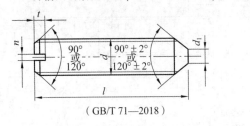

（GB/T 71—2018）

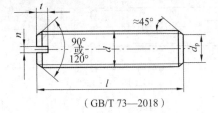

（GB/T 73—2018）

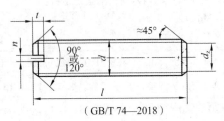

（GB/T 74—2018）

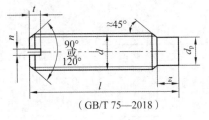

（GB/T 75—2018）

标记示例

螺纹规格 d=M5、公称长度 l=12、性能等级为 14H、表面氧化的开槽锥端定螺钉：

螺钉 GB/T 71 M5×12

单位：mm

螺纹规格 d		M1.2	M1.6	M2	M2.5	M3	M4	M5	M6	M8	M10	M12
n		0.2	0.25	0.25	0.4	0.4	0.6	0.8	1	1.2	1.6	2
t		0.5	0.7	0.8	1	1.1	1.4	1.6	2	2.5	3	3.6
d_z		—	0.8	1	1.2	1.4	2	2.5	3	5	6	8
d_1		0.1	0.2	0.2	0.3	0.3	0.4	0.5	1.5	2	2.5	3
d_p		0.6	0.8	1	1.5	2	2.5	3.5	4	5.5	7	8.5
z		—	1.1	1.3	1.5	1.8	2.3	2.8	3.3	4.3	5.3	6.3
公称长度 l	GB/T 71 —2018	2~6	2~8	3~10	3~12	4~16	6~20	8~25	8~30	10~40	12~50	14~60
	GB/T 73 —2017	2~6	2~8	2~10	2.5~12	3~1	64~20	5~25	6~30	8~40	10~50	12~60
	GB/T 74 —2018	—	2~8	2.5~10	3~12	3~16	4~20	5~25	6~30	8~40	10~50	12~60
	GB/T 75 —2018	—	2.5~8	3~10	4~12	5~16	6~20	8~25	8~30	10~40	12~50	14~60

螺纹规格 d		M1.2	M1.6	M2	M2.5	M3	M4	M5	M6	M8	M10	M12
公称长度 l 小于或等于右表内值时，GB/T 71—2018 两端制成 120°，其他为开槽端制成 120°。公称长度 l 大于右表内值时，GB/T 71—2018 两端制成 90°，其他为开槽端制成 90°	GB/T 71 —2018	2	2.5	2.5	3	3	4	5	6	8	10	12
	GB/T 73 —2017	—	2	2.5	3	3	4	5	6	6	8	10
	GB/T 74 —2018	—	2	2.5	3	3	4	5	6	8	10	12
	GB/T 75 —2018	—	2.5	3	4	5	6	8	10	14	16	20
l 系列		2，2.5，3，4，5，6，8，10，12，（14），16，20，25，30，35，40，45，50，（55），60										

附表 C–9　1 型六角螺母　C 级（GB/T 41—2016）、1 型六角螺母（GB/T 6170—2015）、六角薄螺母（GB/T 6172.1—2016）

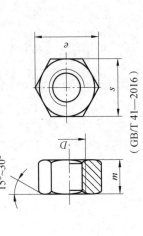

（GB/T 41—2016）

标记示例

螺纹规格 D=M12，性能等级为 5 级，不经表面处理、C 级的 1 型六角螺母：

螺母 GB/T 41 M12

（GB/T 6170—2015）、（GB/T 6172.1—2016）

标记示例

螺纹规格 D=M12，性能等级为 10 级，不经表面处理、A 级的 1 型六角螺母：

螺母 GB/T 6170 M12

螺纹规格 D=M12，性能等级为 04 级，不经表面处理、A 级的六角薄螺母：

螺母 GB/T 6172.1 M12

单位：mm

螺纹规格 D		M3	M4	M5	M6	M8	10	M12	(M14)	M16	(M18)	M20	(M22)	M24	(M27)	M30	M36	M42	M48	M56	M64
	e	6	7.7	8.8	11	14.4	17.8	20	23.4	26.8	29.6	35	37.3	39.6	45.2	50.9	60.8	72	82.6	93.6	104.9
	s	5.5	7	8	10	13	16	18	21	24	27	30	34	36	41	46	55	65	75	85	95
m	GB/T 6170 —2015	2.4	3.2	4.7	5.2	6.8	8.4	10.8	12.8	14.8	15.8	18	19.4	21.5	23.8	25.6	31	34	38	45	51
	GB/T 6172.1 —2016	1.8	2.2	2.7	3.2	4	5	6	7	8	9	10	11	12	13.5	15	18	21	24	28	32
	GB/T 41 —2016	—	—	5.6	6.1	7.9	9.5	12.2	13.9	15.9	16.9	18.7	20.2	22.3	24.7	26.4	31.5	34.9	38.9	45.9	52.4

注：1. 表中 e 为圆整近似值。

2. 不带括号的为优先系列。

3. A 级用于 D≤16 的螺母；B 级用于 D>16 的螺母。

附表 C-10　1 型六角开槽螺母—A 和 B 级(GB 6178—1986)、1 型六角开槽螺母—C 级
(GB 6179—1986)、2 型六角开槽螺母—A 和 B 级(GB 6180—1986)、
六角开槽薄螺母—A 和 B 级(GB 6181—1986)

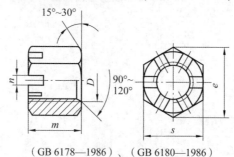

(GB 6178—1986)、(GB 6180—1986)

标记示例

螺纹规格 D＝M5、性能等级为 8 级、不经表面处理、A 级的 1 型六角开槽螺母：

螺母 GB 6178 M5

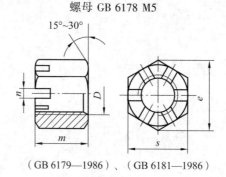

(GB 6179—1986)、(GB 6181—1986)

标记示例

螺纹规格 D－M5、性能等级为 5 级、不经表面处理、C 级的 1 型六角开槽螺母：

螺母 GB 6179 M5

螺纹规格 D＝M5、性能等级为 04 级、不经表面处理、A 级的六角开槽薄螺母：

螺母 GB 6181 M5

单位：mm

螺纹规格 D		M4	M5	M6	M8	M10	M12	(M14)	M16	M20	M24	M30	M36
n		1.8	2	2.6	3.1	3.4	4.3	4.3	5.7	5.7	6.7	8.5	8.5
e		7.7	8.8	11	14	17.8	20	23	26.8	33	39.6	50.9	60.8
s		7	8	10	13	16	18	21	24	30	36	46	55
m	GB 6178—1986	6	6.7	7.7	9.8	12.4	15.8	17.8	20.8	24	29.5	34.6	40
	GB 6179—1986		6.7	7.7	9.8	12.4	15.8	17.8	20.8	24	29.5	34.6	40
	GB 6180—1986		6.9	8.3	10	12.3	16	19.1	21.1	26.3	31.9	37.6	43.7
	GB 6181—1986		5.1	5.7	7.5	9.3	12	14.1	16.4	20.3	23.9	28.6	34.7
开口销		1×10	1.2×12	1.6×14	2×16	2.5×20	3.2×22	3.2×25	4×28	4×36	5×40	6.3×50	6.3×63

注：1. GB 6178—1986，D 为 M4~M36；其余标准 D 为 M5~M36。

2. A 级用于 $D \leqslant 16$ 的螺母，B 级用于 $D>16$ 的螺母。

附表 C-11 圆螺母 (GB 812—1988)

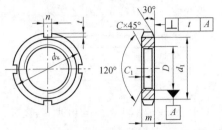

标记示例

螺纹规格 D＝M16×1.5、材料为 45 钢、槽或全部热处理后硬度 35~45HRC、表面氧化的圆螺母：

螺母 GB 812 M16×1.5

单位：mm

D	d_k	d_1	n	n	t	C	C_1	D	d_k	d_1	n	n	t	C	C_1
M10×1	22	16						M64×2	95	84		8	3.5		
M12×1.25	25	19		4	2			M65×2 *	95	84	12				
M14×1.5	28	20						M68×2	100	88					
M16×1.5	30	22	8			0.5		M72×2	105	93					
M18×1.5	32	24						M75×2 *	105	93		10	4		
M20×1.5	35	27						M76×2	110	98	15				
M22×1.5	38	30		5	2.5			M80×2	115	103					
M24×1.5	42	34						M85×2	120	108					
M25×1.5 *	42	34						M90×2	125	112					
M27×1.5	45	37						M95×2	130	117		12	5	1.5	1
M30×1.9	48	40				1	0.5	M100×2	135	122	18				
M33×1.5	52	43	10					M105×2	140	127					
M35×1.5 *	52	43						M110×2	150	135					
M36×1.5	55	46						M115×2	155	140					
M39×1.5	58	49		6	3			M120×2	160	145		14	6		
M40×1.5 *	58	49						M125×3	165	150	22				
M42×1.5	62	53						M130×2	170	155					
M45×1.5	68	59						M140×2	180	165					
M48×1.5	72	61						M150×5	200	180					
M50×1.5 *	72	61				1.5		M160×3	210	190	26				
M52×1.5	78	67						M170×3	220	200		16	7		
M55×2 *	78	67	12	8	3.5			M180×3	230	210				2	1.5
M56×2	85	74					1	M190×3	240	220	30				
M60×2	90	79						M200×3	250	230					

注：1. 槽数 n：当 D≤M100×2 时，n=4；当 D≥M105×2 时，n=6。

2. 标有 * 者仅用于滚动轴承锁紧装置。

附表 C-12 平垫圈 C 级（GB/T 95—2002）、大垫圈 A 级和 C 级（GB/T 96.1—2002）、平垫圈 A 级（GB/T 97.1—2002）、平垫圈 倒角型 A 级（GB/T 97.2—2002）、小垫圈 A 级（GB/T 848—2002）

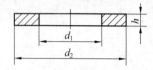

（GB/T 95—2002）*、（GB/T 96—2002）*、
（GB/T 97.1—2002）、（GB/T 848—2002）

＊垫圈两端面无粗糙度符号

标记示例

标准系列、公称尺寸 $d = 8$、性能等级为 100HV 级、不经表面处理的平垫圈：

垫圈 GB/T 95 8

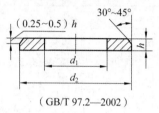

（GB/T 97.2—2002）

标记示例

标准系列、公称尺寸 $d = 8$、性能等级为 140HV 级、不经表面处理的倒角型平垫圈：

垫圈 GB/T 97.2 8

单位：mm

公称尺寸（螺纹规格）d	标准系列 GB/T 95—2002、GB/T 97.1—2002、GB/T 97.2—2002				大系列 GB/T 96.1—2002			小系列 GB/T 848—2002		
	d_2	h	d_1(GB/T 95)	d_1(GB/T 97.1、GB/T 97.2)	d_1	d_2	h	d_1	d_2	h
1.6	4	0.3		1.7				1.7	3.5	0.3
2	5			2.2				2.2	4.5	
2.5	6	0.5		2.7				2.7	5	
3	7			3.2	3.2	9	0.8	3.2	6	0.5
4	9	0.8		4.3	4.3	12	1	4.3	8	
5	10	1	5.5	5.3	5.3	15	1.2	5.3	9	1
6	12	1.6	6.6	6.4	6.4	18	1.6	6.4	11	1.6
8	16		9	8.4	8.4	24	2	8.4	15	
10	20	2	11	10.5	10.5	30	2.5	10.5	18	

续表

公称尺寸（螺纹规格）d	标准系列 GB/T 95—2002、GB/T 97.1—2002、GB/T 97.2—2002				大系列 GB/T 96.1—2002			小系列 GB/T 848—2002		
	d_2	h	d_1(GB/T 95)	d_1(GB/T 97.1、GB/T 97.2)	d_1	d_2	h	d_1	d_2	h
12	24	2.5	13.5	13	13	37		13	20	2
14	28	2.5	15.5	15	15	44	3	15	24	2.5
16	30	3	17.5	17	17	50		17	28	2.5
20	37	3	22	21	22	60	4	21	34	3
24	44	4	26	25	26	72	5	25	39	4
30	56	4	33	31	33	92	6	31	50	4
36	66	5	39	37	39	110	8	37	60	5

注：1. GB/T 95—2002、GB/T 97.2—2002 中，d 的范围为 5～36；GB/T 96.1—2002 中，d 的范围为 3～36；GB/T 848—2002、GB/T 97.1—2002 中，d 的范围为 1.6～36。

2. 表列 d、d_2、h 均为公称值。

3. C 级垫圈粗糙度要求为 。

4. GB/T 848—2002 主要用于带圆柱头的螺钉，其他用于标准的六角螺栓、螺钉和螺母。

5. 精装配系列用 A 级垫圈，中等装配系列用 C 级垫圈。

附表 C-13　标准型弹簧垫圈（GB 93—1987）、轻型弹簧垫圈（GB 859—1987）

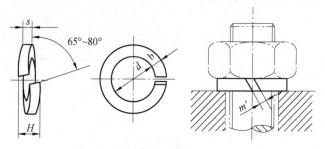

标记示例

规格为 16、材料为 65Mn、表面氧化的标准型弹簧垫圈：

垫圈 GB 93 16

单位：mm

规格（螺纹大径）	d	GB 93—1987		GB 859—1987		
		$s=b$	$0<m'\leqslant$	s	b	$0<m'\leqslant$
2	2.1	0.5	0.25	0.5	0.8	
2.5	2.6	0.65	0.33	0.6	0.8	
3	3.1	0.8	0.4	0.8	1	0.3

规格 （螺纹大径）	d	GB 93—1987		GB 859—1987		
		$s=b$	$0<m'\leqslant$	s	b	$0<m'\leqslant$
4	4.1	1.1	0.55	0.8	1.2	0.4
5	5.1	1.3	0.65	1	1.2	0.55
6	6.2	1.6	0.8	1.2	1.6	0.65
8	8.2	2.1	1.05	1.6	2	0.8
10	10.2	2.6	1.3	2	2.5	1
12	12.3	3.1	1.55	2.5	3.5	1.25
(14)	14.3	3.6	1.8	3	4	1.5
16	16.3	4.1	2.05	3.2	4.5	1.6
(18)	18.3	4.5	2.25	3.5	5	1.8
20	20.5	5	2.5	4	5.5	2
(22)	22.5	5.5	2.75	4.5	6	2.25
24	24.5	6	3	4.8	6.5	2.5
(27)	27.5	6.8	3.4	5.5	7	2.75
30	30.5	7.5	3.75	6	8	3
36	36.6	9	4.5			
42	42.6	10.5	5.25			
48	49	12	6			

附表 C-14　圆螺母用止动垫圈（GB 858—1988）

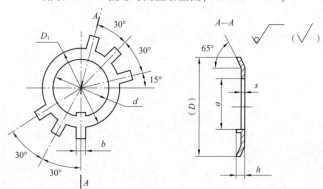

标记示例

规格为16、材料为Q215、经退火、表面氧化的圆螺母用止动垫圈：

垫圈 GB 858 16

单位：mm

规格(螺纹)基本大径	d	(D)	D_1	s	b	a	h	规格(螺纹)基本大径	d	(D)	D_1	s	b	a	h
14	14.5	32	20		3.8	11	3	55 *	56	82	67			52	
16	16.5	34	22			13		56	57	90	74			53	
18	18.5	35	24			15		60	61	94	79	7.7		57	6
20	20.5	38	27			17		64	65	100	84			61	
22	22.5	42	30	1	4.8	19	4	65 *	66	100	84			62	
24	24.5	45	34			21		68	69	105	88	1.5		65	
25 *	25.5	45	34			22		72	73	110	93			69	
27	27.5	48	37			24		75 *	76	110	93		9.6	71	
30	30.5	52	40			27		76	77	115	98			72	
33	33.5	56	43			30		80	71	120	103			76	
35:	35.5	56	43			32		85	86	125	108			81	
36	36.5	60	46			33		90	91	130	112			86	7
39	39.5	62	49		5.7	36	5	95	96	135	117		11.6	91	
40 *	40.5	62	49			37		100	101	140	122			96	
42	42.5	66	53	1.5		39		105	106	145	127	2		101	
45	45.5	72	59			42		110	111	156	135			106	
48	48.5	76	61			45		115	116	160	140		13.5	111	
50 *	50.5	76	61		7.7	47		120	121	166	145			116	
52	52.5	82	67			49	6	125	126	170	150			121	

注：标有 * 者仅用于滚动轴承锁紧装置。

附表 C–15　平键　键槽　键槽的剖面尺寸（GB/T 1095—2003），普通型　平键（GB/T 1096—2003）

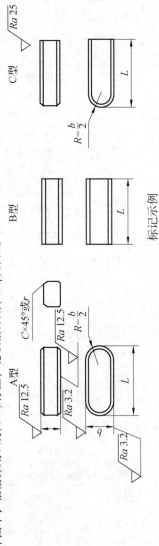

注：在工作图中，轴槽深用 t 或（$d-t$）标注，轮毂槽深用（$d+t_1$）标注。

标记示例

A型　B型　C型

$b=16$，$h=10$，$L=100$ 的圆头普通平键（A 型）：键 16×100 GB/T 1096

$b=16$，$h=10$，$L=100$ 的平头普通平键（B 型）：键 B16×100 GB/T 1096

$b=16$，$h=10$，$L=100$ 的单圆头普通平键（C 型）：键 C16×100 GB/T 1096

单位：mm

轴 公称直径 d	键 公称尺寸 $b \times h$	键 长度 L	键槽 宽度 b 公称长度 b	较松键连接 轴 H9	较松键连接 毂 D10	一般键连接 轴 N9	一般键连接 毂 JS9	较紧键连接 轴和毂 P9	深度 轴 t 公称尺寸	轴 t 极限偏差	毂 t_1 公称尺寸	毂 t_1 极限偏差	半径 r 最小	半径 r 最大
>6~8	2×2	6~20	2	+0.025 / 0	+0.060 / +0.020	−0.004 / −0.029	±0.012 5	−0.006 / −0.031	1.2	+0.1 / 0	1	+0.1 / 0	0.08	0.16
>8~10	3×3	6~36	3	+0.025 / 0	+0.060 / +0.020	−0.004 / −0.029	±0.012 5	−0.006 / −0.031	1.8	+0.1 / 0	1.4	+0.1 / 0	0.08	0.16
>10~12	4×4	8~45	4	+0.030 / 0	+0.078 / +0.030	0 / −0.030	±0.015	−0.012 / −0.042	2.5	+0.1 / 0	1.8	+0.1 / 0	0.08	0.16
>12~17	5×5	10~56	5	+0.030 / 0	+0.078 / +0.030	0 / −0.030	±0.015	−0.012 / −0.042	3.0	+0.1 / 0	2.3	+0.1 / 0	0.08	0.16
>17~22	6×6	14~70	6	+0.030 / 0	+0.078 / +0.030	0 / −0.030	±0.015	−0.012 / −0.042	3.5	+0.1 / 0	2.8	+0.1 / 0	0.16	0.25
>22~30	8×7	18~90	8	+0.036 / 0	+0.098 / +0.040	0 / −0.036	±0.018	−0.018 / −0.061	4.0	+0.2 / 0	3.3	+0.2 / 0	0.16	0.25
>30~38	10×8	22~110	10	+0.036 / 0	+0.098 / +0.040	0 / −0.036	±0.018	−0.018 / −0.061	5.0	+0.2 / 0	3.3	+0.2 / 0	0.16	0.25
>38~44	12×8	28~140	12	+0.043 / 0	+0.120 / +0.050	0 / −0.043	±0.021 5	−0.018 / −0.061	5.0	+0.2 / 0	3.3	+0.2 / 0	0.25	0.40
>44~50	14×9	36~160	14	+0.043 / 0	+0.120 / +0.050	0 / −0.043	±0.021 5	−0.018 / −0.061	5.5	+0.2 / 0	3.8	+0.2 / 0	0.25	0.40
>50~58	16×10	45~180	16	+0.043 / 0	+0.120 / +0.050	0 / −0.043	±0.021 5	−0.018 / −0.061	6.0	+0.2 / 0	4.3	+0.2 / 0	0.25	0.40
>58~65	18×11	50~200	18	+0.043 / 0	+0.120 / +0.050	0 / −0.043	±0.021 5	−0.018 / −0.061	7.0	+0.2 / 0	4.4	+0.2 / 0	0.25	0.40

续表

轴	键		键槽											
			宽度 b						深度				半径 r	
				极限偏差					轴 t		毂 t_1			
				较松键连接		一般键连接		较紧键连接						
公称直径 d	公称尺寸 b×h	长度 L	公称长度 b	轴 H9	毂 D10	轴 N9	毂 JS9	轴和毂 P9	公称尺寸	极限偏差	公称尺寸	极限偏差	最小	最大
>65~75	20×12	56~220	20	+0.052 / 0	+0.149 / +0.065	0 / -0.052	±0.026	-0.022 / -0.074	7.5	+0.2 / 0	4.9	+0.2 / 0	0.25	0.40
>75~85	22×14	63~250	22						9.0		5.4			
>85~95	25×14	70~280	25						9.0		5.4			
>95~110	28×16	80~320	28	+0.062 / 0	+0.180 / +0.080	0 / -0.062	±0.031	-0.026 / -0.088	10.0		6.4		0.40	0.60
>110~130	32×18	80~360	32						11.0		7.4			
>130~150	36×20	100~400	36						12.0	+0.3 / 0	8.4	+0.3 / 0	0.70	1.0
>150~170	40×22	100~400	40						13.0		9.4			
>170~200	45×25	110~450	45						15.0		10.4			

注: 1. $(d-t)$ 和 $(d+t_1)$ 两组组合尺寸的极限偏差按相应的 t 和 t_1 的极限偏差选取，但 $(d-t)$ 极限偏差应取负号（-）。

2. L 系列: 6、8、10、12、14、16、18、20、22、25、28、32、36、40、45、50、56、63、70、80、90、100、110、125、140、160、180、200、220、250、280、320、330、400、450。

附表 C-16　半圆键　键槽的剖面尺寸（GB/T 1098—2003），普通型　半圆键（GB/T 1099.1—2003）

单位：mm

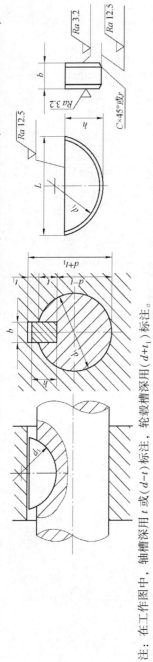

标记示例

$b=6$，$h=10$，$d_1=25$ 的半圆键：

键 6×25 GB/T 1099.1

注：在工作图中，轴槽深用 t 或（$d-t$）标注，轮毂槽深用（$d+t_1$）标注。

轴径 d		键		键槽									
键传递扭矩	键定位用	公称尺寸 $b×h×d_1$	长度 $l≈$	宽度 b				深度				半径 r	
				公称长度	极限偏差			轴 t		毂 t_1		最小	最大
					一般键连接		较紧键连接	公称尺寸	极限偏差	公称尺寸	极限偏差		
					轴 N9	毂 JS9	轴和毂 P9						
>3~4	>3~4	1.0×1.4×4	3.9	1.0	−0.004 / −0.029	±0.012 5	−0.006 / −0.031	1.0	+0.1 / 0	0.6	+0.1 / 0	0.08	0.16
>4~5	>4~6	1.5×2.6×7	6.8	1.5	−0.004 / −0.029	±0.012 5	−0.006 / −0.031	2.0	+0.1 / 0	0.8	+0.1 / 0	0.08	0.16
>5~6	>6~8	2.0×2.6×7	6.8	2.0	−0.004 / −0.029	±0.012 5	−0.006 / −0.031	1.8	+0.1 / 0	1.0	+0.1 / 0	0.08	0.16
>6~7	>8~10	2.0×3.7×10	9.7	2.0	−0.004 / −0.029	±0.012 5	−0.006 / −0.031	2.9	+0.1 / 0	1.0	+0.1 / 0	0.08	0.16
>7~8	>10~12	2.5×3.7×10	9.7	2.5	−0.004 / −0.029	±0.012 5	−0.006 / −0.031	2.7	+0.1 / 0	1.2	+0.1 / 0	0.08	0.16
>8~10	>12~15	3.0×5.0×13	12.7	3.0	−0.004 / −0.029	±0.012 5	−0.006 / −0.031	3.8	+0.2 / 0	1.4	+0.1 / 0	0.08	0.16
>10~12	>15~18	3.0×6.5×15	15.7	3.0	−0.004 / −0.029	±0.012 5	−0.006 / −0.031	5.3	+0.2 / 0	1.4	+0.1 / 0	0.08	0.16

续表

轴径 d 键定应用	键 公称尺寸 $b \times h \times d_1$	长度 $l \approx$	键槽 宽度 b 公称长度	一般键连接 轴 N9	一般键连接 毂 JS9	较紧键连接 轴和毂 P9	深度 轴 t 公称尺寸	轴 t 极限偏差	毂 t_1 公称尺寸	毂 t_1 极限偏差	半径 r 最小	半径 r 最大
>12~14	4.0×6.5×16	15.7	4.0				5.0		1.8			
>14~16	4.0×7.5×19	18.6	4.0				6.0		1.8			
>16~18	5.0×6.5×16	15.7	5.0				4.5		2.3			
>18~20	5.0×7.5×19	18.6	5.0	0 −0.030	±0.015	−0.012 −0.042	5.5	+0.2 0	2.3	+0.1 0	0.16	0.25
>20~22	5.0×9.0×22	21.6	5.0				7.0		2.3			
>22~25	6.0×9.0×22	21.6	6.0				6.5		2.8			
>25~28	6.0×10.0×25	24.5	6.0				7.5		2.8			
>28~32	8.0×11.0×28	27.4	8.0	0 −0.036	±0.018	−0.015 −0.051	8.0	+0.3 0	3.3	+0.2 0	0.25	0.40
>32~28	10.0×13.0×32	31.4	10.0				10.0		3.3			

注：$(d-t)$ 和 $(d+t_1)$ 两个组合尺寸的极限偏差按选取，t 和 t_1 的极限偏差按相应的极限偏差选取，但 $(d-t)$ 极限偏差值应取负号（−）。

附表 **C-17** 圆柱销 不淬硬钢和奥氏体不锈钢（GB/T 119.1—2000）

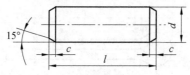

标记示例

公称直径 $d=8$、长度 $l=30$，材料为 35 钢，热处理硬度 28~38HRC，表面氧化处理的 A 型圆柱销：

销 GB/T 119.1 A8×30

单位：mm

d（公称直径）	2.5	3	4	5	6	8	10	12	16	20	25	30
$c\approx$	0.4	0.5	0.63	0.08	1.2	1.6	2.0	2.5	3.0	3.5	4.0	5.0
l	6~24	8~30	8~40	10~50	12~60	14~80	18~95	22~140	16~180	35~200	50~200	60~200
l系列	6、8、10、12、14、16、18、20、22、24、26、28、30、32、35、40、45、50、55、60、65、70、75、80、85、90、95、100、120、140、160、180、200											

附表 **C-18** 圆锥销（GB/T 117—2000）

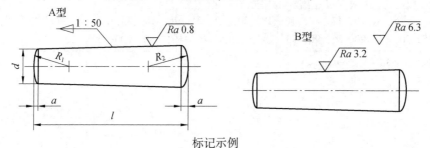

标记示例

公称直径 $d=10$、公称长度 $l=60$，材料为 35 钢，热处理硬度 28~38HRC，表面氧化处理的 A 型圆锥销：

销 GB/T117 A10×60

$$R_1 \approx d,\ R_2 \approx \frac{a}{2} + d + \frac{(0.021)^2}{8a}$$

单位：mm

d（公称直径）	2.5	3	4	5	6	8	10	12	16	20	25	30
$a\approx$	0.3	0.4	0.5	0.63	0.80	1.0	1.2	1.6	2	2.5	3.0	4.0
l	10~35	12~45	14~55	18~60	22~90	22~120	26~160	32~180	10~200	45~200	50~200	55~200
l系列	10、12、14、16、18、20、22、24、26、28、30、32、35、40、45、50、55、60、65、70、75、80、85、90、95、100、120、140、160、180、200											

附表 C-19　开口销（GB/T 91—2000）

标记示例

公称直径 $d=5$、长度 $l=50$，材料为低碳钢，不经表面处理的开口销：

销　　GB/T 91　5×50

单位：mm

d（公称直径）	0.6	0.8	1	1.2	1.6	2	2.5	3.2	4	5	6.3	8	10	13
c	1	1.4	1.8	2	2.8	3.6	4.6	5.8	7.4	9.2	11.8	15	19	24.8
$b\approx$	2	2.4	3	3	3.2	4	5	6.4	8	10	12.6	16	20	26
a	1.6	1.6	2.5	2.5	2.5	2.5	2.5	3.2	4	4	4	4	6.3	6.3
l	4~12	5~16	6~20	8~25	8~32	10~40	12~50	14~65	18~80	22~100	30~125	40~160	45~200	70~250
l 系列	4，5，6，8，10，12，14，16，18，20，22，24，26，28，30，32，36，40，45，50，55，60，65，70，75，80，85，90，95，100，120，140，160，180，200，225，250													

注：销孔直径等于 d（公称直径）。

附表 C-20　紧固件通孔及沉孔尺寸（GB 5277—1985、GB/T 152.2—2014、GB 152.3—1988、GB 152.4—1988）

单位：mm

螺栓或螺钉直径 d			3	3.5	4	5	6	8	10	12	14	16	20	24	30	36	42	48
通孔直径 d_h（GB 5277—1985）	精装配		3.2	3.7	4.3	5.3	6.4	8.4	10.5	13	15	17	21	25	31	37	43	50
	中等装配		3.4	3.9	4.5	5.5	6.6	9	11	13.5	15.5	17.5	22	26	33	39	45	52
	精装配		3.6	4.2	4.8	5.8	7	10	12	14.5	16.5	18.5	24	28	35	42	48	56
六角头螺栓和六角螺母用沉孔（GB 152.4—1988）		d_2	9	—	10	11	13	18	22	26	30	33	40	48	61	71	82	98
		t	只要能制出与通孔轴线垂直的圆平面即可															
沉头用沉孔（GB/T 152.2—2014）		d_2	6.4	8.4	9.6	10.6	12.8	17.6	20.3	24.4	28.4	32.4	40.4	—	—	—	—	—

续表

螺栓或螺钉直径 d		3	3.5	4	5	6	8	10	12	14	16	20	24	30	36	42	48
通孔直径 d_h（GB 5277—1985）	精装配 d_h	3.2	3.7	4.3	5.3	6.4	8.4	10.5	13	15	17	21	25	31	37	43	50
	中等装配 d_h	3.4	3.9	4.5	5.5	6.6	9	11	13.5	15.5	17.5	22	26	33	39	45	52
	精装配 d_h	3.6	4.2	4.8	5.8	7	10	12	14.5	16.5	18.5	24	28	35	42	48	56
开槽圆柱头用的圆柱头沉孔（GB 152.3—1988）	d_2	—	—	8	10	11	15	18	20	24	26	33	—	—	—	—	—
	t	—	—	3.2	4	4.7	6	7	8	9	10.5	12.5	—	—	—	—	—
内六角圆柱头用的圆柱头沉孔（GB 152.4—1988）	d_2	6	—	8	10	11	15	18	20	24	26	33	40	48	57	—	—
	t	3.4	—	4.6	5.7	6.8	9	11	13	15	17.5	21.5	25.5	32	38	—	—

附录 D 常用滚动轴承

附表 D-1 深沟球轴承外形尺寸(GB/T 276—2013)

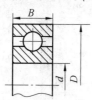

轴承编号	尺寸/mm			轴承编号	尺寸/mm		
	d	D	B		d	D	B
10 系列				6022	110	170	28
6000	10	26	8	6024	120	180	28
6001	12	28	8	6026	130	200	33
6002	15	32	9	6028	140	210	33
6003	17	35	10	6030	150	225	35
6004	20	42	12	02 系列			
6005	25	47	12	6200	10	30	9
6006	30	55	13	6201	12	32	10
6007	35	62	14	6202	15	35	11
6008	40	68	15	6203	17	40	12
6009	45	75	16	6204	20	47	14
6010	50	80	16	6205	25	52	15
6011	55	90	18	6206	30	62	16
6012	60	95	18	6207	35	72	17
6013	65	100	18	6208	40	80	18
6014	70	110	20	6209	45	85	19
6015	75	115	20	6210	50	90	20
6016	80	125	22	6211	55	100	21
6017	85	130	22	6212	60	110	22
6018	90	140	24	6213	65	120	23
6019	95	145	24	6214	70	125	24
6020	100	150	24	6215	75	130	25
6021	105	160	26	6216	80	140	26

轴承编号	尺寸/mm			轴承编号	尺寸/mm		
	d	D	B		d	D	B
6217	85	150	28	6314	70	150	35
6218	90	160	30	6315	75	160	37
6219	95	170	32	6316	80	170	39
6220	100	180	34	6317	85	180	41
6221	105	190	36	6318	90	190	43
6222	110	200	38	6319		200	45
6224	120	215	40	6320		215	47
6226	130	230	40	04 系列			
6228	140	250	42	6403	17	62	17
6230	150	270	45	6404	20	72	19
03 系列				6405	25	80	21
6300	10	35	11	6406	30	90	23
6301	12	37	12	6407	35	100	25
6302	15	42	13	6408	40	110	27
6303	17	47	14	6409	45	120	29
6304	20	52	15	6410	50	130	31
6305	25	62	17	6411	55	140	33
6306	30	72	19	6412	60	150	35
6307	35	80	21	6413	65	160	37
6308	40	90	23	6414	70	180	42
6309	45	100	25	6415	75	190	45
6310	50	110	27	6416	80	200	48
6311	55	120	29	6417	85	210	52
6312	60	130	31	6418	90	225	54
6313	65	140	33				

附表 D-2　圆锥滚子轴承外形尺寸（GB/T 297—2015）

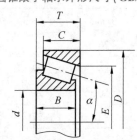

轴承型号	d/mm	D/mm	B/mm	C/mm	T/mm	E/mm	α
20 系列							
32005	25	47	15	11. 5	15	37. 393	16°
32006	30	55	17	13	17	44. 438	16°
32007	35	62	18	14	18	50. 510	16°50′
32008	40	68	19	14. 5	19	56. 897	14°10′
32009	45	75	20	15. 5	20	63. 248	14°40′
32010	50	80	20	15. 5	20	67. 84	15°45′
32011	55	90	23	17. 5	23	76. 505	15°10′
32012	60	95	23	17. 5	23	80. 634	16°
32013	65	100	23	17. 5	23	85. 567	17°
32014	70	110	25	19	25	93. 633	16°10′
32015	75	115	25	19	25	98. 358	17°
02 系列							
32203	17	40	12	11	13. 25	31. 408	12°57′10″
32204	20	47	14	12	15. 25	37. 304	12°57′10″
32205	25	52	15	13	16. 25	41. 135	14°02′10″
32206	30	62	16	14	17. 25	49. 990	14°02′10″
32207	35	72	17	15	18. 25	58. 844	14°02′10″
32208	40	80	18	16	19. 75	65. 730	14°02′10″
32209	45	85	19	16	20. 75	70. 44	15°06′34″
32210	50	90	20	17	21. 75	75. 078	15°38′32″
32211	55	100	21	18	22. 75	84. 197	15°06′34″
32212	60	110	22	19	23. 75	91. 876	15°06′34″
32213	65	120	23	20	24. 75	101. 934	15°06′34″
32214	70	125	24	21	26. 75	105. 748	15°38′32″
32215	75	130	25	22	27. 25	110. 408	16°10′20″

工程制图基础及AutoCAD

续表

轴承型号	$d/$mm	$D/$mm	$B/$mm	$C/$mm	$T/$mm	$E/$mm	α
32216	80	140	26	22	28.25	119.169	15°38′32″
32217	85	150	28	24	30.50	12.6685	15°38′32″
32218	90	160	30	26	32.50	134.901	15°38′32″
32219	95	170	32	27	34.50	143.385	15°38′32″
32220	100	180	34	29	37	151.310	15°38′32″
03 系列							
32302	15	42	13	11	14.25	33.272	10°45′29″
32303	17	47	14	12	25.25	37.420	10°45′29″
32304	20	52	15	13	16.25	41.318	11°18′36″
32305	25	62	17	15	18.25	50.637	11°18′36″
32306	30	72	19	16	20.75	58.287	11°51′35″
32307	35	80	21	18	22.75	65.769	11°51′35″
32308	40	90	23	20	25.25	72.703	12°57′10″
32309	45	100	25	22	27.25	81.780	12°57′10″
32310	50	110	27	23	29.25	90.633	12°57′10″
32311	55	120	29	25	31.50	99.146	12°57′10″
32312	60	130	31	26	33.50	107.769	12°57′10″
32313	65	140	33	28	36	116.846	12°57′10″
32314	70	150	35	30	38	125.244	12°57′10″
32315	75	160	37	31	40	134.097	12°57′10″
32316	80	170	39	33	42.50	143.174	12°57′10″
32317	85	180	41	34	44.50	150.433	12°57′10″
32318	90	190	43	36	46.50	159.061	12°57′10″
32319	95	200	45	38	49.50	165.861	12°57′10″
32320	100	215	47	39	51.50	178.578	12°57′10″

附表 D-3　推力球轴承外形尺寸（GB/T 301—2015）

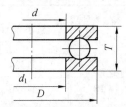

轴承型号	尺寸/mm			轴承型号	尺寸/mm		
	d	D	T		d	D	T
11 系列				12 系列			
51100	10	24	9	51200	10	26	11
51101	12	26	9	51201	12	28	11
51102	15	28	9	51202	15	32	12
51103	17	30	9	51203	17	35	12
51104	20	35	10	51204	20	40	14
51105	25	42	11	51205	25	47	15
51106	30	47	11	51206	30	52	16
51107	35	52	12	51207	35	62	18
51108	40	60	13	51208	40	68	19
51109	45	65	14	51209	45	73	20
51110	50	70	14	51210	50	78	22
51111	55	78	16	51211	55	90	25
51112	60	85	17	51212	60	95	26
51113	65	90	18	51213	65	100	27
51114	70	95	18	51214	70	105	27
51115	75	100	19	51215	75	110	27
51116	80	105	19	51216	80	115	28
51117	85	110	19	51217	85	125	31
51118	90	120	22	51218	90	135	35
51120	100	135	25	51220	100	150	38
51122	110	145	25	51222	110	160	38
51124	120	155	25	51224	120	170	39
51126	130	170	30	51226	130	190	45
51128	140	180	31	51228	140	200	46
51130	150	190	31	51230	150	215	50

轴承型号	尺寸/mm			轴承型号	尺寸/mm		
	d	D	T		d	D	T
13 系列				51324	120	210	70
51305	25	52	18	51326	130	225	75
51306	30	60	21	51328	140	240	80
51307	35	68	24	51330	150	250	80
51308	40	78	26	14 系列			
51309	45	85	28	51405	25	60	24
51310	50	95	31	51406	30	70	28
51311	55	105	35	51407	35	80	32
51312	60	110	35	51408	40	90	36
51313	65	115	36	51409	45	100	39
51314	70	125	40	51410	50	110	43
51315	75	135	44	51411	55	120	48
51316	80	140	44	51412	60	130	51
51317	85	150	49	51413	65	140	56
51318	90	155	50	51414	70	150	60
51320	100	170	55	51415	75	160	65
51322	110	190	63	51416	80	170	68

注：d_1——座圈公称内径。

附录 E 常用材料及热处理名词解释

附表 E-1 常用铸铁牌号

名称	牌号	牌号表示方法说明	硬度 HBW	特性及用途举例
灰铸铁	HT100	"HT"是灰铸铁的代号，它后面的数字表示抗拉强度（MPa）（"HT"是"灰铁"两字汉语拼音的第一个字母）	143～229	属低强度铸铁，用于制造盖、手把、手轮等不重要零件
	HT150		143～241	属中等强度铸铁，用于制造一般铸件，如机床座、端盖、带轮、工作台等
	HT200 HT250		163～255	属高强度铸铁，用于制造较重要铸件，如气缸、齿轮、凸轮、机座、床身、飞轮、带轮、齿轮箱、阀壳、联轴器、轴承座等
	HT300 HT350 HT400		170～255 170～269 197～269	属高强度、高耐磨铸铁，用于制造重要铸件，如齿轮、凸轮、床身、液压泵和滑阀的壳体、车床卡盘等
球墨铸铁	QT450-10 QT500-7 QT600-3	"QT"是球墨铸铁的代号，它后面的数字分别表示强度和伸长率的大小（"QT"是"球铁"两字汉语拼音的第一个字母）	170～207 187～255 197～269	具有较高的强度和塑性，用于制造受磨损和受冲击的零件，如曲轴、凸轮轴、齿轮、气缸套、活塞环、摩擦片、中低压阀门、千斤顶底座、轴承座等
可锻铸铁	KTH300-06 KTH330-08 KTZ450-05	"KTH""KTZ"分别是黑心和珠光体可锻铸铁的代号，它们后面的数字分别表示强度和伸长率的大小（"KT"是"可铁"两字汉的第一个字母）	120～163 120～163 152～219	用于制造承受冲击、振动等零件，如汽车零件、机床附件（如扳手等）、各种管接头、低压阀门、农机具等。珠光体可锻铸铁在某些场合可代替低碳钢、中碳钢及低合金钢，如制造齿轮、曲轴、连杆等

附表 E-2　常用钢材牌号

名称		牌号	牌号表示方法说明	特性及用途举例
碳素结构钢		Q215AF	牌号由屈服点字母(Q)、屈服点(强度)值(MPa)、质量等级符号(A、B、C、D)和脱氧方法(F 表示沸腾钢，b 表示半镇静钢，Z 表示镇静钢，TZ 表示特殊镇静钢)等 4 部分按顺序组成。在牌号组成表示方法中"Z"与"TZ"符号可以省略	塑性大，抗拉强度低，易焊接，用于制造炉撑、铆钉、垫圈、开口销等
		Q235A		有较高的强度和硬度，伸长率也相当大，可以焊接，用途很广，是一般机械上的主要材料，用于制造低速轻载齿轮、键、拉杆、钩子、螺栓、套圈等
		Q255A		伸长率低，抗拉强度高，耐磨性好，焊接性不够好，用于制造不重要的轴、键、弹簧等
优质碳素结构钢	普通含锰钢	15	牌号数字表示钢中的平均碳质量万分数，如"45"表示平均碳的质量分数为 0.45%	塑性、韧性、焊接性能和冷冲性能均极好，但强度低，用于制造螺钉、螺母、法兰盘、渗碳零件等
		20		用于制造不经受很大应力而要求很大韧性的各种零件，如杠杆、轴套、拉杆等；还可用于制造表面硬度高而心部强度要求不大的渗碳与氰化零件
		35		不经热处理可用于制造中等载荷的零件，如拉杆、轴、套筒、钩子等；经调质处理后可用于制造强度及韧性要求较高的零件，如传动轴等
		45		用于制造强度要求较高的零件。通常在调质或正火后，用于制造齿轮、机床主轴、花键轴、联轴器等。由于它的淬透性差，因此截面大的零件很少采用
	较高含锰钢	60	牌号数字表示钢中的平均碳质量万分数，如"45"表示平均碳的质量分数为 0.45%	一种强度和弹性相当高的钢，用于制造连杆、轧辊、弹簧、轴等
		75		用于制造板簧、螺旋弹簧以及受磨损的零件
		15Mn		性能与 15 钢相似，但淬透性、强度和塑性都比 15 钢高些，且焊接性好，用于制造中心部分的力学性能要求较高且必须渗碳的零件
		45Mn		焊接性差，用于制造受磨损的零件，如转轴、心轴、齿轮、叉等；还可制造受较大载荷的离合器盘、花键轴、凸轮轴、曲轴等
		65Mn		强度高，淬透性较大，脱碳倾向小，但有过热敏感性，易生淬火裂纹，并有回火脆性，用于制造较大尺寸的各种扇、圆弹簧，以及其他经受摩擦的农机具零件

续表

名称		牌号	牌号表示方法说明	特性及用途举例
合金钢	锰钢	15Mn2	①合金钢牌号用化学元素符号表示 ②含碳量写在牌号最前方，但高合金钢如高速工具钢、不锈钢等的含碳量不标出 ③合金工具钢含碳量≥1%时不标出；含碳量<1%时，以千分之几表示 ④化学元素的含量<1.5%时不标出；含量>1.5%时才标出；如 Cr17，17 表示含铬量约为17%	用于制造钢板、钢管，一般只经正火处理
		20Mn2		用于制造截面较小的零件，如渗碳小齿轮、小轴、活塞销、柴油机套筒、气门推杆、钢套等，相当于 20Cr
		30Mn2		用于制造调质钢，如冷镦的螺栓及断面较大的调质零件
		45Mn2		用于制造截面较小的零件，相当于 40Cr，直径在50 mm 以下时，可代替 40Cr 制造重要螺栓及零件
	硅锰钢	27SiMn		用于制造调质钢
		35SiMn		除要求低温(-20 ℃)冲击韧性很高外，可全面代替 40Cr 制造调质零件，亦可部分代替 40CrNi，此钢耐磨、耐疲劳性均佳，适用于制造轴、齿轮及在 430 ℃ 以下使用的重要紧固件
	铬钢	15Cr		用于制造船舶主机上的螺栓、活塞销、凸轮、凸轮轴、汽轮机套环、机车上用的小零件，以及心部韧性高的渗碳零件
		20Cr		用于制造柴油机活塞销、凸轮、轴、小拖拉机传动齿轮，以及较重要的渗碳件
	铬锰钛钢	18CrMnT		工艺性能特优，用于制造汽车、拖拉机等上的重要齿轮，和一般强度、韧性均高的减速器齿轮，供渗碳处理
		38CrMnTi		用于制造尺寸较大的调质钢件
	铬轴承钢	GCr6	铬轴承钢，牌号前有汉语拼音字母"G"，并且不标出含碳量。含铬量以千分之几表示	一般用来制造滚动轴承中直径小于 10 mm 的滚球或滚子
		GCr15		一般用来制造滚动轴承中尺寸较大的滚球、滚子、内圈和外圈
铸钢		ZG200-400	铸钢件，前面一律加汉语拼音字母"ZG"	用于制造各种形状的零件，如机座、变速器壳等
		ZG270-500		焊接性尚可，用于制造各种形状的零件，如飞轮、机架、水压机工作缸、横梁等
		ZG310-570		用于制造各种形状的零件，如联轴器气缸齿轮及重载荷的机架等

附表 E-3 常用有色金属牌号

名称		牌号	说明	用途举例
青铜	压力加工用青铜	QSn4-3	Q 表示青铜，后面加第一个主添加元素符号，及除基元素（铜）以外的成分数字组来表示	用于制造扁弹簧、圆弹簧、管配件和化工器械
		QSn6.5-0.1		用于制造耐磨零件、弹簧及其他零件
	铸造锡青铜	ZQSn5-5-5	Z 表示铸造，其他同压力加工用青铜	用于制造承受摩擦的零件，如轴套、轴承填料和承受 1 MPa 气压以下的蒸汽和水的配件
		ZQSn10-1		用于制造承受剧烈摩擦的零件，如丝杆、轻型轧钢机轴承、蜗轮等
		ZQSn8-12		用于制造轴承的轴瓦及轴套，以及在重载荷条件下工作的零件
	铸造无锡青铜	ZQA19-4		强度高，减磨性、耐蚀性、受压性、铸造性均良好，用于制造在蒸汽和海水条件下工件的零件，及受摩擦和腐蚀的零件，如蜗轮衬套、轧钢机压下螺母等
		ZQA110-5-1.5		用于制造耐磨、硬度高、强度好的零件，如蜗轮、螺母、轴套及防锈零件
		ZQMn5-21		用于制造中等工作条件下轴承的轴套和轴瓦等
黄铜	压力加工用黄铜	H59	H 表示黄铜，后面数字表示基元素（铜）的含量。黄铜系铜锌合金	用于制造热压及热轧零件
		H62		用于制造散热器、垫圈、弹簧、各种网、螺钉及其他零件
	铸造黄铜	ZHMn58-2-2	Z 表示铸造，后面符号表示主添加元素，后一组数字表示除锌以外的其他元素含量	用于制造轴瓦、轴套及其他耐磨零件
		ZHA166-6-3-2		用于制造丝杆螺母、受重载荷的螺旋杆、压下螺丝的螺母及在重载荷下工件的大型蜗轮轮缘等
铝	硬铝合金	LY1	LY 表示硬铝，后面是顺序号	热状态和退火状态下塑性良好；切削加工性能在热状态下良好，在退火状态下降低；耐蚀性中等。系铆接铝合金结构用的主要铆钉材料
		LY8		退火和新淬火状态下塑性中等。焊接性好；切削加工性在时效状态下良好，退火状态下降低。耐蚀性中等。用于制造各种中等强度的零件和构件、冲压的连接部件、空气螺旋桨叶及铆钉等

名称		牌号	说明	用途举例
铝	锻铝合金	LD2	LD 表示锻铝,后面是顺序号	热态和退火状态下塑性高;时效状态下中等。焊接性良好。切削加工性能在软态下不良;在时效状态下良好。耐蚀性高。用于制造要求在冷状态和热状态时具有高可塑性,且承受中等载荷的零件和构件
	铸造铝合金	ZL301	Z 表示铸造,L 表示铝,后面是顺序号	用于制造受重大冲击载荷、高耐蚀的零件
		ZL102		用于制造气缸活塞以及在高温工作下的复杂形状零件
		ZL401		用于制造高强度铝合金
轴承合金	锡基轴承合金	ZChSnSb9-7	Z 表示铸造,Ch 表示轴承合金,Ch 后面是主元素,再后面是第一添加元素。一组数字表示除第一个基元素外的添加元素含量	韧性强,用于制造内燃机、汽车等轴承及轴衬
		ZChSnSb 13-5-12		用于制造一般中速、中压的各种机器轴承及轴衬
	铅基轴承合金	ZChPbSb 16-16-2		用于制造汽轮机、机车、压缩机的轴承
		ZChPbSb15-5		用于制造汽油发动机、压缩机、球磨机等的轴承

附表 E-4 热处理名词解释

名称	说明	目的	适用范围
退火	加热到临界温度以上,保温一定时间,然后缓慢冷却(如在炉中冷却)	消除在前一工序(锻造、冷拉等)中所产生的内应力降低硬度,改善加工性能增加塑性和韧性,使材料的成分或组织均匀,为以后的热处理准备条件	完全退火适用于碳含量0.8%以下的铸、锻、焊件;为消除内应力的退火主要用于铸件和焊件
正火	加热到临界温度以上,保温一定时间,再在空气中冷却	细化晶粒。与退火后相比,强度略有增高,并能改善低碳钢的切削加工性能	用于低、中碳钢。对低碳钢常用以低温退火
淬火	加热到临界温度以上,保温一定时间,再在冷却剂(水、油或盐水)中急速地冷却	提高硬度及强度,提高耐磨性	用于中、高碳钢。淬火后钢件必须回火
回火	经淬火后再加热到临界温度以下的某一温度,在该温度停留一定时间,然后在水、油或空气中冷却	消除淬火时产生的内应力增加韧性,降低硬度	高碳钢制的工具、量具、刀具用低温(150~250 ℃)回火 弹簧用中温(270~450 ℃)回火

续表

名称	说明	目的	适用范围
调质	在450~650 ℃进行高温回火称"调质"	可以完全消除内应力，并获得较高的综合力学性能	用于重要的齿轮及丝杆等零件
表面淬火	用火焰或高频电流将零件表面迅速加热至临界温度以上，急速冷却	使零件表面获得高硬度，而心部保持一定的韧性，使零件既耐磨又能承受冲击	用于重要的齿轮、曲轴、活塞销等
渗碳淬火	在渗碳剂中加热到900~950 ℃，停留一定时间，将碳渗入钢表面，深度为0.5~2 mm，再淬火后回火	增加零件表面硬度和耐磨性，提高材料的疲劳强度	用于碳含量为0.08%~0.25%的低碳钢及低碳合金钢
氮化	使工作表面渗入氮元素	增加表面硬度、耐磨性、疲劳强度和耐蚀性	用于含铝、铬、钼、锰等的合金钢，如要求耐磨的主轴、量规、样板等
碳氮共渗	使工作表面同时饱和碳、氮元素	增加表面硬度、耐磨性、疲劳强度和耐蚀性	用于碳素钢及合金结构钢，也适用于高速钢的切削工具
时效处理	天然时效：在空气中长期存放半年到一年以上 人工时效：加热到500~600 ℃，在这个温度保持10~20 h或更长时间	使铸件消除内应力而稳定其形状和尺寸	用于机床床身等大型铸件
冰冷处理	将淬火钢继续冷却至室温以下的处理方法	进一步提高硬度、耐磨性、并使其尺寸趋于稳定	用于滚动轴承的钢球、量规等
发蓝发黑	氧化处理。用加热办法使工件表面形成一层氧化铁所组成的保护性薄膜	防腐蚀、美观	用于一般常见的坚固件
布氏硬度HBW	材料抵抗硬的物体压入零件表面的能力称"硬度"。根据测定方法的不同，可分为布氏硬度、洛氏硬度、维氏硬度等	检验材料的硬度	用于经退火、正火、调质的零件及铸件的硬度检测
洛式硬度HRC			用于经淬火、回火及表面化学热处理的零件的硬度检测
维氏硬度HV			用于薄层硬化零件的硬度检测

附录 F　常用标准数据和标准结构

附表 F–1　回转面及端面砂轮越程槽的形式及尺寸（GB/T 6403.5—2008）

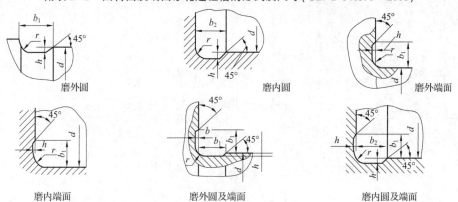

磨外圆　　　　　　　　　磨内圆　　　　　　　　磨外端面

磨内端面　　　　　　磨外圆及端面　　　　　　磨内圆及端面

单位：mm

b_1	0.6	1.0	1.6	2.0	3.0	4.0	5.0	8.0	10
b_2	2.0	3.0		4.0		5.0		8.0	10
h	0.1	0.2		0.3	0.4		0.6	0.8	1.2
r	0.2	0.5		0.8	1.0		1.6	2.0	3.0
d	~10			>10~50		>50~100		>100	

附表 F–2　与直径 d 或 D 相应的倒角 C、倒圆 R 的推荐值（GB/T 6403.4—2008）　单位：mm

d 或 D	~3	3~6	6~10	10~18	18~30	30~50	50~80	80~120	120~180
D 或 R	0.2	0.4	0.6	0.8	1.0	1.6	2.0	2.5	3.0
d 或 D	180~250	250~320	320~400	400~500	500~630	630~800	800~1000	1000~1250	1250~1600
C 或 R	4.0	5.0	6.0	8.0	10	12	16	20	25

附表 F–3　普通螺纹收尾、肩距、退刀槽、倒角

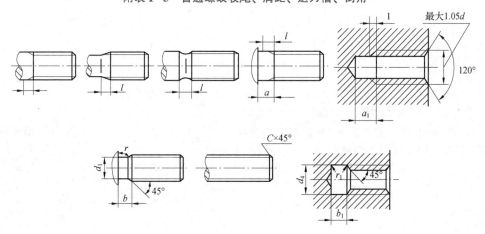

单位：mm

螺距 P	粗牙螺纹大径 d	外螺纹 螺纹收尾 l≤	肩距 a≤	退刀槽 b	r	d₃	倒角 C	内螺纹 螺纹收尾 l₁≤	肩距 a₁≥	退刀槽 b₁	r₁	d₄
0.2	—	0.5	0.6	—			0.2	0.4	1.2	—	0.5P	—
0.25	1, 1.2	0.6	0.75	0.75		—		0.5	1.5			
0.3	1.4	0.75	0.9	0.9			0.3	0.6	1.8			
0.35	1.6, 1.8	0.9	1.05	1.05		d-0.6		0.7	2.2			
0.4	2	1	1.2	1.2		d-0.7	0.4	0.8	2.5			
0.45	2.2, 2.5	1.1	1.35	1.35		d-0.7		0.9	2.8			d+0.3
0.5	3	1.25	1.5	1.5	0.5P	d-0.8	0.5	1	3	2		
0.6	3.5	1.5	1.8	1.8		d-1		1.2	3.2			
0.7	4	1.75	2.1	2.1		d-1.1	0.6	1.4	3.5	3		
0.75	4.5	1.9	2.25	2.25		d-1.2		1.5	3.8			
0.8	5	2	2.4	2.4		d-1.3	0.8	1.6	4			
1	6.7	2.5	3	3		d-1.6	1	2	5	4		d+0.5
1.25	8	3.2	4	3.75		d-2	1.2	2.5	6	5		
1.5	10	3.8	4.5	4.5		d-23	1.5	3	7	6		
1.75	12	4.3	5.3	5.25		d-2.6	2	3.5	9	7		
2	14, 16	5	6	6		d-3		4	10	8		
2.5	18, 20, 22	6.3	7.5	7.5		d-3.6	2.5	5	12	10		
3	24, 27	7.5	9	9		d-4.4		6	14	12		
3.5	30, 33	9	10.5	10.5		d-5	3	7	16	14		
4	36, 39	10	12	12		d-5.7		8	18	16		
4.5	42, 45	11	13.5	13.5		d-6.4	4	9	21	18		
5	48, 52	12.5	15	15		d-7		10	23	20		
5.5	56, 60	14	16.5	17.5		d-7.7	5	11	25	22		
6	64, 68	15	18	18		d-8.3		12	28	24		

注：1. 本表列入 L、a、b、L₁、a₁、b₁ 的一般值；长的、短的和窄的数值未列入。

2. 肩距 a(a₁) 是螺纹收尾 l(l₁) 加螺纹空白的总长。

3. 外螺纹倒角和退刀槽过度角一般按 45°，也可按 60° 或 30°，当螺纹按 60° 或 30° 倒角时，倒角深度约等于螺纹深度。内螺纹倒角一般是 120° 锥角，也可以是 90° 锥角。

4. 细牙螺纹按本表螺距 P 选用。